I0046113

LE

BASSIN HOUILLER

DU PAS-DE-CALAIS

HISTOIRE DE LA RECHERCHE, DE LA DÉCOUVERTE ET DE L'EXPLOITATION

DE LA HOUILLE DANS CE NOUVEAU BASSIN

PAR

E. VUILLEMIN

INGÉNIEUR ADMINISTRATEUR DE LA COMPAGNIE DES MINES D'ANICHE

TOME III

LILLE

IMPRIMERIE L. DANEL.

1884

LE

BASSIN HOUILLER

DU PAS-DE-CALAIS

4615

S
1853

LE

BASSIN HOUILLER

DU PAS-DE-CALAIS

HISTOIRE DE LA RECHERCHE, DE LA DÉCOUVERTE ET DE L'EXPLOITATION
DE LA HOUILLE DANS CE NOUVEAU BASSIN

PAR

E. VUILLEMIN

INGÉNIEUR ADMINISTRATEUR DE LA COMPAGNIE DES MINES D'ANICHE

TOME III

LILLE
IMPRIMERIE L. DANEL
—
1883

AVERTISSEMENT.

En commençant le tome I de cet ouvrage, nous disions en quelques mots quel était le but que nous nous proposions en le publiant : rappeler les circonstances qui ont accompagné la découverte du Bassin houiller du Pas-de-Calais ; rapporter les faits qui ont contribué au rapide développement de son exploitation, et décrire d'une manière aussi complète et détaillée que possible, les nombreux travaux qui ont été exécutés en vue de la recherche, de la découverte et de l'exploitation de la houille dans ce nouveau Bassin.

Les deux premiers volumes ont été consacrés aux monographies des vingt-une Compagnies houillères qui ont obtenu des concessions, et entre lesquelles ont été répartis les 60.693 hectares que l'on considère comme renfermant la formation houillère qui s'étend de Douai au-delà de Béthune.

Ces études préliminaires, détaillées et spéciales sur chacune des Sociétés qui, par leurs travaux, ont mis en valeur les premières découvertes, étaient indispensables pour écrire l'histoire du nouveau Bassin ; elles ont paru offrir un assez grand intérêt pour qu'il y eut utilité à les publier isolément. Elles ont été complétées par un résumé historique des travaux exécutés dans les Bassins du Boulonnais et du Nord, qui se relient d'une manière si directe au Bassin du Pas-de-Calais, qu'il n'était pas possible d'écrire l'histoire de ce dernier, sans rappeler, au moins en termes généraux, les faits principaux relatifs aux premiers.

Dans ce troisième et dernier volume, nous abordons l'historique véritable du Bassin du Pas-de-Calais, en décrivant par périodes chronologiques, les innombrables entreprises de recherches faites depuis le milieu du dix-huitième siècle, pour parvenir à la découverte du prolongement du Bassin du Nord au-delà de Douai, découverte qui ne fut opérée qu'en 1846 successivement à l'Escarpelle, à Oignies, Courrières, Lens, etc.

A partir de 1850, nous consacrons un chapitre spécial à chaque période quinquennale, dans lequel nous décrivons les travaux exécutés par chacune des Compagnies houillères en faveur desquelles sont successivement instituées des concessions ; les résultats obtenus, pro-duction, ouvriers, salaires, bénéfices, dividendes distribués, valeur de leurs actions, etc. Nous passons en revue pour chaque période quinquennale, les nom-breuses entreprises de recherches qui, aux époques de prospérité, sont successivement entreprises pour explorer les confins des concessions existantes, et le prolon-gement du Bassin houiller au-delà de Fléchinelle jusqu'à Hardinghen. Les détails fournis sur ces innom-brables Sociétés de recherches montrent les dépenses considérables qui ont été faites à différentes époques pour la découverte et la délimitation du nouveau Bassin.

Des tableaux généraux résument, à la fin du volume, les documents statistiques complets que l'on possède sur l'exploitation de la houille dans le Pas-de-Calais .

Enfin, un atlas séparé présente dans un ensemble de

cartes tous les puits creusés depuis le commencement
du XVIIIe siècle jusqu'à ce jour, dans les Bassins du
Nord et du Pas-de-Calais, et les innombrables sondages
qui y ont été exécutés. Sur ces cartes sont marqués avec
les limites des concessions, les lignes de chemins de fer,
de canaux, et les embranchements qui y relient les
sièges d'exploitation, les tracés des différentes couches
de houille reconnues et exploitées.

Un tableau joint à cet atlas, donne pour plus de 1,000
puits et sondages, désignés par des numéros distincts
sur les cartes, les noms des Sociétés qui les ont entrepris, la date à laquelle ils ont été exécutés, l'épaisseur
des morts-terrains qu'ils ont traversés, et enfin les
résultats qu'ils ont fournis.

LE

BASSIN HOUILLER

DU PAS-DE-CALAIS,

HISTOIRE DE LA RECHERCHE,

DE LA DÉCOUVERTE ET DE L'EXPLOITATION DE LA HOUILLE

DANS CE NOUVEAU BASSIN.

XXXI.

BASSINS HOUILLERS
DU NORD DE LA FRANCE.

CONSIDÉRATIONS GÉNÉRALES.

Formation carbonifère de la Westphalie , de la Belgique et du Nord de la France.

IMPORTANCE DES BASSINS DU NORD.

Leur étendue. — Leur production. — Capitaux engagés.

RICHESSES DE CES BASSINS.

Évaluation de M. De Clercq. — Évaluation de M. E. Vuillemin.

CONSIDÉRATIONS GÉNÉRALES.

Formation carbonifère de la Westphalie, de la Belgique et du Nord de la France. — Une bande houillère très considérable, la plus vaste et la plus riche du Continent. s'étend sur une longeur de près de 500 kilomètres, et une largeur moyenne d'au moins 10 kilomètres, d'au delà du Rhin jusqu'aux environs de Boulogne. Planche XLIII.

Elle part d'Unna, à l'est de Dortmund, en Westphalie, traverse le Rhin à Ruhrort, passe à Aix-la Chapelle, Liège, Namur, Charleroi, Mons, Valenciennes, Douai et Béthune, pour finir entre Calais et Boulogne à Hardinghem.

Sur ce parcours de 500 kilomètres, la formation houillère est bien interrompue, ou sa présence n'est pas constatée, en quelques points ; ainsi entre Dusseldorf et Aix-la-Chapelle, entre Fléchinelle et Hardinghem. De même, à l'ouest, à partir des environs de Mons, elle ne se montre pas au jour, et disparaît sous des terrains de recouvrement, au-dessous desquels elle s'étend souterrainement. Elle est parfaitement connue et exploitée sur un développement de **420** kilomètres, savoir :

En Prusse, sur	140 kilom.
En Belgique, sur	170 »
	310 kilom.
En France, sur..	110 »
dont : dans le département du Nord.......	50 kilom.
» » Pas-de-Calais.	60 »
	110 kilom.
Ensemble.	420 kilom.

Partout où la formation carbonifère paraît au jour, en Westphalie et en Belgique, les mines de houille ont été exploitées de temps immémorial. Mais dans le Nord de la France où elle est recouverte par des morts-terrains, dont l'épaisseur varie de 40 à 200 mètres, la houille n'a été découverte et exploitée que successivement ; à Fresnes en 1720, à Anzin en 1734, à Aniche en 1778, et au-delà de Douai qu'à partir de 1846.

Le mouvement industriel créé par l'établissement des chemins de fer depuis 1850, a eu pour résultat un développement considérable de la consommation, et par suite de la production de la houille. C'est à dater de cette époque, et progressivement, que se sont développées les riches houillères de la Ruhr, de Liège, de Charleroi, de Mons, du Nord et du Pas-de-Calais, qui fournissent actuellement 48 millions de tonnes de combustible minéral, savoir :

La Westphalie......................	22,000,000	tonnes.
La Belgique........................	17,000,000	»
Le Nord de la France................	9,000,000	»
Production en 1880	48,000,000	tonnes.

250,000 ouvriers sont employés à cette production, et se répar-ent au moins 250 millions de salaires que leur payent les houillères. Enfin l'exploitation de la houille crée annuellement une valeur de plus d'un demi milliard de francs.

IMPORTANCE DES BASSINS DU NORD.

Leur étendue. — Les concessions de mines de houille instituées dans le Nord de la France sont au nombre de 43, et présentent une superficie totale de 121,763 hectares, savoir :

Bassin du Nord..............	20 concessions	=	60,565 hectares.
» du Pas-de-Calais	20 »	=	55,972 »
» du Boulonnais..........	3 »	=	5,226 »
Ensemble........	43 concessions	=	121,763 hectares.

L'étendue de chacune de ces concessions est comprise entre :

110 hectares Escaupont ,
et 11,851   »   Anzin et Aniche.

Elle est en moyenne de 2,732 hectares.

Les comptes-rendus de l'Administration des Mines constataient l'existence en France à la fin de l'année 1880, de 635 concessions de combustibles minéraux , dont la superficie totale était de 567,700 hectares. Les départements du Nord et du Pas-de-Calais étaient repris dans ce dernier chiffre pour 121,763 hectares.

La surface des concessions instituées, représentant assez exactement l'étendue des bassins houillers , on voit que les

bassins du Nord comprennent le cinquième de la superficie
totale de l'ensemble des bassins houillers de la France entière.

Leur production. — Jusqu'en 1850, la houille n'était
exploitée que dans le bassin du Nord ; le bassin du Pas-de-Calais
venait à peine d'être découvert. La production était alors de
1 million de tonnes.

La mise en exploitation du bassin du Pas-de-Calais, et en
même temps le développement des mines plus anciennes du
Nord, élèvent successivement la production des deux bassins :

En 1860, à	2,185,000	tonnes.
» 1870 »	4,312,720	»
» 1880 »	8,545,912	»
» 1881 »	8,989,349	»
» 1882 »	9,594,942	»

Or, la production totale de la France a été en 1881 de
19,909,057 tonnes, sur lesquelles les bassins du Nord fournissent
donc près de la moitié.

Ainsi sous le double rapport de leur étendue, et de leur production, ces bassins présentent une importance considérablement plus grande que celle de tous les autres bassins français,
et le tableau ci-dessous applicable à l'année 1880, confirme
complètement cette assertion.

DÉPARTEMENTS ET BASSINS.	SURFACE concédée.	PRODUCTION.	
	hectares.	tonnes.	°/₀
Nord, Pas-de-Calais et Boulonnais	121 763	8.545.900	44
Loire, St-Etienne, Rives-de-Gier, Roanne, etc.	23.487	3.588.000	19
Gard, Alais, St-Ambroix, Le Vigan	52.962	1.945.400	10
Saône-et-Loire, Creuzot, Blanzy, Epinac, etc.	48.122	1.256.000	7
Allier, Commentry, Doyet, Buxière	13.567	967.100	5
Aveyron, Aubin, Rodez	16.868	679.000	4
Bouches-du-Rhône, Fuveau, Manosque	30.395	493.600	3
Tarn, Carmeaux	9.131	306 900	2
Hérault, Graissessac, Roujan.............	29.541	243.900	1
Haute-Loire, Brassac, Langeac, etc.........	4.094	282.100	1
Nièvre, Decize.......................	8.010	207.500	1
Haute-Saône, Ronchamps, etc...........	10.531	187.100	1
Creuze, Ahun, etc....................	3.873	146.500	
Isère, La Mure, etc...................	10.383	107.100	
Puy-de-Dôme, St-Eloy, etc..............	5.162	133.500	
Autres départements et Bassins	175.316	272.000	
Totaux...............	567.700	19.361.600	100

Capitaux engagés. — L'auteur a eu l'occasion de faire, d'après les bilans des Compagnies houillères, complétés par des renseignements particuliers, un relevé exact et détaillé des capitaux immobilisés, c'est-à-dire, réellement dépensés en travaux de toute nature, dans les mines du Nord et du Pas-de-Calais, depuis leur origine. Le chiffre de ces capitaux, pour 34 sociétés, dont 30 fonctionnent encore aujourd'hui, s'élève à fr. 346,268,296.

A ce chiffre il faut ajouter les dépenses des nombreuses recherches ou explorations qui n'ont abouti, il est vrai, à des pertes pour les capitalistes qui les ont entreprises, mais qui ont essentiellement contribué à la découverte des richesses minérales de ces bassins houillers, à la détermination de leurs limites, et qui ont fourni des indications précieuses aux explorateurs devenus concessionnaires.

On ne possède pas, comme pour les Compagnies d'exploitation actuelles, des chiffres précis sur les dépenses de ces innombrables sociétés de recherches ; mais de nombreux renseignements permettent d'évaluer ces dépenses d'une manière approximative, sinon absolue, au moins rationnelle. Cette évaluation détaillée monte au chiffre de 100,000,000 fr.

Ainsi l'importance des capitaux réellement dépensés dans les houillères du Nord de la France n'est pas moindre de 446,268,296 fr., soit en chiffres ronds, 450 millions.

Si l'on envisage cette question de l'importance des capitaux engagés dans ces houillères, sous un autre point de vue, celui de la valeur attribuée par le public, aux 134.828 actions ou parts d'intérêts formant l'ensemble du fonds social de toutes les Sociétés de Mines actuellement existantes, ou les prix moyens auxquels se sont négociées ces actions en 1880, on arrive à ce résultat qu'elles représentent en totalité un capital de 600 millions.

RICHESSES DE CES BASSINS.

Evaluation de M. De Clercq.— Par suite de circonstances particulières, il se produisit en 1872 une crise houillère, non seulement en France, mais dans toute l'Europe. L'industrie demandait des quantités de houille considérables ; les prix des combustibles s'élevèrent à des taux inconnus jusqu'alors, et qu'on ne croyait pas devoir jamais être atteints. Chacun redoutait de voir la houille manquer aux usines, et réclamait des pouvoirs publics un développement immédiat de la production.

Dans un Rapport au Ministre des travaux publics, du 3 octobre 1873, sur la crise houillère, sur les causes et sur les moyens de la conjurer, M. De Clercq, Ingénieur en chef des Mines à Valenciennes, après avoir exposé le développement que prenaient les exploitations du Nord et du Pas-de-Calais, et les grands travaux préparatoires qu'exécutaient alors les houillères, présentait la situation comme très rassurante, et assignait à la production des deux bassins, dans un avenir rapproché les chiffre de 14 millions de tonnes, pouvant être porté plus tard à 20 et même 30 millions de tonnes par an. Puis il se demandait si une pareille production pourrait avoir une durée un peu considérable.

En réponse à cette question, il faisait l'évaluation de la richesse houillère des deux bassins, évaluation, ajoutait-il, très difficile, par suite de l'insuffisance des connaissances acquises sur le nombre des couches, sur leurs allures, sur leurs accidents, etc, et qui par conséquent ne pouvait qu'être imparfaite.

En 1872, il avait été institué :

Dans le Nord.........	21 concessions d'une superficie de:..	61,518 hectares.
,, Pas-de-Calais..	20 ,, ,, ..	52,050 »
Ensemble......	41 concessions d'une superficie de...	113,568 hectares.

Mais 7 de ces concessions, s'étendant sur 11.279 hectares, n'étaient pas exploitées, de sorte que M. De Clercq ne faisait porter son évaluation que sur 34 concessions d'une superficie de 102,289 hectares, renfermant du terrain houiller fructueusement exploitable.

Il adoptait, pour la richesse du bassin du Nord, les chiffres donnés par M. Dormoy dans sa topographie du dit bassin, tels qu'ils avaient été fournis par les exploitations de la Compagnie d'Anzin, savoir :

Faisceau des houilles maigres....	24 couches d'une épaisseur totale de.			$14^m 99$
» » demi-grasses.	27 »	'	»	. 19 05
' » grasses.....	34 »	»	»	. 24 15
Total	85 couches d'une épaisseur totale de.			$58^m 19$

Pour le bassin du Pas-de-Calais il admettait une richesse en houille supérieure, en se basant sur ce qu'une coupe faite du Sud au Nord par Liévin, Lens et Carvin, constatait la présence de 38 couches donnant une épaisseur utile de 44^m95, et cela, malgré des lacunes, d'environ 7 kilomètres de terrain houiller, non encore explorées, et aussi sur ce qu'il était démontré déjà que la zone Sud de ce bassin était notablement plus grande que celle du bassin du Nord, puisque le faisceau de houilles grasses, ou Flénu, présentait déjà une puissance utile reconnue de 30^m28 à Marles, 22^m10 à Bruay, 23^m70 à Nœux, quoique la limite Sud du terrain houiller fut loin d'être atteinte sur ces points.

M. De Clercq estimait donc la puissance de houille exploitable pour l'ensemble des 2 bassins à 60 mètres, puis il ajoutait :

« Cette puissance de houille admise, si les veines étaient hori-
» zontales ou a très faible pente, il suffirait de multiplier la sur-
» face du terrain houiller par l'épaisseur de houille, et à faire
» la déduction convenable pour les failles et étranglements et
» l'on aurait le cube de houille à extraire ».

« Mais cette manière d'opérer serait fausse ; car les houilles
» grasses ne s'étendent pas vers le Nord. et les houilles maigres
» ne s'étendent pas vers le Sud : en outre dans tout le bassin du
» Nord, un grand accident, dit *cran de retour*, a altéré profon-
» dément la constitution du bassin ; au Nord de cet accident il

» n'existe pas de houilles grasses, mais seulement des houilles
» demi-grasses et-maigres. »

« Il faut donc prendre un autre chiffre pour épaisseur
» moyenne. »

« Sans entrer ici dans des détails qui seraient trop longs, je
» me borne à dire que mon appréciation est, que l'on ne doit
» pas prendre plus de 20 mètres pour l'épaisseur moyenne de la
» houille s'étendant sur tout le terrain houiller. »

« Le cube de houille serait donc 1.022.890.000 m. q. $\times 20 =$
» 20.457.800.000 de mètres cubes, en nombre rond, 26 milliards
» de tonnes. »

« Mais sur ce chiffre, il faut une défalcation pour tenir compte
» des étranglements, des parties failleuses et de tous les acci-
» dents de terrain, et cette défalcation je la porte à moitié. »

« C'est donc en résumé 13 milliards de tonnes de houille que
» l'on peut regarder comme ressources reconnues aujourd'hui
» dans l'ensemble des deux bassins houillers du Nord et du
» Pas-de-Calais. »

« Cette quantité de houille doit être prise complètement, car
» avec des veines aussi minces et un remblais aussi complet que
» celui que l'on fait, il ne doit pas y avoir de perte à l'exploita-
» tion, la soustraction que j'ai faite compense largement celle
» qui pourrait avoir lieu »

« Ce chiffre posé, il en résulte qu'en supposant l'extraction
» des deux bassins réunis portée à cinq fois celle de 1872, c'est-
» à-dire à 30 millions de tonnes, on pourrait ainsi marcher 433
» ans. »

Évaluation de M. Vuillemin. — La méthode adoptée par
M De Clercq est celle qu'ont suivie tous les Ingénieurs qui ont
cherché a apprécier la richesse probable d'une mine, d'un bassin,
ou même d'un pays tout entier. Elle repose sur la connaissance
de l'épaisseur des couches de houille, l'espace sur lequel elles
s'étendent, et l'application d'un coefficient de réduction pour tenir
compte des pertes dues à l'exploitation et aux accidents de
terrain, failles, étranglements, interruptions, etc, qui affectent
ces couches. La détermination de ce coefficient ne procède d'aucune base fixe, certaine. De même la prolongation des couches
connues sur l'étendue considérée est toujours problématique.

Frappé des inconvénients signalés ci-dessus, l'auteur de cet ouvrage, dans un travail spécial sur la même question (1), a suivi une méthode reposant sur une donnée pratique qu'il considère comme donnant des résultats plus précis. Il a pris pour base de son travail, les résultats fournis par l'exploitation des Mines d'Aniche pendant un siècle.

De 1770 à 1877 ces Mines ont produit 12.325.000 tonnes, ainsi qu'il résulte des relevés des livres de la Société.

On possède les plans exacts depuis l'origine des parties de gisement exploitées, et les profondeurs auxquelles les travaux sont parvenus. On peut donc se rendre compte non seulement des surfaces explorées ou exploitées, mais même du volume du terrain houiller qui a fourni la production de ces 12.325.000 tonnes. Par conséquent, on a des données pratiques et précises sur le produit et du mètre cube et de l'hectare de terrain houiller, non seulement à la profondeur explorée, mais à la profondeur de 800 mètres à laquelle les travaux d'exploitation peuvent raisonnablement atteindre.

L'exploitation d'Aniche a porté sur trois gisements distincts; l'un de houille grasse à Aniche qui est abandonné; l'autre également à Aniche, de houille sèche qui est en pleine exploitation; un troisième à Douai, de houille grasse qui est en exploitation depuis une vingtaine d'années. Enfin un 4e gisement de houille grasse est reconnu à Douai depuis peu d'années; il a seulement été l'objet d'explorations.

Le tableau ci-dessous donne les épaisseurs des terrains et l'étendue des gisements exploités et explorés: le volume du terrain houiller entamé, et la production effective de houille qu'ils ont fournie, en totalité par hectare et par 1000 mètres cubes de terrain houiller.

_____

(1) Les mines de houilles d'Aniche, exemple des progrès réalisés dans les houillères du Nord de la France pendant un siècle, par E. Vuillemin. Paris, 1878. Dunod, Éditeur.

DÉSIGNATION des GISEMENTS.	ÉPAISSEUR des TERRAINS EXPLOITÉS			ÉTENDUE DES GISEMENTS.			VOLUME de terrain houiller exploité. en 1000 mèt. cubes.	PRODUCTION EFFECTIVE				
	Profondeur des puits.	Épaisseur des morts-terrains.	Terrain houiller exploité.	Longueur.	Largeur.	Surface.		Depuis 1780 jusqu'à fin 1877. Tonnes.	Par hectare.		Par 1000 mèt. cubes de terr. houiller.	
									en tonnes.	en m.cubes.	en tonnes.	en m.cubes
	mèt.	mèt.	mèt.	mètres.	mètres.	hectar.						
Aniche. Gras ..	350	150	200	5.000	800	400	800.000	2.000.000	5.000	3.846	2.50	1.92
Aniche. Sec ...	295	155	140	4.200	1.100	462	646.800	6.110.000	13.225	10.173	9.44	7.26
Douai. Exploité	276	168	108	6.000	650	390	421.200	4.215.000	10.807	8.313	10. »	7.69
Douai. Exploré	276	168	108	6.000	500	»	»	»	»	»	»	»
Totaux et moyenne.	276 à 350	150 à 168	108 à 200	4.200 à 6.000	500 à 1.100	1.252	1.868.000	12.325.000	9.844	7.572	6.59	5.07

Les chiffres réunis dans ce tableau ne s'appliquent qu'aux résultats réellement réalisés par l'exploitation, depuis 1780 jusqu'à fin 1877, d'une épaisseur relativement faible de terrain houiller, 108,140,200 m. suivant les gisements.

Ils montrent que l'un de ces gisements, celui d'Aniche-gras, fourni que 2 1/2 tonnes, ou moins de 2 mètres cubes de houille par 1000 mètres cubes de terrain houiller exploité. Les deux autres, celui d'Aniche-sec, très régulier, mais contenant peu de couches et des couches minces, et celui de Douai, renfermant de nombreuses couches, plus puissantes, mais moins régulières, sont relativement riches, puisqu'ils ont donné de 9.5 à 10 tonnes ou 7,26 à 7,69 mètres cubes de houille par 1,000 mètres cubes de terrain houiller exploité. Leur ensemble présente donc une moyenne assez exacte des conditions de gisement et d'exploitation des bassins du Nord et et du Pas-de-Calais.

En étudiant les résultats obtenus ci-dessus à la profondeur de 800 mètres, profondeur moyenne qu'atteindra raisonnablement l'exploitation, et qui sera même dépassée sur certains points, on obtient les indications reprises dans le nouveau tableau ci-dessous.

DÉSIGNATION des GISEMENTS.	SURFACE des gisements exploités et explorés.	ÉPAISSEUR du terrain houiller considéré.	VOLUME du terrain houiller en 1000 mèt. cubes.	PRODUCTION EFFECTIVE			ÉPAISSEUR de houille compacte.		RAPPORT des épaisseurs ci-contre. Pour 100.
				Par 1000 mètres cubes de terrain houiller.	Réalisée ou à réaliser.	Par hectare.	D'après le rendement effectif.	Des couches connues.	
	hectares	mètres.		tonnes.	tonnes.	tonnes.	mètres.	mètres.	
Aniche. Gras........	400	650	2.600.000	2.50	6.500.000	16.250	1.25	3 50	35.7
Aniche. Sec........	462	645	2.979.900	9.44	28.130.256	60.888	4.68	6.20	75.5
Douai. Exploité....	390	632	2.464.800	10. »	24.648.000	63.200	4.86	7.08	68.6
Douai. Exploré (1).	300	632	1.896.000	14.97	28.392.000	94.640	7.28	9.42	68.6
Totaux et moyenne..	1.552	640	9.940.700	8.82	87.670.256	56.488	18.07	26.20	68.9

Il ressort des tableaux qui précèdent :

1° Que les quatre gisements exploités et explorés dans la con-

(1) Les chiffres relatifs à ce gisement ont été calculés d'après l'épaisseur totalisée, 9 m. 42, des 15 couches qu'il renferme On a admis que leur exploitation donnerait 68,6 °/₀ comme les couches du même faisceau de Douai.

cession d'Aniche, sont reconnus sur une surface de 1,552 hectares ;

2° Que leur exploitation et leur exploration n'ont été portées jusqu'ici qu'à une profondeur variable de 276 à 350 mètres, soit sur une épaisseur de terrain houiller de 108 à 200 mètres seulement ;

3° Que leur exploitation jusqu'à la profondeur de 800 mètres portera sur un volume de terrain houiller de près de 10 milliards de mètres cubes, lesquelles fourniront, a raison de $8^T,82$ par 1000 mètres cubes, plus de 87 millions de tonnes de houille ou 56 mille tonnes par hectare ;

4° Que ce rendement de $8^T,82$ par 1000 mètres cubes de terrain houiller est le résultat pratique de l'exploitation de 1252 hectares pendant un siècle, exploitation qui a produit plus de 12 millions de tonnes ;

5° Que cette production de plus de 56 mille tonnes par hectare correspond à une couche de houille compacte de 18 mètres d'épaisseur, s'étendant sur toute la surface exploitée ou explorée, tandis que l'épaisseur totalisée des couches de houille connues est réellement de 26 mètres ;

6° Qu'à Aniche on n'obtient en moyenne que 68,9 % ou les 2/3 de la houille composant l'épaisseur totale des couches connues et exploitables, et même que 54,7 % ou un peu plus de moitié de cette épaisseur, lorsqu'on tient compte de l'inclinaison moyenne des couches, environ 30°.

Les résultats ci-dessus, obtenus pratiquement dans l'exploitation d'une étendue considérable, ayant fourni une production importante, peuvent être considérés comme représentant assez exactement les résultats moyens de l'exploitation des bassins houillers du Nord et du Pas-de-Calais.

Il a été institué dans ces bassins 43 concessions s'étendant sur une superficie de 120,110 hectares, savoir :

Bassin du Nord	20 concessions...	60,565 hectares.
» du Pas-de-Calais...	20 » ..	55,972 »
» du Boulonnais	3 » ..	5,226 »
	43 concessions ..	121,763 hectares.

A 56,488 tonnes par hectare, ces concessions contiendront donc près de 7 milliards de tonnes de houille.

Les quantités extraites depuis la découverte de ces bassins jusqu'à ce jour, ne représentent qu'une très minime partie de ce chiffre de 7 milliards. En effet, leur production n'a été

Pour le Bassin du Nord , de 1720 à 1881............	103,000,000 tonnes.
" " du Pas-de-Calais, de 1850 à 1881	57,000,000 "
Ensemble................	160,000,000 tonnes.

Défalcation faite de cette quantité, et même de 15,000 hectares de surface concédés et ne contenant présumablement pas de terrain houiller, il reste au moins 6 millards de tonnes à extraire des bassins du Nord, soit de quoi alimenter pendant 250 ans une production annuelle de 20 millons de tonnes.

M. Declercq avait évalué la richesse du bassin du Nord à.................................... 13 milliards de tonnes.

M. Vuillemin ne l'évalue qu'à........ 6   d°   d°.

Ces chiffres, quelque soit celui que l'on adopte, montrent que cette richesse est très considérable, et bien supérieure à celle d'aucun des autres bassins français.

XXXII.

PREMIÈRES RECHERCHES DANS LE PAS-DE-CALAIS.

_____

Concession Desandrouin el Taffin du 6 décembre 1736. — Compagnie Dona en 1741. — Compagnie de Villers à Pernes, en 1747. — Fosse d'Esquerchin en 1752-1758.

_____

EXPLORATIONS DES SIEURS HAVEZ ET LECELLIER.

Travaux exécutés. — Fosses de Bienvillers et de Pommier.

Concession Desandrouin et Taffin du 6 décembre 1736. — On a vu dans l'Historique du Bassin du Nord, Tome II, page 322, les considérations qui avaient déterminé Nicolas Désaubois, à rechercher dans le Hainaut français, le prolongement de la formation houillère exploitée à Mons.

Après la découverte de la houille à Fresne en 1720, puis à Anzin en 1734, MM. Desandrouin et Taffin ne doutèrent pas que le terrain houiller s'étendait beaucoup au-delà des limites du Hainaut, et qu'il devait être rencontré également dans la Flandre et dans l'Artois. Cette opinion était confirmée par l'existence de la houille, exploitée dès 1692 à Hardinghen, près Boulogne. Aussi, dès cette époque, comme du reste jusque dans ces derniers temps, la formation houillère était considérée comme devant exister dans tout l'intervalle qui séparait Valenciennes de Boulogne.

MM. Desandrouin et Taffin persuadés que les veines qu'ils exploitaient passaient non seulement entre l'Escaut et la Scarpe, mais qu'elles s'étendaient au-delà de cette dernière rivière et jusqu'à la Lys, craignirent qu'une Compagnie rivale ne se formât à leurs côtés. Il demandèrent et obtinrent par acte royal du 6 décembre 1736, et pour une durée de 20 ans de 1740 à 1760, la concession exclusive des terrains compris entre la Scarpe et la Lys, c'est à-dire de Valenciennes, de Douai, d'Arras et de St-Pol à Aire, St-Venant, Armentières et Menin.

Voici quelques extraits de l'arrêt du Conseil :

« Sur ce qui a été représenté au Roi............... par Pierre
» Taffin.................. et Jacques Desandrouin............ que
» les suppliants après 20 ans de travaux et avoir risqué tout leur
» bien, sont enfin parvenus à conduire leur entreprise à un point
» de perfection qui leur fait espérer de pouvoir se dédommager
» des dépenses immenses qu'ils ont faites......................

» Que cependant ils ont une notion certaine que les veines des
» mines qu'ils font travailler passent de l'autre côté de la rivière
» de Scarpe, qui fait la limite de leur privilège, et qu'elles s'éten-
» dent jusqu'à celle de la Lys. Que n'ayant pas le privilège de
» fouiller le terrain qui sépare ces deux rivières, il serait d'autant
» plus à craindre qu'il ne fût accordé à d'autres, que les suppliants
» se verraient par là privés de débiter leurs charbons aux habi-
» tants des villes de Lille et Douai et des provinces d'Artois et de
» Picardie, ce qui leur ferait un tort considérable.

» Que d'ailleurs, en divisant les mines du Haynaut de celles
» qui peuvent être entre les rivières de Scarpe et de la Lys en
» deux Compagnies, elles se détruiraient l'une et l'autre par leur
» proximité, au lieu qu'en réunissant ce terrain à l'entreprise
» du Haynaut, elle en deviendra plus valide et par conséquent
» plus utile pour le bien public............................

» Requéraient à ces causes les suppliants.....................
» Vu la dite requête.................. le Roi.................. en
» étendant le privilège accordé auxdits sieurs Taffin et Desan-
» drouin. leur a permis et permet...................... de tirer

» exclusivement à tous autres du charbon de terre des mines
» qu'ils pourront découvrir et fouiller dans le terrain qui est
» entre la rivière de Scarpe et celle de la Lys, pendant la durée
» de leur privilège......................... (1)

Desandrouin et Taffin ne profitèrent pas de cette permission.
En 1738, pour reconnaître les territoires de Lille et de Douai,
on dépensa 2,937 L. 10 sous. En 1739, une fosse fut tentée jusqu'à 28 toises à Faches, près Lille. Elle coûta 15,625 L.

Il ne paraît pas qu'ils aient alors fait de travaux en Artois.

Compagnie Dona en 1741. — Dans un mémoire existant aux archives d'Arras, et adressé aux États d'Artois, à la
date du 21 avril 1741, on trouve les détails suivants :

« L'entreprise Dona et Compagnie demande depuis plus de
» cinq mois la permission d'ouvrir des mines près d'Arras, dans
» l'espace de 4 à 5 lieux carrées, sur les territoires de Lens,
» Arras, Villers, etc., soit sur cinq lieues de longueur et sur
» trois lieues de largeur. »

« Desandrouin et Taffin, qui ont obtenu par arrêt du 16 décem-
» bre 1736, le privilège des terrains situés entre la Scarpe et la
» Lys, font opposition à cette demande. »

« Dona et Compagnie insistent en disant que Desandrouin et
» Taffin sont associés avec les exploitants du Boulonnois, et
» cherchent à empêcher toutes recherches dans l'Artois. Ils font
» des gains très considérables, etc. »

Les États d'Artois accueillirent favorablement la demande de
la Compagnie Dona ; mais il paraît que cette nouvelle Compagnie, pas plus que celle de Desandrouin ne fit de travaux dans
l'Artois.

Compagnie de Villers à Pernes en 1747 — Les premières sérieuses recherches de houille, faites dans l'Artois,
furent exécutées à Pernes par la Société de Villers, ainsi que
le constate l'arrêt du Conseil d'État du 10 mars 1747, dont voici
un extrait.

(1) Mémoire pour la Compagnie d'Anzin, concernant son origine et son droit de
propriété sur les diverses concessions qu'elle exploite. Paris, 1863.

« Sur ce qui a été représenté au roi................. par le
» sieur Louis-Joseph de Villers, demeurant au bourg de Fré-
» vent et Compagnie, qu'ils ont commencé, en vertu de la per-
» mission qui leur en a été accordée, à faire exploiter à leurs
» frais une mine de charbon de terre, dont ils ont fait la décou-
» verte, et qui est située aux environs de la ville de Pernes en
» Artois.

» Qu'ils ont d'ailleurs fait sonder en plusieurs endroits de
» cette province, entr'autres aux environs d'Arras..............

» Le roi................. permet aux sieurs de Villers et Com-
» pagnie de faire fouiller et exploiter, exclusivement à tous
» autres, pendant le temps et l'espace de 30 années consécuti-
» ves................. les mines de charbon de terre qu'ils ont
» commencé à faire ouvrir et travailler aux environs de Pernes,
» et celles qu'ils pourront découvrir par la suite dans l'étendue
» de la province d'Artois, à la charge par eux d'indemniser les
» propriétaires................. et en outre, à condition suivant
» leurs offres................. de remettre annuellement à titre
» gratuit pendant la durée de leur privilège, au profit de l'hôpi-
» tal général qui doit être établi à Versailles................. le
» vingtième du produit net de la dite exploitation.................
» et de se conformer au surplus aux réglements......... (1)

La Compagnie de Villers ouvrit un puits N° 391 à Pernes,
arrondissement de St-Pol. Ce puits n'alla que jusqu'à 30 m. de
profondeur. « Il fut abandonné à cause des eaux, et quoique les
» habitants aient montré pendant longtemps un peu de houille
» qu'ils prétendent avoir été extrait d'un trou de sonde fait au
» fond du puits, il paraît, dit M. de Bonnard, que cette substance
» aura été apportée par quelqu'ouvrier qui voulait continuer à y
» gagner ses journées. » (2)

D'après un mémoire des députés généraux des États d'Artois
du 4 août 1763, la Compagnie de Villers aurait, après l'abandon
de la fosse de Pernes, fait un autre puits à Souchez, où elle aurait
travaillé pendant une année sans rien trouver ; puis des contes-
tations s'étant élevées entre les associés, l'entreprise fut aban-

(1) Histoire des Mines de houille du Nord de la France. 1850. Tome III.......
Pièces justificatives. Page 121.

(2) Notice de M. de Bonnard. Journal des Mines...... Tome XXVI, 1809

donnée vers 1750. La Compagnie aurait, paraît il, renoncé vers cette époque, à sa concession.

La formation houillère du Nord de la France est partout recouverte par des formations plus récentes, terrain tertiaire et crétacé, qu'on désigne sous le nom de morts terrains.

Cependant sur le bord méridional du bassin du Pas-de-Calais, apparaît au jour une série d'îlots de terrains anciens analogues à ceux qui se montrent au Sud des bassins belges et du bassin d'Hardinghen.

L'un de ces îlots existe à Pernes, et c'est sur cet îlot qu'était ouvert le puits de la Compagnie de Villers. Il est formé de couches alternatives de grès gris à petits grains, alternant avec un grès schistoïde un peu terreux, bariolé de gris bleuâtre et de rouge foncé (1).

Planche XXXVII, Tome II.

Fosse d'Esquerchin en 1752-1753. — La plus importante recherche faite à cette époque au-delà de Douai, fut celle d'Esquerchin, où un puits fut creusé à travers la formation de la craie et poussé jusque dans le rocher.

Une Compagnie connue sous le nom de *Willaume-Turner*, s'était formée à Valenciennes, vers l'an 1746, pour l'exploitation de la houille en Belgique.

Ses fondateurs étaient :

Willaume-Turner pour	4 sols.
Lagace	5 »
Havez	4 »
Dubois	4 »
Cerisier	4 »
Willemart	1 »
Total	22 sols.

Cette Compagnie, après divers travaux exécutés en Belgique, avait obtenu par arrêt du 7 mars 1752, la concession des mines de charbon de terre, situées sur la rive gauche de la Scarpe, depuis sa source jusqu'à son embouchure dans l'Escaut, et de là.

(1) Explication de la carte géologique de la France. Tome I, 1841

sur la Deûle et la Lys. Elle avait été ainsi substituée au privilège accordé le 6 décembre 1736 à Desandrouin et Taffin, privilège qui venait d'être retiré à ces derniers, après deux délais successifs de six mois à eux donnés pour arriver à découvrir la houille.

La Compagnie *Turner* s'était d'abord établie à Marchiennes et y avait creusé un puits qu'elle ne tarda pas abandoner à cause des eaux et des sables mouvants. Elle reporta ses travaux à Esquerchin, près Douai, vers le moulin, tirant vers le pont à Sauls où elle ouvrit une fosse en 1752.

Elle était arrivée à une certaine profondeur, lorsqu'en mars 1755, le cuvelage vient à se rompre. On croit « qu'il pourrait » bien y avoir de la malversation de la part des ouvriers, du » monopole, et peut-être de la corruption de la part de certaines » gens mal intentionnés ou jaloux de cette entreprise, » dit un mémoire de cette époque.

On répare le cuvelage, vide la fosse inondée, et continue l'approfondissement à 6 toises au-dessous des dièves. A cette profondeur, et on ne sait pour quel motif, on l'abandonne, malgré les présages favorables obtenus par la baguette divina- toire.

La fosse est reprise en mai 1756. En septembre on atteint une coupe d'eau qui paraît être le *torrent*. On continue les ouvrrges, mais avec les plus grandes difficultés, ainsi que le témoigne la pièce reproduite ci-dessous, qui montre en même temps le caractère d'utilité publique que l'on attribuait à cette époque aux travaux de recherches de houille.

Au commencement de l'année 1757, la Société Havez-Lecellier, exposait à l'intendant de Flandres et d'Artois « que la fosse » d'Esquerchin était arrivée à la profondeur de 60 toises ; » qu'après avoir été obligé de céder à l'effort de l'air et des eaux » avec deux machines à pompe, elle avait dû en faire construire » une autre d'une façon supérieure et d'une invention nouvelle, » pouvant marcher avec quarante chevaux, etc. »

La Société demandait de pouvoir obtenir des cultivateurs des villages environnants les chevaux nécessaires au fonctionnement de cette nouvelle machine.

L'intendant de Flandres et d'Artois rendit, le 17 février 1757, une ordonnance qui permettait au sieur Havez, directeur des ponts-et-chaussées du Haynaut, et associés « de prendre, dans

» le cas de nécessité indispensable, dans les villages d'Esquerchin,
» Lambres, Corbehem, Izel, Beaumont et autres circonvoisins,
» autant de chevaux dont ils pourront avoir besoin, pour
» travailler par attelages de 8 chevaux à l'épuisement des eaux
» de la fosse d'Esquerchin, actuellement profonde de 60 toises,
» pendant l'espace de 2 heures chaque attelage, en payant aux
» propriétaires 12 sols par chaque cheval, en fournissant aussi
» à chacun un picotin d'avoine ; sans cependant que lesdits
» Havez et Cie, puissent contraindre les propriétaires des
» chevaux, lorsqu'ils seront occupés soit à la culture des terres,
» soit à la moisson, et en observant de ne point exiger deux
» fois les chevaux du même propriétaire, qu'après que tous ceux
» qui en ont, auront fourni les leurs à tour de rolle. »

» Permettons en outre aux dits sieurs Havez et Cie, en cas de
» refus de la part des propriétaires de fournir leurs chevaux
» sous aucun prétexte légitime, de les y contraindre.

» Enjoignons à cet effet au premier officier de Maréchaussée
» sur ce requis, de mettre à exécution notre présente ordon-
» nance, laquelle sera exécutée nonobstant opposition ou
» empiétement quelconque, »

« Fait à Lille, le 17 février 1757. »

« Signé : DE CAUMARTIN. »

Cette ordonnance fut affichée dans toutes les communes des
environs de Douai, sous forme de placard, dont il existe un
exemplaire aux archives du département, à Arras.

L'approfondissement de la fosse d'Esquerchin fut poussé à
85 toises (165 m.). Des galeries y furent ouvertes au midi et au
nord sans résultats, et tous les travaux cessèrent le 9 mai 1758.

Les machines, les bâtiments, etc., furent vendus en octobre
1759.

Havez et Lecellier estiment la perte de l'entreprise d'Esquerchin à 253,704 livres. 400 chevaux avaient été usés au mouvement
des machines.

M. Havez, l'un des principaux associés de la Société Willaume-
Turner, était directeur des ponts-et-chaussées de la province du
Haynaut. Dans une pétition, ou mémoire adressé par lui et
Lecellier à l'intendant de Flandres, le 30 avril 1774, quinze ans

après l'abandon de la fosse d'Esquerchin, et qui avait pour but des secours maintes fois promis, il est dit que la fosse du Moulin a atteint 660 pieds et il ajoute : « Comme on y avait atteint la tête » d'une mine de charbon, on fit cuveler cette fosse pour contenir » les eaux dans leur niveau, mais un tremblement de terre, qui se » fit l'hiver 1758 à 1759, en ouvrit le sein, désunit le cuvelage » et occasionna la rentrée des eaux dans la fosse, avec tant » d'activité et d'abondance qu'on ne put jamais les vaincre, » quelques efforts que l'on ait faits pour y parvenir. »

Il est probable que le cuvelage établi avait les mêmes dimensions que ceux employés à Fresnes et à Anzin ; or, la hauteur du niveau à contenir à Esquerchin était d'environ 70 m., tandis que dans ces dernières localités elle n'était que de 40 m. Ainsi s'explique naturellement la rupture du cuvelage de cette fosse, suivie de son inondation.

Quoiqu'il en soit, l'assertion contenue dans le mémoire de Havez et Lecellier, qu'on avait atteint à Esquerchin « la tête » d'une mine de charbon » fit croire plus tard que la houille avait été réellement découverte dans cette localité, et donna lieu à l'idée de l'y rechercher de nouveau en 1837, puis en 1873, ainsi qu'il sera rapporté plus loin.

EXPLORATIONS des sieurs HAVEZ et LECELLIER.

Travaux exécutés. — Après l'abandon de la fosse d'Esquerchin, la Compagnie Willaume Turner reporta ses travaux plus au sud. Elle sonda en 1758 à Brebières et à Plouvain, mais sans sortir de la craie, à 85^m dans la première localité et à 75^m dans la seconde. En juillet 1759 elle commença des travaux à Rœux, d'abord un sondage qui, assure-t-on, aurait trouvé le *tourtia* à 111^m, puis une fosse à 400^m de la Scarpe qui fut abandonnée à 12ᵐ, malgré l'emploi de 4 pompes mues par des machines à chevaux.

En février 1760, la Société fut dissoute. Havez et Lecellier restèrent seuls à poursuivre les recherches, et ils le firent avec ardeur, ainsi qu'on peut en juger par l'état ci-dessous adressé par Lecellier à l'Intendant de Flandre, le 29 avril 1761.

ÉTAT DES TRAVAUX SUR LES DEUX RIVES DE LA SCARPE EN 1761.

FORAGES.		Nombre.	Profondeur.
Rive gauche ...	à Lambres.........	2	de 53 toises à 61 »
	» Brebières	1	54 » 2 pieds.
	» Vitry	1	61 » 3 »
	» Plouvain	1	53 » 2 »
	» Rœux........	8	de 53 » à 62 »
Rive droite	» Rœux...........	2	de 53 » à 56 »
	» Fampoux........	1	54 » 1 »
	» Monchy-le-Preux..	1	55 » 4 »
	» Remy...........	1	51 » 2 »
	» Pelve.....	1	47 » 3 »
	» Bugnicourt.......	1	52 » 5 »
	» Marque	1	50 » 4 »
	Total	21	
GRANDES FOSSES.			
	à Fampoux........	1	30 toises
	» Rœux...........	5	de 16 » à 18 »
	Total	6	

Havez et Lecellier reprirent en 1760 les 2 fosses de Rœux, ouvertes par la Société Turner ; après les avoir fait cuveler jusqu'à 17 toises, ils durent les laisser de nouveau à cause des eaux. On y établit 2 machines, chacune de 4 pompes de 12 pouces. On eut jusqu'à 120 chevaux employés à les mouvoir.

MM. Boca et Compagnie, demandeurs en concession en 1835 des terrains des environs d'Arras, firent à cette époque une enquête de laquelle semblerait résulter que les fosses de Rœux avaient été reprises une seconde fois. Des témoins vinrent déposer qu'ils tenaient de leurs pères qu'à Rœux au lieu dit La Chapelle Saint-Hilaire, à une profondeur de 700 et quelques pieds on trouva de la houille *qu'on brûla* — que des réjouissances eurent lieu pendant trois jours — qu'un *Te Deum* fut chanté — mais qu'après ces trois jours pendant lesquels on laissa les tra- vaux, les eaux furent *retrouvées montées*, ce qui força d'aban- donner les fosses.

Havez et Lecellier ouvrirent en 1763 une nouvelle fosse à Fampoux, à 600 toises à l'occident de Rœux. Elle eut le même sort que celles ouvertes dans ce dernier village. Une autre fosse fut ensuite entreprise à Halloy, à l'Ouest de Doullens. Elle fut creusée jusqu'à 36 toises de profondeur, et prolongée par un forage au fond de 42 toises.

Fosses de Bienvillers et de Pomier. — Ces tentatives infructueuses pour lesquelles Havez et Lecellier avaient en vain demandé des secours aux Etats d'Artois en 1761 et 1762, ne les découragèrent pas.

Le 20 mai 1763, ils commencèrent deux nouvelles fosses à Bienvillers-en-Bois, N° 953 et 954, au sud-ouest d'Arras, et poussèrent l'approfondissement de l'une d'elles jusqu'à 648 pieds. Elle traversa le tourtia et, si l'on en croit les entrepreneurs, fournit quelques parcelles de charbon d'environ un pouce d'épais- seur (1).

Les Etats d'Artois sollicités à bien des reprises de venir en aide aux rechercheurs avaient cependant fait des promesses de prêts d'argent, à rembourser sur les extractions de charbon. Lorsque la fosse de Bienvillers eut atteint le tourtia, en 1765, Havez et Lecellier réclamèrent l'exécution de ces promesses, en alléguant qu'ils avaient trouvé du charbon.

(1) Mémoire de Havez et Lecellier aux états d'Artois. Archives d'Arras.

Les Etats ordonnèrent la vérification des faits avancés par des commissaires auxquels furent adjoints des experts appelés de Mons. Le procès-verbal qu'ils rédigèrent à la suite de leur visite, le 21 février 1766, renferme les indications suivantes :

1° Il a été impossible aux experts de descendre dans les fosses à cause des eaux. L'une a 110 toises, et l'autre 60 toises ;

2° Ils les ont trouvées placées dans les degrés de longitude et de latitude où passent les veines de charbon.

3° Interpellés « de déclarer, après un mur examen des diffé- » rentes terres extraites des dites fosses, s'ils apercevaient » quelqu'indice de charbon », ils ont répondu que si le *tabac* (apparemment le tourtia), qu'ils voyaient en grande quantité parmi ces terres, était aussi peu enfoncé que les ouvriers employés à ces fosses l'assuraient, il y avait « espérance d'extraire » aisément du charbon ».

4° Enfin les employés et ouvriers attachés à l'établissement ont déclaré avoir trouvé du charbon dans la fosse ; ils en ont produit des échantillons mêlés à de la terre, et ils ont même ajouté « qu'ils » répondaient sur leur vie de mettre dans 15 mois la mine à » découvert et en état d'être exploitée ».

Cependant les Etats d'Artois étaient peu disposés à avancer des fonds pour ces recherches. Les entrepreneurs revenaient à la charge ; ils protestaient le 26 février 1766, contre les asser- tions des experts « étrangers, et intéressés à dire qu'il n'y a pas » de charbon à Bienvillers ».

Enfin, en 1766 les États accordèrent un prêt de 12.000 livres, remboursable aussitôt que les fosses seraient en extration. Cette somme fut payée en quatre fois. Mais les fosses furent aban- données, et aucun remboursement n'eut lieu.

Havez et Lecellier ouvrirent 3 nouveaux sondages ; l'un à Bienvillers Nᵛ 955 à 209 toises des fosses ; un deuxième à Pommier N° 956 à 465 toises du précédent ; et un troisième N° 957 à Bailleul-Mont à 954 toises du forage de Pommier.

C'est sur les indications de ces forages que deux fosses furent entreprises en 1765 à Pommier N° 958 et 959. L'une fut poussée à 70 toises 3 pieds ; On dit qu'on y traversa le tourtia ; mais qu'audessous ce n'étaient que « terrains noirs, sableux, inconnus, » que les eaux firent abandonner ». (1).

La fosse de Pommier a été reprise en 1838. Une lettre de M. Dusouich au Préfet, du 15 janvier 1839 dit : « La machine à » vapeur qui sert actuellement à l'épuisement et à l'extraction » des déblais dans la recherche de Pommier ne porte pas de » frein. .... »

Havez, et Lecellier continuèrent leurs recherches jusqu'en 1774 ; ils exécutèrent, disent-ils dans une demande de proroga-tion de leur privilège, « seize forages de 1761 à 1774, tant sur » les allures du Nord que sur celles du Midi ».

Ils estiment qu'alors, 30 août 1774, ils avaient dépensé :

Pour Esquerchin..................	253,704 livres.
Et en Artois......................	243,492 »
Ensemble	499,196 livres.

En 1775, ils obtinrent la prorogation de leur privilège jusqu'en 1780 .Mais de son côté le marquis de Trainel, qui venait de décou-vrir la houille à Aniche, avait obtenu le 16 août 1779, une exten-sion de sa concession primitive, et l'étendant sur Rœux et les environs, exigea l'abandon de tous les travaux de la Compagnie Turner dont toutes les ressources étaient d'ailleurs épuisées.

(1) Histoire de la recherche , etc. , d'Ed. Gras.

XXXIII.

1778-1800.

Intervention des États d'Artois dans les recherches de houille. — Compagnie d'Aniche. — Compagnie d'Anzin.

SOCIÉTÉ DU DUC DE GUINES.

Premières recherches. — Contrat de Société. — Première fosse à Achicourt. — Deuxième fosse à Tilloy. — Dépenses faites. — Renseignements complémentaires sur la fosse de Tilloy. — Opinion de M. de Bonnard sur les terrains de Tilloy. — Opinion de M. Garnier. — Travaux exécutés.

Fosse de Bòùquemaison. — Fosses de Lesquin. — Recherches de Fouquexolles. — Société d'Auby.

Intervention des États d'Artois dans les recherches de houille. — Les Assemblées générales des États d'Artois se préoccupaient beaucoup de la rareté des bois, et du prix de plus en plus élevé des combustibles. Aussi suivaient-elles avec beaucoup d'intérêt les recherches de houille dans la province.

Un rapport présenté à l'Assemblée générale du 17 novembre 1777 fournit à ce sujet des indications précises et intéressantes.

Il rappelle les fouilles de la Compagnie de Villers à Pernes et à Souchez, celles des Compagnies Willaume Turner et Havez-Lecellier à Esquerchin, à Rœux et à Bienvillers. Au sujet de cette dernière fosse, il ajoute :

« La fosse qu'ils ont fait ouvrir à Bienvillers offrait les plus
» belles espérances, mais MM. Desandrouin et Taffin, qui
» exploitent différentes mines dans le Hainaut, ont fait les plus
» grands efforts pour empêcher que ce privilège eut lieu, et
» n'ayant pu réussir, on ne les a pas soupçonnés sans fondement
» d'avoir employé d'autres moyens pour détourner les entrepre-
» neurs de l'exécution d'un projet anssi avantageux à l'Artois ;
» de sorte que les avances faites en 1766 aux sieurs Havez et
» Lecellier ont été en pure perte pour la province. »

Le rapport parle ensuite des demandes formées par les États, en vue d'obtenir le privilège exclusif d'exploitation de la province, et des promesses de récompenses aux entrepreneurs qui découvriraient la houille dans l'Artois.

« L'Assemblée générale de 1762 avait résolu de demander des
» lettres patentes qui accordassent aux États l'exploitation
» exclusive de toutes les mines et carrières de la province,
» nonobstant les concessions qui auraient pu en être faites à
» quelques particuliers.
» Sur la demande qui en a été faite, on a répondu que si les
» États indiquaient les lieux où ils avaient dessein de faire
» fouiller, ce privilège exclusif leur serait accordé préférablement
» à tous autres, en traitant néanmoins auparavant avec les
» propriétaires des fonds ; que si on soupçonnait quelques-uns
» des entrepreneurs d'être de connivence avec ceux du
» Hainault, le moyen de remédier à cette espèce de monopole
» était de demander au nom des États la subrogation aux droits
» de ceux qui avaient obtenu la cession et avaient abandonné
» leurs travaux. Tel était le rapport de MM. les députés à la Cour
» à l'Assemblée générale de 1763. On n'a fait depuis lors aucune
» demande pour obtenir des lettres patentes.
« Mais l'Assemblée générale de 1768, art. 38 du 1er chapitre
» du rapport de MM. les députés à la cour, a résolu d'accorder
» 50,000 L. aux entrepreneurs qui seraient parvenus à trouver
» une mine de charbon de terre dans la province, laquelle
» somme ne serait payée que lorsque cette mine serait mise

» en pleine exploitation et qu'elle aurait été reconnue abondante
» et de bonne qualité, et jugée telle par les États, et dont le
» charbon de terre se débiterait à meilleur marché que celui
» qu'on tire des provinces voisines, sans que ces entrepreneurs
» puissent prétendre aucune chose sous tel prétexte que ce fut à
» la charge de la province.

» On doit présumer que la résolution des États n'aura pas été
» suffisamment connue. Si en obtenant au nom des États le
» privilège exclusif et augmentant la récompense, on trouvait
» des personnes qui voulussent tenter l'entreprise et pussent
» réussir, la province y gagnerait infiniment. »

En marge du rapport ou exposé des motifs qui précède se
trouve transcrite la résolution suivante :

« Résolu de demander un privilège exclusif pendant 30 ans,
» pour ceux qui seront agréés par les États, à l'effet d'exploiter
» les mines de charbon de terre qui peuvent se trouver dans la
» province, et d'accorder la somme de deux cent mille livres
» pour récompense à ceux qui auront mis une mine de charbon
» en exploitation, d'autoriser MM. les députés ordinaires, à
» rendre publique la présente résolution, etc. »

Les États obtinrent-ils la concession de toute la province
d'Artois ? on l'ignore, mais toujours est-il que les Compagnies
qui vinrent postérieurement faire des recherches, demandèrent
le consentement des États à l'obtention des concessions qu'elles
sollicitèrent.

Quant à la promesse d'une récompense de 200,000 livres à
celui qui « ouvrirait incessamment une mine de charbon dans la
» province, et qui la mettrait en dedans cinq ans en pleine
» exploitation, » elle donna lieu à la compétition, de 1778 et
1779, des trois Sociétés d'*Aniche*, d'*Anzin* et du *duc de
Guines*.

Compagnie d'Aniche. — Aussitôt après la découverte de
la houille, à Aniche, le 16 septembre 1778, la Compagnie
d'Aniche ou du Marquis de Traînel, sollicita une augmentation
du périmètre de sa concession s'étendant dans la province
d'Artois.

Dans la séance des directeurs du 27 avril 1779, il fut communiqué une lettre, adressée par les députés des États d'Artois au Marquis de Trainel, au sujet de cette augmentation de périmètre, lettre à laquelle il fut répondu :

« Nous soussignés, directeurs de la Compagnie des fosses
» à charbon de M. le Marquis de Trainel, à Aniche, déclarons
» consentir et nous soumettre, de faire incessamment et dans
» le courant d'une année au plus tard, de rechercher et forager
» incessamment dans l'augmentation de démarcation que nous
» sollicitons au Conseil sur l'Artois, de manière à pouvoir établir
» dans un canton, des fosses en pleine exploitation dans l'espace
» de cinq années, date de l'arrêt qui sera expédié pour nous
» accorder ladite augmentation de démarcation dans ladite
» province d'Artois. »

Les États consentirent à l'augmentation de la concession demandée, et un arrêt du Conseil du 6 août 1779, accorda au Marquis de Trainel, ses hoirs ou ayant cause, l'augmentation de démarcation sollicitée, de sorte que la concession d'Aniche fut bornée « à l'est par la chaussée de Marchiennes à Bouchain et
» celle dudit Bouchain à Cambrai, au midi par le grand chemin
» de Cambrai à Arras jusque vers le village de Monchy-le-Preux,
» à l'ouest par une ligne directe à tirer dudit chemin de Cambrai
» à Arras et à diriger sur les clochers dudit Monchy-le-Preux
» et de Gavrelle jusqu'à la chaussée de Douai à Arras, depuis
» ledit village de Gavrelle jusqu'au dit Douai, et par la Scarpe
» depuis cette dernière ville jusqu'à Marchiennes. »

Le 12 octobre on décida que l'arrêt ci-dessus serait affiché dans toutes les paroisses de la nouvelle démarcation et qu'on le ferait signifier à tous les seigneurs haut justiciers, ayant des fiefs dans lesdites paroisses : qu'un forage serait ouvert, sous l'inspection de l'un des directeurs, M Bérenger, qui serait maître d'en choisir l'emplacement.

Ce sondage, N° 393, fût ouvert à Noyelles-sous-Bellonne, mais si l'on en juge par le peu de temps qu'on y employa, il ne fût poussé qu'à une faible profondeur. Le matériel fût ensuite transporté à Vitry, où l'on exécuta un deuxième sondage N° 394. Ces travaux étaient commandés par la crainte de se voir disputer la partie de la concession qui s'étendait dans la province d'Artois. Et cette crainte était jusqu'à un certain point justifiée. On assurait en effet que la Compagnie Havez-Lecellier qui avait suspendu ses travaux de recherches depuis 1774, venait de les reprendre. Aussi la Compagnie du Marquis de Trainel, dont l'intérêt était d'éloigner cette concurrence, s'empressa-t-elle de faire signifier à la Compagnie Havez-Lecellier, l'arrêt du 6 août 1779.

Le sondage de Vitry comme celui de Noyelle-sous-Bellonne ne fut pas poursuivi suffisamment, et la Compagnie d'Aniche abandonna ses recherches dans l'Artois. (Voir planche XXXXIV).

Compagnie d'Anzin. — Après la fondation par les États d'Artois, de la prime de 200,000 fr., en faveur de celui qui découvrirait le premier la houille dans la province, la Compagnie d'Anzin obtint par Arrêt du 21 août 1781, la permission d'exploiter pendant 50 ans les terrains situés entre Lens, Houdain, Pernes, Azincourt, Hesdin, Fillières et Gavrelle.

L'arrêt portait que la Compagnie renonçait à la récompense de 200,000 fr. promise par les États d'Artois, et acceptait la révocation de la concession, si son entreprise n'était pas en extraction au bout de 8 années.

Dès 1780, elle avait commencé des travaux.

Un sondage, placé près du chemin de Villers-Brulin, était arrivé en novembre 1781 à 20 toises environ dans les bleus.

Un autre placé à Berlette, entre Arras et St-Pol, fut abandonné en 1782 dans les Dièves à 67ᵀ 2 pieds.

D'autres sondages furent exécutés par la Compagnie d'Anzin :

Entre Arras et Saint-Pol :

à Tincques .... de 40 toises.
à Roellecourt .... » 42 »
à Haut-Avesnes.................... » 35 »

Au-delà de Saint-Pol :

à Gressard .... de 40 toises.
à Gauchin .... » 24 »
à Ha .... » 36 »

Les recherches se continuaient encore en 1783, mais elles ne rencontrèrent pas le charbon.

SOCIÉTÉ DU DUC DE GUINES.

Premières recherches. — Le 26 juin 1779, le Duc de
Guines avait obtenu des États d'Artois, la permission provisoire
de faire des recherches dans toute la partie de la province qui
n'était pas comprise dans les concessions précédemment accordées aux Compagnies d'Aniche et d'Anzin. Il concourait pour le
prix de 200,000 L., institué par lesdits États, en faveur de ceux
qui, les premiers, ouvriraient dans la province « une mine de
» charbon et qui la mettraient en dedans 5 ans en pleine exploi-
» tation. »

Il fit divers travaux, entre autres, en 1780, un forage à Saint-
Hilaire, N° 74, entre Lillers et Aire, qui fut poussé à 73 m.; puis
il s'associa à diverses autres personnes, parmi lesquelles figu-
raient un certain nombre des intéressés de la Compagnie
d'Aniche.

Le contrat de la nouvelle Société fut signé le 29 avril 1782. Il
était calqué sur celui d'Aniche, ainsi qu'on le verra par l'analyse
ci-dessous :

Contrat de Société. — « Nous, soussignés, en conséquence
de la permission accordée par le Roi, à M. le Duc de Guines, de
faire des fouilles en Artois, pour l'extraction de charbon de terre ;
l'agrément de MM. des États de ladite province au même sujet
et notre confiance dans l'exécution de la promesse de MM. des-
dits États, d'une récompense de 200,000 L., en faveur de ceux
qui mettront les premiers en exploitation une mine de charbon,
sommes convenus de nous associer pour l'entreprise desdites
fouilles et extraction de charbon, soit au gain, soit à la perte,
comme il suit. »

« La présente Société sera composée de 24 sols, dont 2 sols et
1/2 ne faisant pas fonds, qui appartiendront :

1 Sol à M. le duc de Guines, comme obtenteur de la permission, et pour les dépenses qu'il a déjà faites en forages, etc.

1 Sol, à raison de 6 deniers, à chacun des sieurs Piérard et Libotton, en considération des frais de voyage et autres qu'ils ont faits et des soins qu'ils se sont donnés pour former la présente Société, etc.........;

« Les 21 et 1/2 autres sols appartiendront :

	sols	deniers
A M. le duc de Guines	1 sols	0 deniers.
M. le marquis de Fouquet...................	1 »	0 »
M. de Pollincton	1 »	0 »
M. Ruyant de Cambronne...................	1 »	0 »
M. le marquis de Jumelles	3 »	11 »
M. Dupont de Castille	1 »	0 »
M. le marquis d'Aoust.....................	1 »	0 »
M. le marquis de Beaufort...................	1 »	6 »
M. le chevalier Lallart	1 »	3 »
M. Le Page , chanoine de Cambray	2 »	6 »
M. Piérard................................	2 »	0 »
M. Libotton..........	2 »	0 »
MM. de Béranger et Estoret.. chacun 6 deniers.	1 »	0 »
Autres	2 »	3 »
Total..............	21 sols	6 deniers.

« Il y aura 7 régisseurs ordinaires, y compris M. le duc de Guise, savoir :

MM. le marquis de Jumelles, de Béranger, l'abbé Le Page, le marquis de Beaufort, Piérard et Libotton, et 4 régisseurs extraordinaires.

MM. de Pollincton, d'Aix, prévôt du chapitre de Béthune, Ruyant de Cambronne et Dupont de Castille.

Les assemblées et délibérations de la Société ne pourront être tenues et prises que par les régisseurs ordinaires, en moindre nombre que 5.

Mais pour les choses les plus importantes, choix d'un caissier, d'un directeur des ouvrages, etc., les délibérations seront prises à la pluralité des voix, dans une assemblée à laquelle seront convoqués les régisseurs ordinaires et extraordinaires.

En cas de mort, d'éloignement ou de renonciation de l'un des régisseurs, il sera remplacé, le régisseur ordinaire par les régisseurs ordinaires, et le régisseur extraordinaire par les régisseurs extraordinaires.

Les mises de fonds ne pourront être plus hautes que de mille livres de France au sol.

Chaque intéressé pourra vendre son intérêt, mais l'acheteur devra être reconnu et agréé par les régisseurs, qui auront le droit de reprendre pour la Société l'intérêt vendu.

Chaque intéressé pourra quitter la Société en abandonnant ses mises, et payant sa cote-part des dettes.

Tous les intéressés reconnus auront droit d'avoir inspection des comptes au bureau de la Société et sans déplacer.

Les régisseurs ordinaires et extraordinaires ne prendront aucun frais de voyage, ni de vacations, mais seulement ceux de voitures et de nourriture.

Il ne pourra être pris de somme à intérêt qu'après autorisation de tous les intéressés connus et réunis en assemblée.

A l'accomplissement de tout ce que dessus, nous, soussignés, nous sommes obligés, sous l'obligation de nos biens présents et futurs, etc.

Ce contrat de Société était calqué sur celui de la Compagnie d'Aniche. Les deux Sociétés renfermaient du reste un certain nombre des mêmes intéressés :

MM. Ruyant de Cambronne, marquis de Jumelles, Dupont de Castille, marquis d'Août, de Béranger, Estoret.

La permission de recherches du duc de Guines avait été convertie en une concession de 50 ans, prenant fin en 1837, par un arrêt du Conseil d'État du 29 octobre 1782, et la Société une fois constituée, on commença les travaux.

1re fosse à Achicourt. — Ils débutèrent en 1783, par l'ouverture d'une fosse à Achicourt. N° 31, au sud de la ville d'Arras, à peu de distance des fortifications.

Ce puits ne put être poussé au-delà de 169 pieds (56 m.); malgré les efforts inouis de 2 pompes à feu et d'une machine à carré, et une dépense de plus de 400,000 fr. (1)

2e fosse à Tilloy. — La Compagnie ne se rebuta pas. Elle ouvrit en 1788 une nouvelle fosse à Tilloy, N° 36, près et à gauche

(1) Mémoire pour la Société des Fosses aux charbons de terre de la ci-devant province d'Artois, servant de défense contre les atteintes qu eut y porter le citoyen Castiau. 1er brumaire an III. *Libotton.*

de la grande route d'Arras à Cambrai. Les travaux y furent portés à 487 pieds (175 m.) de profondeur, dont 73 pieds (23 m)
dans le rocher. Deux galeries y furent pratiquées, l'une au Nord
de 153 pieds, l'autre au Midi de 184 pieds, dans des schistes et
des grés micassés inclinés à 20°. On considérait le succès comme
certain, lorsqu'en novembre 1792, les eaux parurent, et devinrent assez abondantes pour qu'il fut impossible de continuer sans
le secours d'une machine à feu. C'était une dépense de 22,000 L.
que les associés qui avaient dépensé plus de 600,000 L. et dont
un certain nombre avaient émigré, ne pouvaient pas fournir.

La Société s'adressa au département, qui le 17 août 1793, lui
fit remettre, par forme de prêt, 20,000 L. Mais par suite des
circonstances du temps, on ne put se procurer des pompes. Les
chevaux avaient été vendus à cause de la difficulté de les nourrir ;
le directeur Libotton, avait été arrêté ; tout travail était suspendu.

C'est alors que le citoyen Castiau, belge, invoqua la déchéance
de la Société du duc de Guines en vertu de l'art. 15 de la loi des
mines du 28 juillet 1791, et chercha à se substituer à elle dans sa
concession. Le directeur Libotton, protesta contre cette prétention par un mémoire au district du département en date du
1er brumaire an III.

La demande du sieur Castiau paraît ne pas avoir eu de suite,
car une délibération des intéressés de la Compagnie dite du duc
de Guines, du 6 floréal an VIII, porte :

« 1° Il a été exposé qu'il était intéressant de conserver le gar-
dien déjà établi près des agrès de l'entreprise à Tilloy, et de faire
les fonds nécessaires pour le payer et pourvoir aux frais d'ex-
pertise pour l'estimation de l'actif et du passif de la Société, en
exécution de la loi du 17 frimaire. »

« 2° Il a été arrêté qu'il sera fait une mise de 50 fr. par chaque
sol d'intérêt, payable de suite. »

Dépenses faites. — D'après le mémoire de Libotton, la
Société avait dépensé 600,000 L, somme correspondant à 28 mises
ou appels de fonds de 1,000 L. au sol d'intérêt.

Ce chiffre de dépenses se trouve justifié par la délibération
suivante du 18 octobre 1790 :

« Délibéré qu'il sera fait une nouvelle mise ou fond d'avance de la somme de 21,500 L. à raison de 1,000 L. de France, par chaque sol d'intérêt faisant fond, qui formera la 24e mise pleine et entière, et qui sera employée aux dépenses nécessaires de la Société. Pour le paiement de laquelle mise, chaque associé ne pourra donner que la moitié au plus de sa cote-part en *billets d'assignats*. »

La circulaire relative à cet appel de fonds annonce « que l'on est arrivé à 54 pieds dans le rocher, qui, par sa bonne qualité, soutient les espérances d'une réussite. »

La Compagnie du duc de Guines ne reprit pas ses travaux abandonnés en 1792, et elle fut déclarée déchue de sa concession par un décret du 7 fructidor an XIV.

Déjà en l'an VIII (1800), la Compagnie d'Aniche, « sur l'annonce » que la Compagnie dite de Guines pour la recherche et l'extraction du charbon vient d'abandonner sa concession » avait décidé « de demander les terrains compris dans cette concession et de faire l'acquisition des agrès, pouvant convenir, à la vente que cette Société était sur le point de faire à Tilloy. »

En l'an XI M. Lefèbvre de Trois-Marquets demande à reprendre la fosse de Tilloy (voir page 64).

Renseignements complémentaires sur la fosse de Tilloy. — M. de Bonnard dans une « notice sur diverses recherches de houille entreprises dans le département du Pas-de-Calais » publiée dans le Journal des Mines tome XXVI, 1809, fournit les détails complémentaires suivants sur la fosse de Tilloy.

« On y a traversé :

Argile	0 m.	33	cent.
Craies marneuses	37	0	»
Marnes plus grises	4	40	»
Bleux	53	65	»
Dièves	52	80	»
Tourtia	1	40	»
Total des morts-terrains	149	68	»
Terre noire vitriolique	2	70	»
Rocher (schistes inclinés)	23	00	»
Total	175 m.	38	cent.

« Le puits était carré, de 2ᵐ de coté. On a trouvé *la tête du niveau à 30ᵐ*. Pour passer les *niveaux* on a employé une machine à vapeur qui faisait jouer une pompe de 11 pouces. »

« Le dernier picotage était placé à 95ᵐ, dans *la tête des Dièves* ».

« Les cuvelages avaient depuis le jour jusqu'à la tête du niveau 16 centimètres d'épaisseur ; de là jusqu'à 45ᵐ de profondeur 22 centimètres ; et de là jusqu'au dernier picotage 37 centimètres. Ils ne furent pas assez forts pour résister à la poussée des eaux et plusieurs pièces cassèrent, on fortifia le cuvelage en le garnissant de 4 poussarts dans les coins de chaque assemblage. »

« Depuis le picotage des Dièves jusqu'au rocher, le cuvelage est resté quarré, et les pièces avaient 22 centimètres d'épaisseur. »

« Quand on fut parvenu à 175ᵐ,68, les eaux vinrent avec trop d'abondance pour qu'on pût les épuiser au moyen d'une machine à mollette (qu'on avait substituée à la machine à vapeur depuis le dernier picotage) et continuer le creusement du puits. On se décida donc à percer deux galeries horizontales, l'une vers le Nord, l'autre vers le Midi, en laissant un puisart de 3ᵐ. Ces deux galeries furent poussées chacune jusqu'à 55ᵐ et ne dénotèrent aucun changement dans la nature du rocher. Mais les eaux augmentaient toujours, et on pensait à remonter la machine à vapeur. Sur ces entrefaites, une pièce de cuvelage cassa de nouveau, quoique arc-boutée. Pendant qu'on la remontait, le fonds du puits et les galeries se remplirent d'eau ; on les abandonna en novembre 1792, et les principaux actionnaires étant morts ou émigrés, les travaux furent totalement arrêtés en septembre 1793. On vendit les machines trois ou quatre années après. »

Opinion de M. de Bonnard sur les terrains de Tilloy. — « Le *rocher* ou schiste, trouvé par le puits de Tilloy. incline vers le soleil de 10 heures, d'environ 20° ; c'est un schiste argileux, dur ne s'exfoliant point à l'air, et faisant un peu effervescence avec les acides. Il alterne avec un grès assez dur, quelquefois un peu micacé, mais ces substances ne me semblent point le véritable terrain houiller ; elles paraissent au contraire analogues aux terrains situés au delà de la couche dite *Sent-*

mais (1) et qui se rapprochent des terrains calcaires. Il semble donc que la recherche de Tilloy *a été placée au Nord de la zône houilleuse.* »

Opinion de M. Garnier, — Dans un mémoire publié en 1828 (2), M. Garnier s'exprime ainsi : « Mais ce qu'on doit par
» ticulièrement examiner dans les recherches de Tilloy, ce sont
» les schistes et les grès. Les schistes, en raison de leur dureté,
» de leur difficile exfoliation à l'air, de leur apparence un peu
» calcaire, et de leur couleur grise jaunâtre, paraissent appar-
» tenir aux dernières couches qui bordent au Nord la formation
» houillère. Ils ne présentent 'ailleurs aucune apparence de
» ces débris nombreux de végétaux que renferment parti-
» culièrement les schistes qui avoisinent les couches de houille. »
   « Les schistes et les grès, pris dans leur ensemble, paraissent
» avoir, par suite de leurs caractères minéralogiques, quelqu'a-
» nalogie avec ceux de Blaton et Péruwelz. Aussi, n'hésitons-
» nous pas à émettre l'opinion que *les recherches de Tilloy ont
» été placées trop au Nord.* »

Les opinions de M. de Bonnard en 1808 et de M. Garnier en 1828 devaient, comme on le verra plus loin, être singulièrement contre-dites par les recherches qui ont ultérieurement amené la découverte du bassin du Pas-de-Calais.

Travaux exécutés. — En résumé, la Société du duc de Guines a exécuté :

N° 34. — Sondage de St-Hilaire, entre Lillers et Aire. — 1780. — Poussé à 78 m., et arrêté dans une couche d'un bleu-noirâtre exhalant une odeur sulfureuse Il avait pénétré de 1 m. dans cette couche, lorsque, dit-on, la sonde cassa dans le trou.

(1) « La veine du Nord, exploitée de Bonsecours jusques au-delà de Liège, est de nature très pyriteuse, et exhale, en brûlant, une odeur désagréable; aussi est-elle connue par les mineurs sous le nom de *Sentmais.* Elle est à 15 à 18 cents mètres de distance des couches du faisceau du Nord. Au Nord, ou au mur du *Sentmais*, les schistes sont plus durs, ne s'exfolient plus à l'air, font effervescence avec les acides. »

(2) Mémoire concernant les recherches entreprises à différentes époques dans le département du Pas-de-Calais, pour y découvrir de nouvelles mines de houille, par M. F. Garnier, Ingénieur en chef au corps royal des Mines. 1828.

35. — Fosse d'Achicourt. — 1782. — Abandonnée à 169 pieds (57 m.) à cause de l'abondance des eaux que l'on ne put vaincre avec 2 pompes à feu et 1 machine à carré. On y dépensa plus de 400,000 francs.

36. — Fosse de Tilloy. — 1788 à 1792. — Approfondie à 487 pieds (175 m.), dont 73 pieds (23 m.) dans le rocher.

Deux galeries y furent pratiquées : une au nord de 153 pieds ; l'autre au midi de 184 pieds, dans des schistes et des grès micacés, inclinés à 20⁰.

En novembre 1792, les eaux parurent et devinrent assez abondantes pour qu'il fut impossible de continuer sans le secours d'une machine à feu. Mais la difficulté des temps ne permit pas de faire cette dépense.

Fosse de Bouquemaison. — « En 1784, une Société,
» dirigée par le sieur Pierrard, ouvrit un puits à Bouquemaison,
» près Doullens. Elle le poussa jusqu'à 227ᵐ500 (700 pieds) et
» l'abandonna à cette profondeur, à la suite de son inondation,
» au moment où il allait aboutir au succès. »

« Une enquête, ouverte le 8 août 1793, établit qu'à la profon-
» deur de 223ᵐ,600 (688 pieds) on était arrivé sur une veine
» de terre noire, inflammable, lorsque la fosse fut submergée. »

« M. de Béry, marquis d'Essertaux, habitant la Somme, a fait
» l'acquisition de cette ancienne fosse et du terrain sur lequel
» elle a été ouverte, ainsi que des bois fournis et travaillés pour
» le cuvelage qui se trouvent dans la dite fosse, et dont la
» valeur, au dire commun, s'est élevé à plus de 200,000 fr. lors
» de la première ouverture. »

Tel est le préambule d'un acte de Société reçu pardevant Mᵉ Fragin-Deschenes, notaire à Paris, le 6 décembre 1836, ayant pour objet la recherche et l'exploitation de la mine de charbon de terre de Bouquemaison. Cette Société renonça plutard à reprendre l'ancien puits de Bouquemaison, et porta ses recherches sur d'autres points, ainsi qu'on le verra dans le chapitre XXXV.

Fosses de Lesquin. — Le 15 novembre 1781, le sieur Godonesche avait été autorisé provisoirement à faire des recherches dans la chatellenie de Lille.

« Après plusieurs forages qui ont été portés à 200 pieds
» jusqu'au rocher, il a ouvert et approfondi deux fosses, dont la
» première après nombre de difficultés pour vaincre les eaux a

» été portée à 210 pieds et enfoncée de 12 pieds dans le rocher
» qui lui annonce une réussite certaine d'après les sillons de
» charbon qu'il y a découvert...... ce qui a déjà constitué le
» suppléant dans une dépense de près de 90.000 L. ainsi qu'il
» résulte du procès-verbal qui en a été dressé par le sieur
» Lagache, subdélégué de Lille.. ..»

Tel est le préambule d'un arrêt du Conseil d'État du 17 juin
1783 qui accorde au sieur Godonesche et à ses associés une concession de 15 ans pour exploiter les terrains s'étendant d'Orchies à la Scarpe et les limites de l'Artois jusqu'à Bauvin, la
Lys, etc, sur plus de 8 lieues carrées.

Les fosses du Moulin de Lesquin furent abandonnées en
octobre 1785 sans avoir atteint d'autre résultat que la constation
du calcaire carbonifère.

Recherches de Fouquexolles. — En 1782, des recherches
furent entreprises près du Chateau de Fouquexolles sur la route
de Saint-Omer à Licques.

Sous des argiles et des craies chloritées, on découvrit des
schistes et des grès micacés présentant les mêmes caractères que
les terrains anciens du Boulonnois.

On verra d'abord en 1836, puis en 1875, une Société venir
s'établir dans ce même point de Fouquexolles, pour rechercher
le prolongement vers Hardinghem du nouveau bassin houiller
du Pas-de-Calais, et y rencontrer à 40^m le terrain dévonien.

Société d'Auby. — En l'an IV (1796), les sieurs Danhyez et
Blingé, s'intitulant Minéralogistes à Douai, avaient demandé aux
administrations, l'autorisation de faire des recherches de houille
dans les communes d'Auby, de Dorignies, d'Esquerchin etc.,
département du Nord, et de Berclau, Douvrin, Billy-Montigny,
Dourges, Courrières, Noyelles, Carvin, etc., département du
Pas-de-Calais.

Ces autorisations avaient été accordées; celle de l'administration centrale du Pas-de-Calais, le 2 nivôse an VI, pour une
durée de 50 ans.

Les sieurs Danhyez et Blingé, avaient formé une Société
composée de personnes de Douai et de Lille, parmi lesquelles

figurait M. Béranger, Ingénieur des Mines et Directeur de la fonderie de canons de Douai, qui avait précédemment pris une part active dans les entreprises des Mines d'Aniche et de Tilloy.

Le 18 avril 1806, un arêté du Ministre de l'Intérieur autorisa le sieur Danhyez à continuer ses recherches, et une assemblée générale des sociétaires se réunissait le 26 du même mois pour décider les mesures à prendre. La convocation à cette assemblée porte à l'ordre du jour :

« 1° Fixer et arrêter les parts ou actions de la Société à 25 actions d'un sol chacune ou 5 centimes ; »

« 2° Entendre lecture du contrat de Société en 36 articles; »

« 3° Nommer un caissier ; »

« 4° Stipuler une mise de fonds de 3, 4 ou 500 fr. au plus par part ou action de 5 centimes ; »

« 5° Délibérer et déterminer sitôt la reprise des travaux de la fosse commencée à Auby et fixer le diamètre soit sur 4 pieds et 1/2 pour 2 fosses ou 5 et 1/2 pour les 2 autres, en forme de carré allongé; »

« 6° Etc., etc. »

On ne possède pas de renseignements sur les travaux exécutés par la société Danhyez. On voit seulement d'après ses demandes à l'Administration qu'elle avait fait un sondage à Auby le 1er floréal an VIII.

Mais à cette époque les recherches par sondages dépassaient difficilement la profondeur de 80 à 100 m. — On ne tubait pas les trous de sonde qui étaient d'un petit diamètre, 10 centimètres, et une fois arrivé dans les *dièves*, argile grasse qui se gonfle, le trou de sonde se remplissait, et se trouvait bientôt arrêté.

Or sur les points qu'explorait ou que se proposait d'explorer le sieur Danhyez, le terrain houiller n'existe qu'à 150 ou 200 m. et il lui était impossible d'y atteindre avec les moyens de sondage alors connus.

L'existence du terrain houiller a été constatée depuis 1850 sur toutes ou presque toutes les communes que la Compagnie Danhyez demandait l'autorisation et se proposait de fouiller, et si cette Compagnie avait disposé des capitaux et des outillages dont on dispose aujourd'hui le nouveau bassin du Pas-de-Calais eût été écouvert dès les premières années de ce siècle.

XXXIV.

1800-1830.

Compagnie d'Aniche. — Fosse de Tilloy.

RECHERCHES DE MONCHY-LE-PREUX.

Mémoire de M. de Bonnard. — M. Castiau. — Cuvelage octogone. — Tentative de reprise en 1822. — Renseignements fournis par M. Garnier.

Demandes de concessions diverses. — M. Dumas. — M. Thomas Roger. — MM. Flamant, Devergie et Cassel,

Compagnie d'Aniche.— On a vu dans le chapitre précédent que la Compagnie d'Aniche avait obtenu en 1779 une extension de sa concession en Artois, et qu'elle y avait exécuté deux sondages.

La loi du 26 juillet 1791, ayant réduit toutes les concessions de mines à une superficie maxima de 6 lieues carrées, la Compagnie d'Aniche réduisit sa concession à cette étendue en abandonnant toute la partie qui s'étendait au-delà de Douai. Mais, ainsi qu'il a été dit, dès l'an VIII (1800), elle demande une partie des terrains de l'ancienne concession de la Compagnie du duc de

Guines. Cette demande comprenait les terrains s'étendant en dehors du périmètre de la concession d'Aniche, réduite à 6 lieues carrées en l'an IV, d'Erchin à Biache, Arras, St-Aubin, Roclincourt et Izel.

En juin 1801, l'Assemblée générale s'engagea, sur la demande des Préfets du Pas-de-Calais et du Nord, à entretenir en pleine activité son ancienne concession et la nouvelle qu'elle sollicitait, et qui était aux affiches, conformément aux articles 10 et 11 de la loi du 28 juillet 1791.

La Compagnie d'Aniche n'obtint pas de concession, mais seulement une permission de recherches pour un an, qui fut renouvelée successivement par différents arrêtés ministériels. Cette permission portait la condition expresse que les recherches seraient immédiatement entreprises.

Un sondage N° 395 fut donc ouvert en 1804, à Vitry sous la surveillance directe du citoyen Suzan, l'un des directeurs. Il avait atteint en mai 1805, la profondeur de 56 toises « sans avoir rencontré les Dièves. » On l'abandonna pour se reporter entre Corbehem et Brebières.

En 1806, l'on revint dans les environs de Vitry, établir un nouveau sondage N° 396, qui fut poussé au moins jusqu'à 122 mètres dans les Dièves.

Dans l'assemblée du 29 décembre 1806, le directeur des travaux expose « qu'il serait avantageux de faire des recherches au nord, de l'autre côté de la Scarpe, parce que le terrain se relève plus près du jour et donne à espérer d'heureuses découvertes. » On délibère « de faire des demandes en concession pour établir des fouilles dans les départements du Nord et du Pas-de-Calais, d'après les plans de démarcation que le directeur des travaux à présentés. »

Cette demande de concession portait sur une surface de 98 kilomètres carrés. Elle s'étendait de Flines à Ostricourt, Oignies jusqu'à Pont-à Vendin, Annœulin, Mons-en-Pévèle, Beuvry, Coutiches, sur des terrains renfermant le terrain houiller et qui ont depuis été accordés en concession à diverses Compagnies houillères.

Un arrêté du ministre de l'intérieur du 3 décembre 1808, rendu après affiches et enquêtes, accorda à la Compagnie d'Aniche une permission provisoire d'un an , pour poursuivre ses recherches dans les terrains ci-dessus désignés.

Ces recherches s'opéraient au moyen de sondages de trop minime importance. Ainsi, une lettre du Conseil des mines du 30 juin 1808, en accusant réception de l'état des différents forages , au nombre de vingt-un , exécutés par la Compagnie sur les territoires de Brebières , Lambres et Escrechin , observe que « ces travaux de recherches lui paraissent bien insuffisants ; que » l'on s'est borné partout à des sondages superficiels , au lieu de » les poursuivre au-delà de la marne dure et du terrain mort » jusqu'à la rencontre de la houille ; qu'il invite la Compagnie à » utiliser ses travaux , plutôt qu'à les multiplier. »

Il fut répondu par M. Cavillier « que les sondages à Vitry » avaient été poussés au-delà de soixante toises ; qn'ils avaient » été arrêtés par le bris des sondes , mais que ces sondages » avaient suffi pour montrer une grande épaisseur de morts- » terrains ; qu'alors on avait voulu se rapporocher de Douai , » mais que là on avait constaté des terrains superficiels sans » consistance, pénétrés d'eau, et que l'on avait dû renoncer à » y faire une fosse d'essai exigeant de 150,000 à 200,000 fr. »

Au commencement de 1809 , on adresse à l'Administration supérieure une demande d'une autre nouvelle concession touchant à celles de Vitry et de Faumont.

Un arrêté du ministre de l'intérieur du 11 août de la même année, accorda une permission provisoire d'un an pour suivre les recherches dans les terrains demandés, s'étendant sur 94 kilomètres carrés 5 , jusqu'à Lens , la route d'Arras à Béthune, terrains qui depuis 1852 ont été concédés aux Compagnies de Courrières, Lens, Bully-Grenay, Nœux, etc., etc., et sont exploités aujourd'hui avec tant de succès.

Malheureusement les recherches d'alors s'effectuaient avec peu de persévérance , avec des procédés très imparfaits , et si la Compagnie d'Aniche avait possédé alors les ressources en capitaux et en moyens d'explorations que l'on possède actuellement, elle aurait découvert depuis plus de soixante ans le riche bassin houiller du Pas-de-Calais.

M. de Bonnard , dans son mémoire de 1810 , rendait bien compte des difficultés que présentaient à cette époque les recherches de houille dans le Pas-de-Calais.

« On ne peut , disait-il , établir des recherches que sur des
» données plus ou moins probables, en prolongeant, par la pensée,
» au-dessous des travaux superficiels , les directions connues
» des couches exploitées plus loin.

» Ces recherches deviennent toujours très dispendieuses,
» principalement à cause de l'énorme quantité d'eau qu'on
» rencontre dans les *morts-terrains*. Elles ne peuvent en effet
» se faire qne par puits. Le boursouflement des glaises, dont on a
» des bans très épais à traverser , empêche de parvenir jusqu'à la
» houille par un sondage. On ne peut guère employer la sonde
» que pour reconnaître si, et à quelle profondeur, on traversera
« les couches qui doivent servir à arrêter les eaux. »

(On ne tubait pas les sondages).

Le 22 octobre 1821, la Compagnie d'Aniche demandait à
renoncer à une portion de 18 kilom. de sa concession, et sollicitait en retour une concession nouvelle s'étendant sur 182 kilom.
carrés. Il ne fut pas donné de suite à cette demande.

Fosse de Tilloy. — En l'an XI, M. Lefebvre, Trois-Marquet,
d'Arras, demanda à être autorisé à reprendre les travaux de la
Société du Duc de Guisnes, et à obtenir une concession de 50 ans.

Le préfet du Pas-de-Calais prit un arrêté le 12 vendémaire
an 12, par lequel il estimait qu'il y avait lieu d'accueillir cette
demande.

Mais le 15 nivôse an 13, le ministre invite le préfet à rapporter
ledit arrêté et à examiner la question de savoir si la Société du
Duc de Guines avait réellement encouru la déchéance de sa
concession.

Les travaux de la fosse de Tilloy , disait le ministre , n'avaient
été suspendus que par une cause qui devait être considérée
comme d'effet de force majeure , ainsi que cela avait été précédemment envisagé déjà par une décision de l'Administration
départementale du 6 ventôse an 4 , qui déclare que la déchéance
de la propriété de sa concession n'était pas applicable à la Société
du Duc de Guisnes.

Postérieurement cependant , un décret impérial du 7 fructidor
an 14 , déclara la déchéance de la concession de Tilloy.

RECHERCHES DE MONCHY-LE-PREUX
PRÈS ARRAS.

Mémoire de M. de Bonnard. — M. de Bonnard, qui avait visité la fosse de Monchy-le-Preux, donne des détails très circonstanciés sur les travaux de recherches exécutés sur ce point et sur les terrains que l'on y a rencontrés (1).

Le 29 frimaire, an 14, MM. Bonneau de St-Mesmes et Compagnie avaient obtenu de M. le Ministre de l'Intérieur, une permission de recherches de houille entre Arras et la limite du département du Nord (2).

Cette permission fut prolongée les 20 novembre 1807 et 23 décembre 1808, chaque fois pour une année, et plus tard jusqu'en 1812.

M. Castiau. — Les recherches furent dirigées par le sieur Castiau, le même dont parle le mémoire de Libotton du 1er brumaire, an III, précédemment cité, comme ayant demandé la déchéance de la concession accordée à la Compagnie du duc de Guines (page 43).

Le sieur Castiau, qui avait inspiré beaucoup de confiance à M de Bonnard, considérait les terrains trouvés à la fosse de

(1) Notice sur diverses recherches de houille entreprises dans le département du Pas-de-Calais, et spécialement sur celles de Monchy-le-Preux, près Arras (Journal des Mines. Tome XXVI. 1809).

(2) Le général Lasalle était l'un des principaux actionnaires. Il avait été en l'an XII, avec d'autres généraux jouissant d'une grande influence, l'un des fondateurs de la Société, dite Lasalle, qui s'était formée pour revendiquer une partie des concessions de la Compagnie d'Anzin, en se fondant sur ce que celle-ci avait encouru la déchéance par l'inexécution de la loi du 28 juillet 1791, prescrivant la réduction des concessions à une superficie maxima de six lieues carrées, et dont la demande fut rejetée par un avis du Conseil d'État du 27 mars 1806.

Tilloy, comme appartenant à la partie inférieure ou septentrionale de la zône houilleuse, et prétendait qu'en se portant plus au midi, ceux qui entreprendraient de nouvelles recherches auraient plus de probabilités pour rencontrer le véritable terrain houiller.

C'est d'après ces considérations que l'on s'établit à Mouchy-le Preux, à 2400 m. au S.-S.-E. de la direction des couches trouvées à Tilloy.

Les travaux furent commencés le 18 septembre 1806 par le percement d'un puits rond de 1 m. 70 de diamètre et de 33 m. de profondeur au fond duquel on fit un trou de sonde de 35 m. qui fit reconnaître l'existence des *bons bleus*.

Le 29 octobre, on ouvrit à proximité un grand puits rond de 2 m 30 de diamètre. La tête du niveau fut rencontrée à 33 m. de profondeur, et on installa une machine à carré. Le 8 octobre 1807, elle fonctionne avec une pompe de 0 m. 30 (11 pouces de diamètre) et de 2 m. 60 de levée ; puis il en fallut une deuxième pour atteindre 41 m., profondeur à làquelle on exécute un 1er picotage,

La machine à carré était actionnée par 8 chevaux, se relevant d'heure en heure, et élevait 63 m. c. et 1/2 d'eau par heure.

Avec des picotages successifs, on traversa le niveau dont la base est à 96 m , dans les *dièves*.

Cuvelage octogone. — On avait donné au cuvelage la forme octogone, au lieu de la forme carrée, la seule usitée jusqu'alors à Anzin et à Aniche, ce qui permit de réduire l'épaisseur des bois à 11 centimètres en commençant et à 22 centimètres en finissant la colonne du cuvelage.

Le niveau passé, on démonta les pompes et le creusemeut de la fosse fut continué avec le même manège. Le tourtia fut rencontré à 146 m., le 6 octobre 1808. Il avait 1 m. 40 d'épaisseur Au-dessous, on trouva 4 m. 60 de terre noire, bitumineuse et vitriolique, et le 9 octobre 1808, on parvint à la tête du rocher à 152 m. du jour. On était tombé sur un *brouillage* ; les terrains étaient inclinés à 56° ; 8 mètres plus bas, leur inclinaison n'était plus que de 35°.

Arrivé à 167 m., on avait 25 hectolitres d'eau par heure ; à 172 m. on en avait 40 hectolitres. Il devint impossible d'aller plus avant.

On se décida alors à ouvrir une galerie vers le midi à 161 m.; elle fut poussée de 32 mètres. Elle fournit de nouvelles eaux qui, réunies aux anciennes donnaient plus de 60 hectolitres par heure, ce qui obligea à arrêter tout travail.

M. de Bonnard, qui visita le puits de Mouchy-le Preux en avril 1809, après l'arrêt des travaux, dit que, comme ouvrage d'art, c'était un des plus beaux que l'on pût rencontrer. Il fait ressortir les avantages du cuvelage octogonal, qui y avait été employé au point de vue de la solidité et de l'économie. Il insiste sur l'isolement, par des picotages, des diverses nappes d'eau du niveau. Il critique l'opinion encore assez généralement établie dans les exploitations des départements du Nord et de Jemmapes, qui attribue à la force expansive de l'air contenu dans les eaux souterraines la rupture de la plus grande partie des cuvelages, et le système de tuyaux placés derrière chaque trousse à picoter, et par lesquels tous les niveaux communiquent pour faciliter, dit-on, l'ascension de l'air.

Les schistes et les grés de Mouchy-le-Preux, paraissaient à M. de Bonnard appartenir au véritable terrain houiller, et semblables à ceux qui servent de toit et de mur aux couches de houille, depuis Valenciennes jusqu'à Eschweiler. Ils lui paraissent différents de ceux trouvés à Tilloy.

Tentative de reprise en 1822. — Le 22 mai 1822, M. Leroux du Chatelet, député et propriétaire à Rœux et ancien actionnaire de la la Société Bonneau de St-Mesmes, fit la demande d'être autorisé à continuer, avec une société nouvelle, les travaux entrepris par la Société de St-Mesmes et abandonnés depuis 1812.

Le directeur général lui fit répondre que la Société Bonneau de St-Mesmes n'avait pas de concession, mais seulement des permissions temporaires de recherches d'un an, dont la 1re remontait au 29 frimaire an XIV, et avait été prorogée d'année en année jusqu'en 1812; que rien ne s'opposait à ce que ledit M. Leroux reprit la fosse de Mouchy-le-Preux, en s'entendant toutefois à ce sujet avec l'ancienne Société.

Renseignements fournis par M. Garnier. — M. Gar-

nier (1) dit qu'il venait, à la fosse de Mouchy-le-Preux à 172 m.
124 pieds cubes d'eau par heure, et que la machine à molettes
mûe par des chevaux ne pouvait en épuiser que 120.

La Compagnie se décida à faire l'acquisition d'une machine à
vapeur.

« Malheureusement, la suspension momentanée que durent
» alors éprouver les travaux servit de prétexte pour accréditer
» l'opinion que quelques personnes répandirent à cette époque
» sur son inutilité. Cette opinion était au moins prématurée;
» mais elle avait pour but de détourner les actionnaires de l'in-
» tention qu'ils avaient de continuer les recherches. La défaveur
» jetée sur ces travaux s'accrut de plus en plus, et les actions
» qui, jusqu'alors, avaient été tenues en réserve, perdirent toute
» leur valeur. Quelques actionnaires n'ayant même plus voulu
» fournir aux nouveaux appels de fonds qu'on exigeait d'eux,
» la Société se désorganisa, et les magasins, machines, construc-
» tions, etc., qui restèrent confiés pendant deux ans à la garde
» de deux chefs-mineurs, furent, à leur requête, mis en vente, afin
» qu'ils pussent être payés des sommes, qui leur étaient dues.
» Tout fut alors démoli, et les traces de cet établissement ne sont
» plus maintenant attestées que par quelques déblais épars çà et
» là autour du puits.

M. Garnier ajoute : Les schistes et les grès « découverts à
» 152 m. sont assez foncés, et quoiqu'ils ne paraissent point
» imprégnés de matières bitumineuses, par leur texture, leur
» facile exfoliation, ils présentent des caractères analogues à
» ceux des terrains houillers. »

« Les recherches de Mouchy-le-Preux ont été bien conduites.
» Elles sont encore susceptibles d'être reprises, avec une dépense
» qui peut être évaluée à 152,000 fr. A ce chiffre il faut ajouter
» 380,000 fr. pour le creusement du puits et le prolongement de
» la galerie, l'ouverture d'un 2' puits, et un fonds de roulement.

---

(1) Mémoire concernant les recherches entreprises à différentes époques dans le
département du Pas-de-Calais, pour y découvrir de nouvelles mines de houille, par
M. F. Garnier, Ingénieur en chef au corps royal des Mines. 1828.

» de sorte que le capital à nouveau pour l'exploitation des mines
» de houille qu'on aurait découvertes s'élèverait à.. 532,000 fr.
L'ancienne Compagnie a dépensé................. 242,000 »

Total........... 774,000 »

« La Compagnie elle-même avait été constituée avec 200 parts
» de 2000 fr. chaque, soit au capital de 400,000 fr. »

M. Garnier estimait qu'une Compagnie qui reprendrait la fosse
de Mouchy-le-Preux arriverait à produire 400 hectolitres comble
par jour, soit par an 120,000 hectolitres.

La dépense totale, tous frais compris, s'élèverait à 300 fr. par
jour et par an, à........ .... 90,000 fr.
Le prix de revient de l'hect. comble serait de fr. 0,75
Le prix de vente de   d°   d°   1,80 = 216,000 fr.

Et le bénéfice de   d°   1,05 = 126,000 »

ou de 24 % sur le capital de 532,000 fr. consacré à la reprise
des travaux.

Cette évaluation des résultats à espérer ne fut sans doute pas
sans exercer une certaine influence sur l'esprit des personnes qui
rouvrirent la fosse de Mouchy-le-Preux en 1838.

D'après un dessin de M. Garnier, les terrains traversés par la
fosse de Mocuhy-le-Preux, se composaient de :

Argile sableuse d'un jaune brun......................	6 m.	»
Craie marneuse ....:	40	»
Craie marneuse plus grise....................	6	»
Bleus...	42	»
Dièves...	52	»
Tourtia	1	40
Terre noire vitriolique	4	60
Schistes et grès	20	»
Total.....	172 m.	»

**Demandes de concessions diverses. — M. Fulcran-
Dumas**. — M. Fulcran-Dumas avait demandé le 20 février 1822
une concession de mines de houille dans la commune de Lambersart, près Lille, en se fondant sur une découverte de charbon
fossile qu'il croyait y avoir faite par un sondage. Cette demande
fut mise aux affiches.

M. l'Inspecteur des mines, Baillet, visita, en septembre 1822, les travaux de sondage exécutés par ledit Dumas, associé à plusieurs personnes sous la raison sociale Cⁱᵉ de Lille, à Lambersart et à Wattignies.

La Cⁱᵉ de Lille se transforma en Société anonyme, et après avoir abandonné ses travaux des environs de Lille, elle entreprit diverses autres recherches au-delà de Bouchain, et demanda d'abord en 1826 une concession au Sud de la concession d'Aniche, sur Hordain, Iwuy, Bouchain, Arleux, l'Écluse, etc., sur des terrains compris partie dans le département du Nord, partie dans celui du Pas-de-Calais.

Malgré l'absence de toutes découvertes, le Directeur général des mines, M. Becquey, ordonna le 10 mars 1828, la mise aux affiches de cette demande.

Cependant les travaux de sondage exécutés par la Cⁱᵉ Dumas lui donnèrent l'occasion d'entrer en concurrence avec la Cⁱᵉ d'Anzin en 1829 dans la demande de concession que celle-ci avait formée pour les terrains s'étendant au Sud de ses anciennes concessions, du côté de Denain. Et le 12 février 1832, une ordonnance royale accordait à la Cⁱᵉ Dumas la concession des mines de Douchy, d'une étendue de 34 kilomètres carrés.

M. Thomas Roger. — Le 21 avril 1826. M. Thomas Roger, d'Avesnes, demande l'autorisation au Préfet de faire des recherches de mines de fer et de charbon dans toute la partie du département du Pas-de-Calais qui se trouve à l'Est de la ligne du méridien de Paris.

Il ne paraît pas qu'il ait été donné suite à ce projet.

MM. Flament, Devergie et Cassel. — Le 22 août 1827, les sieurs Flament, Devergie et Cassel, de Paris, demandent l'autorisation « de faire rouvrir le trou pratiqué anciennement à » Pernes, et dont il a déjà été extrait du charbon de terre. »

Ils demandent en même temps une concession de 300 hectares sur le territoire de Pernes.

Il est fait mention dans une pièce des archives d'Arras, portant la date du 1ᵉʳ avril 1828, des recherches de Le Chevalier de Briois de Saquin, à Pernes. Ces recherches paraissent être les mêmes que celles pour lesquelles les sieurs Flament, Devergie et Cassel demandèrent l'autorisation le 22 août 1827.

XXXV.

1830-1840.

FIÈVRE DE RECHERCHES.

DÉPARTEMENT DU PAS-DE-CALAIS.

BASSIN DU PAS-DE-CALAIS.

Recherches antérieures à 1830. — On a vu dans les chapitres précédents de ce volume, que les premières tentatives de recherches de houille dans l'Artois ou le département du Pas-de Calais, remontent à l'année 1736, aussitôt après la découverte de la houille à Anzin, près Valenciennes ; que les principaux travaux sérieux furent exécutés d'abord à Esquerchin, par la Cie Willaume-Turner, de 1752 à 1758, par la Cie Havez et Lecellier, à Bienvillers, de 1763 à 1766 ; par la Cie du Duc de Guines, à Tilloy, de 1788 à 1793 ; à Bouquemaison, en 1784 ; à Lesquin, près Lille, vers la même époque.

Les événements qui accompagnèrent la Révolution française firent abandonner tous les travaux de recherches, et ce n'est qu'en 1806 que MM. Bonnaux de St-Mesmes et Cie, reprirent des explorations importantes en perçant le puits de Mouchy-le-Preux. L'insuccés de ce puits, sur lequel on avait fondé les plus grandes espérances, amena le découragement parmi les rechercheurs de houille, et aucune entreprise nouvelle, sérieuse, ne se produisit jusqu'en 1834.

Fièvre de recherches à partir de 1834. — A cette époque, il se manifesta en France comme à l'étranger, un grand élan pour les entreprises industrielles de toute nature, et particulièrement pour les mines de houille.

Les anciennes exploitations abandonnées furent reprises ; des recherches nouvelles furent tentées partout, et notamment dans le Nord et le Pas-de-Calais. Ces deux départements furent fouillés dans tous les sens ; les Sociétés de recherches semblaient sortir de terre, au point qu'en 1837, soixante-dix demandes à cette fin étaient inscrites à la Préfecture du Nord. Il en était de même à la Préfecture du Pas-de-Calais.

Cet engouement pour les recherches de houille était suscité dans le Nord de la France par le succès inouï obtenu par les mines do Douchy, dont le sol, ou 1/26, qui se vendait à peine 2.230 fr. en février 1833, atteignait en janvier 1834 le prix exhorbitant de 300.000 fr.

Cette impulsion de hausse des actions fut suivie de loin par la Cie de Bruille, et développa cette fièvre de spéculation à jamais déplorable, et dont les effets furent si désastreux (1).

Les actions des nouvelles Sociétés de recherches qui se for-

---

(1) De la houille, par A. Burat. Paris. 1851.

maient à cette époque, lorsque les travaux étaient à peine commencés, se négociaient avec 100, 200 %, de prime, du jour au
lendemain, sans autre motif que le jeu.

L'histoire des nombreuses recherches entreprises dans le Pas-
de-Calais, de 1830 à 1840, forme le sujet de ce chapitre.

Compagnie d'Aniche. — Par une pétition, en date du 17
septembre 1833, la Compagnie d'Aniche demanche une nouvelle
concession s'étendant sur 114 hectares. Cette demande fut mise
aux affiches; mais la Compagnie n'ayant pas exécuté de travaux,
aucune autre suite ne fut donnée à cette demande.

MM. Rouzé, Mathon et Decoster, à Liévin. — Le 19 mai
1834, MM. Rouzé, Mathon et Decoster, de Lille, déposaient aux
Préfectures du Nord et du Pas-de-Calais, une demande de concession de 120 kilom. carrés, s'étendant de Vitry au fort de
Scarpe, près Douai; de ce dernier point au clocher de Flers
jusqu'à la route d'Hénin-Liétard et en suivant cette route jusqu'à
sa rencontre avec la route d'Arras à Lille.

Le Préfet du Nord jugea que cette demande pouvait être soumise aux Enquêtes, et fit même préparer les affiches; mais le
Préfet du Pas-de-Calais, conformément à l'avis de M. l'Ingénieur
en chef, M. Garnier, trouva qu'il n'y avait pas lieu, en l'absence
de tous travaux de recherches, d'apposer les affiches. Ce dernier avis fut adopté par le Ministre, à la date du 5 août 1834.

C'est à la suite de cette décision que les demandeurs, qui
s'étaient constitués en Société, sous la raison sociale *Decoster-
Agache, Rouzé et Cie*, exécutèrent, vers 1836, un sondage n° 513
au Sud de Liévin, sur la rivière de Careincy.

Ce sondage rencontra à 120m des calcaires dévoniens.

C'est à 750m environ au Nord de ce sondage que la Cie de
Liévin a découvert en 1858, dans son sondage N° 57, le terrain
houiller et la houille à 141 m. 60, après y avoir traversé environ
16 m. 60 de schistes calcarifères.

Si la Société Decoster s'était placée à 1,600 mètres plus au Nord
que le point choisi pour l'ouverture de son sondage, elle serait
tombé exactement sur l'emplacement de la fosse actuelle N° 1 de

Liévin, et y aurait trouvé la houille dès 1836, c'est-à-dire quinze ans avant que la Compagnie de Lens l'ait découvert à Lens.

MM. Boca et Cⁱᵉ à Pelves, Vis, etc., — Au mois de mai 1834, MM. Boca et Compagnie avaient entrepris un sondage à St-Laurent-lès-Arras, N° 556. Dès le mois de juin suivant, ils demandaient une concession d'une superficie de 170 kilomètres carrés, comprenant les territoires de Duisans, Achicourt, Vis, Noyelles, Tilloy, etc. (Planche LXIV.)

Ils renouvelaient leur demande en juin 1835. Le Ministre refusa d'abord de la mettre aux affiches ; mais il revint sur cette décision le 23 mars 1836, sur de nouvelles instances de MM. Boca et Compagnie, qui avaient entrepris d'autres sondages à Feuchy, N° 555, Pelves, N° 550 et Vis-en-Artois, N° 960, et après avoir pris l'avis du Conseil général des mines dont voici des extraits :

« Par pétition du 13 mars 1836, MM. Boca père et fils, expo-
» sent que les résultats de leur sondage de Vis-en-Artois, N° 960,
» sont de nature à déterminer la mise aux affiches de leur
» demande en concession du 24 juin 1835. . . . .

» Vu l'avis émis sur cette demande le 8 octobre 1835, et la
» décision du Ministre du 1ᵉʳ novembre 1835, refusant d'afficher
» cette demande. . . . .

» Vu la lettre du Préfet du Pas-de-Calais, du 19 mars 1836,
» disant que la décision du Ministre doit être maintenue tant que
» les recherches de MM. Boca n'auront pas fait reconnaître un
» gisement exploitable. . . . .

» Vu les échantillons du sondage de Vis, dans lesquels on
» remarque quelques parcelles de houille et des grès houillers
» parfaitement caractérisés. . . . . »

« Le Conseil se partage en deux sur l'avis à émettre. Trois
» membres, bien que le sondage de Vis ait fait découvrir le ter-
» rain houiller, disent que ce terrain était déjà connu par le puits
» de Monchy-le-Preux, ouvert en 1808, et situé à une lieue de
» Vis ; que ledit sondage n'a fait que constater l'existence de ce
» terrain sur une plus grande étendue, mais n'a nullement fait
» connaître un gîte exploitable ; que les parcelles de houille
» viennent du tourtia. . . . .

» Et sont d'avis de ne rien changer à la décision du 1ᵉʳ novem-
» bre 1835......... »

« Trois autres membres disent que des parcelles de houille ont
» été ramenées par la sonde ; qu'il est probable que le terrain
» houiller n'est point stérile à Vis, et qu'il peut renfermer des
» gîtes exploitables........ »

« Et sont d'avis qu'il y a lieu de mettre aux affiches la de-
» mande de MM. Boca...... »

Cette dernière opinion fut adoptée par le Ministre.

C'est alors que MM. Boca constituèrent, par acte du 9 juillet
1836, une Société sous la désignation de *Société civile pour la
recherche et l'exploitation des mines de charbon d'Arras.*
Dans cet acte, MM. Boca père et fils exposent « qu'ils ont fait
» pratiquer, depuis plus de deux années jusqu'à ce jour, des
» travaux pour la recherche de la houille dans l'arrondissement
» d'Arras ; qu'au moyen de ces travaux, l'existence du terrain
» houiller a été constatée sur plusieurs points, notamment à
» Blangy - St - Laurent, à Vis-en-Artois et à Pelves, où des
» parcelles de houille ont été rapportées par les sondes ; qu'une
» concession de 170 kilomètres carrés, comprenant les points
» reconnus, a été demandée par MM. Boca ; que le ministre
» faisant droit à leur demande, appuyée sur les rapports de
» MM. les ingénieurs en chef et particulier des mines du dépar-
» tement du Pas-de-Calais, a ordonné la publication des affiches
» qui a commencé le 6 juin dernier ; qu'un puits et de nouveaux
» sondages vont être commencés et que dans ces circonstances
» MM. Boca, qui ont fait déjà des efforts et des dépenses
» considérables, voulant, ainsi que la prudence l'exige, diviser
» le fardeau pour mieux le porter, ont résolu de proposer une
» association pour participer aux chances et aux avantages de
» leur entreprise. »

Cette association partait du 1ᵉʳ juillet 1836, et durerait 60 ans.

Le fonds social était fixé à 3 millions, divisés en mille actions
de 3,000 fr. chaque. 200 actions étaient remises à MM. Boca et
autres comme indemnité de leur invention, soins et démarches
et remboursement de leurs dépenses, mais seulement après
succès et concession obtenus. 200 actions étaient émises pour
le service de roulement.

Sur les 600 actions restant, il devait en être émis au cours du jour et au fur et à mesure des besoins de la Société, etc., etc.

Dans un rapport de M. Dusouich, du 17 août 1837, on trouve des indicatious suivantes sur les recherches exécutées par MM. Boca, à cette date :

« La Compagnie Boca a exécuté des sondages à St-Laurent,
» à Feuchy, à Pelves et à Vis-en-Artois, qui donnent lieu à
» penser que la formation houillère se prolonge dans le Pas-de-
» Calais. On n'a pas encore constaté la présence de la houille,
» mais la sonde a ramené sur quelques points des parcelles de
» houille venant du tourtia, à Vis, qui semblent indiquer que la
» formation houillère sur ces points n'est pas stérile. »

« La Compagnie a ouvert une fosse à Pelves, N° 552, qui a
» atteint aujourd'hui 100 pieds. On y a déjà exécuté plusieurs
» picotages, et on présume que le tourtia y sera atteint à 380
» pieds et le terrain carbonifère à 390 pieds. »

« Elle prépare l'ouverture d'une deuxième fosse à Vis N° 554,
» en même temps qu'elle poursuit les sondages de Tortequenne
» et de Monchy-le-Preux N° 553. »

Le directeur des travaux était M. Liénard.

Cependant, le 20 décembre 1837, le directeur général des mines écrit au préfet du Pas-de-Calais que, malgré l'affichage de la demande de concession de la Société Boca, il n'y a pas lieu de donner suite à l'instruction de cette demande, parce que les travaux, « quoiqu'ayant constaté la présence du terrain houiller » bien caractérisé, n'ont pas jusqu'ici donné de résultats et » découvert un gisement de houille exploitable. »

Une opposition à la demande de concession avait du reste été faite le 7 septembre 1837, par MM. Roty et Pascal qui déclaraient entreprendre des recherches dans un rayon de 3 kilomètres de St-Laurent-Blangy.

La fosse ouverte par la Compagnie Boca à Pelves, sur la rive droite de la Scarpe, et à une faible distance de cette rivière, fut commencée en 1836, mais les travaux d'avaleresse ne furent en pleine activité qu'en 1837. Elle était de forme décagonale et avait 3 m. de diamètre. Le niveau d'eau y avait été rencontré à 8 m. de la surface, et le cuvelage y régnait sur 77 m. de hauteur.

A 10 m. de profondeur, on rencontra beaucoup de silex noirs et des bois fossiles. Les dièves furent rencontrées à 70 m. et le tourtia à 124 m. Son épaisseur était de 1 m. 50.

Au-dessous du tourtia on traversa une couche de 1 m. 50 d'argile noire, faisant effervescence avec les acides. Plus bas se présentaient sur 5 m. des schistes rougeâtres très denses, recouvrant des calcaires en général mal stratifiés, et renfermant des fossiles.

Au 25 juin 1840, lors de la visite de M. Fournet, ingénieur des mines d'Aniche, auquel sont empruntés ces renseignements. le creusement de la fosse s'opérait dans un calcaire noir compacte à 157 m.

La Compagnie Boca, en outre de divers sondages et de la fosse de Pelves, commença deux puits, l'un à Vis en 1837, l'autre à Monchy-le-Preux en 1839. Mais, ils furent vite abandonnés, le 1er à 15 m., et le 2e à 30 m.

Mais toutes ces recherches ne donnèrent aucun résultat; l'instruction de la demande de concession ne fut pas continuée. Les travaux furent complètement abandonnés à la fin de 1840, et une assemblée générale du 26 mai 1841 prononça la liquidation de la Société.

Il avait été émis 206 actions payantes de 3,000 fr., qui procurèrent un capital de 618,000 fr., lequel fut à très peu de chose près dépensé. Il résulte en effet des comptes de liquidation. non encore terminés aujourd'hui, que, défalcation faite de tous frais, il ne restait en caisse, en septembre 1861, que 8,739 fr. 25, à répartir entre 206 actions, soit 42 fr. 42 par action.

PUITS ET SONDAGES DE LA COMPAGNIE BOCA.

N° 555. — Sondage de Feuchy. — 1836.

N° 960. — Sondage de Vis. — 1835. — Parcelles de houille dans le tourtia, puis schistes et grés dévoniens.

Sondage de Laurent-Blangy. — 1834.

Fosse de Monchy-le-Preux. — 1839. — Abandonnée à 30 m.

Compagnie de Pernes. — On a vu dans le chapitre XXXII que la Compagnie de Villers avait creusé, en 1747, un puits à Pernes, sur un ilôt de terrain dévonien paraissant au jour.

Une société, dont M. Salmon, Maire de Pernes, était directeur, se forma en 1833, pour la reprise de cet ancien puits, qui avait été poussé à 180 pieds et dont les terrains du fond, disait-on, présentaient des caractères d'analogie assez frappants avec la formation houillère du Nord de la France. M. Garnier, ingénieur en chef des mines, dans un rapport daté du 27 juin 1833, disait qu'il serait important de vider ce puits pour permettre de constater la succession et la nature des terrains qu'il avait traversés. Ce puits était placé sur l'un des accotements de la route de Pernes à Lillers. Déjà 4 ans auparavant, un capitaliste de Paris avait procédé à la reprise, sans succès probablement.

La nouvelle Société, portant le nom de Compagnie de Pernes. était constituée an capital de 28,800 fr., produit de 200 actions de 144 fr., mais toutes ne furent pas souscrites. On vida le puits de Pernes; l'opération dura deux mois. Mais il fallait beaucoup d'argent, et les trois quarts des actionnaires ne pouvant en fournir, une assemblée générale fut convoquée. On liquida les fonds restant, ce qui donne un dividende de 14 fr. 25 par action.

Un certain nombre des actionnaires contribua à fonder la Compagnie de Lillers, dont il va être parlé, et qui demanda le 28 juillet 1835 l'autorisation de reprendre les travaux de la vieille fosse. Les autres anciens actionnaires de la Compagnie de Pernes formèrent opposition à cette demande, déclarant qu'ils allaient reprendre les travaux de déblaiement suspendus depuis 2 ans, et ils se mirent en effet à l'œuvre. Mais le Préfet autorisa définitivement, le 1er septembre 1835, la Compagnie de Lillers, à se servir de l'ancien puits pour ses explorations.

STATUTS (Analyse).

Il est établi, sauf approbation du Roi, une Société anonyme, par action, portant le nom de Compagnie de Pernes, dans le but de faire les fouilles nécessaires pour arriver à la découverte du charbon.

Le siège de la Société est à Pernes, chez M. Salmon, Maire de la ville.

Le capital social est de 28,800 fr., produit de 200 actions de 144 francs.

Les actions sont représentées par une inscription nominative sur le registre à souche de la Société, duquel sera détachée la contre-souche qui formera le titre de l'action.

En échange de cette inscription, l'actionnaire versera 6 fr. en numéraire et signera 23 mandats de 6 fr. chaque, tous échéables à un mois de date l'un de l'autre et exigibles le 1er de chaque mois.

L'Administration de la Société est confiée à 7 membres, dont les fonctions gratuites, dureront le même temps que la Société.

Si une place d'administrateur vient à vaquer, le Conseil d'administration y nommera.

Le Conseil se réunit tous les premiers dimanches de chaque mois.

Chaque semaine un administrateur est désigné à tour de rôle, pour signer, avec le Directeur, la correspondance, les actions et les engagements de la Compagnie.

Le Directeur est nommé par le Conseil d'administration et pris dans son sein.

M. Salmon, Maire de Pernes, est nommé Directeur.

Il y aura une assemblée générale tous les 6 mois dans laquelle il sera rendu compte des travaux.

En cas de découverte du charbon, au Conseil d'administration actuel seront adjoints 4 nouveaux membres nommés par l'assemblée générale.

Le Conseil fera aux statuts les modifications et additions jugées convenables dans la nouvelle position de la Société.

Il en sera donné avis à chacun des actionnaires ainsi que de la somme jugée nécessaire pour l'exploitation et la portion afférente à son action.

Si dans le délai de 2 mois le versement de cette portion n'est pas effectué, il sera facultatif au Conseil de faire l'achat de l'action en retard moyennant 600 fr.

La dissolution aura lieu de plein droit si des obstacles imprévus se rencontraient et qu'ils fussent jugés par le Conseil de nature à absorber les fonds de la Compagnie sans espoir d'atteindre le but qu'on se propose.

Compagnie de Lillers à Pernes. — Par acte passé le 24 mai 1835, MM. Cauvet, Olivier, Salmon, Chartier et autres, formaient sous la dénomination de Compagnie de Lillers une Société anonyme dans le but de se livrer à la recherche du charbon de terre supposé exister sur le territoire de Pernes.

Le 14 août 1835, ils adressaient au Préfet du Pas-de-Calais une demande en autorisation de Société anonyme, et en même temps une demande de permission de recherches sur leurs propriétés dans les territoires de Pernes et autres communes circonvoisines comprises dans un rayon de 7 kilomètres et demi. Ils exposaient dans cette pétition qu'ils avaient ouvert le 1er juin, un puits de 2 m. de diamètre à Pernes et que ce puits était arrivé à 15 m. de profondeur.

Dans une autre pétition du 26 octobre 1837, la Compagnie de Lillers dit, qu'elle a constaté par son puits de Pernes l'existence du terrain houiller et même une veine peu abondante de houille ; que ce puits a actuellement atteint 200 m. et a coûté des sommes considérables ; qu'elle vient en outre d'établir 2 sondages sur d'autres points. Elle insiste pour obtenir une concession, et l'affichage de sa demande.

Sur l'avis de l'Ingénieur en chef des Mines, M. Coquerel, le Préfet du Pas-de-Calais répond le 19 décembre 1837, qu'il ne lui est pas possible, quant à présent, d'accorder cette demande, la veinule annoncée ayant disparu lorsqu'on a voulu en reconnaître la direction et la puissance et du reste les terrains explorés n'appartenant pas au terrain houiller proprement dit.

Par acte du 8 décembre 1836, la Société de Pernes augmenta son capital en s'adjoignant de nouveaux actionnaires. La mise opérée par les 12 premiers sociétaires à raison de 3.000 fr., avait été de 36,000 fr. Les nouveaux sociétaires devaient verser chacun 5,000 fr soit en tout 50,000 fr. Le capital social était donc de 86,000 fr. plus le prix à percevoir de la vente de 2 actions à émettre à 5,000. Ce capital se divisait en 24 actions dont 22 émises et 2 à émettre, représentées par 48 sols. Chaque sol se divisait en 12 deniers, ce qui donnait 576 deniers.

Dans un rapport du 17 août 1837, M. l'Ingénieur des Mines Dusouich dit : « On a approfondi à Pernes un puits jusqu'à 525 » pieds (170 m 50), qui a traversé des grès, des psammites » bigarrés, des schistes pailletés et argileux, appartenant plutôt » au terrain quartzo-schisteux qu'au terrain houiller. Les bancs » plongent vers le Nord-Ouest. »

« A la fin de 1836, le puits a traversé une veinule de combus- » tible, ce qui avait fait fonder de grandes espérances sur les » recherches de Pernes. »

M Fournet dit (15 juillet 1840) qu'on a travaillé à la fosse de Pernes pendant 5 ans : qu'elle a été abandonnée il y a un an, après avoir été conduite jusqu'à 200 m. de profondeur ; qu'on y a trouvé, dit-on, du mauvais charbon ; que le rocher était très dur.

Société de Beugin et La Comté. — Le 9 juin 1835, les sieurs Bernard-Bérode de Lillers, Herlin et Leducq déclarent à la Préfecture du Pas-de-Calais qu'ils entreprennent des recher- ches et demandent une concession de 7 kilomètres carrés sur les communes de Diéval, Ourton, Division, Houdain, Rebreuve, etc, au sud et à l'est de Pernes.

Dans une pétition du 17 juillet 1837, MM. Wartelle, Tousselle et autres, qui s'étaient associés avec MM. Bernard-Bérode et Leducq, exposent qu'ils ont formé entre eux une Société assez puissante pour donner aux travaux exécutés par ces derniers l'importance qu'ils comportent — que ces travaux font espérer un gisement houiller. — Ils sollicitent une extension de 8 kilo- mètres carrés à la première demande.

Le nombre des associés pour ces recherches était de 25, presque tous habitants d'Arras. Ils avaient apportés de nouveaux capitaux, et outre la recherche de La Comté avaient commencé plusieurs puits sur Beugin.

Dans son rapport du 17 août 1837, M. Dusouich disait « que la » Société de La Comté traverse des terrains analogues à ceux » rencontrés à Pernes, mais plongeant vers le sud ».

Plusieurs ilôts de terrain dévonien, semblables à celui de Pernes, paraissent en effet au jour, à Beugin, La Comté et

Rebreuve, et les travaux de la Société qui nous occupe étaient établis sur ces îlots.

Le 12 décembre 1837, intervint un nouvel acte de Société, au capital de 1,500,000 fr. divisé en 1,000 parts, de la valeur nominale de 1,500 fr. — 200 de ces actions, exemptes de tous versements, sont attribués aux 25 fondateurs comme représentation de leur apport en ouvrages de recherches, matériel et fonds restant en raison de leur association primitive — 400 autres actions seront émises pour leur valeur nominale, et les 400 dernières actions resteront comme fonds de réserve pour être vendues quand le Conseil d'administration le jugera utile, etc,

Mais il paraît que l'on ne trouva pas de souscripteurs pour les 400 actions à émettre, et la nouvelle Société ne fut pas réalisée.

D'une note du 15 juillet 1840, de M. Fournet, il résulte que la fosse de La Comté fut poussée jusqu'à la profondeur de 133 m., et qu'elle fut abandonnée en 1839, à cause de la grande abondance des eaux.

Les premiers associés, Bernard-Bérode, Herlin et Leducq, avaient ouvert une galerie à travers bancs de 60 m. dans l'affleurement dévonien pris de la rivière de Beugin, et les terrains traversés par cette galerie furent considérés par les explorateurs comme « (autant que les indices permettent de le supposer,) un » indice presque certain de la présence de la houille. »

Sondage de Flers en 1835 par la Compagnie des Canonniers. — La Compagnie des Canonniers de Lille établit en 1835 un sondage sur Flers, prés du Fort de Scarpe.

Elle le poussa jusqu'à la profondeur de 206 m. 45, et elle allait y atteindre certainement dans quelques mètres le terrain houiller, ainsi que l'ont montré plus tard les travaux de la Compagnie de l'Escarpelle, lorsqu'un éboulement l'obligea à abandonner ce sondage.

Un accident, une cause fortuite, retarda donc d'une dizaine d'années la découverte du nouveau Bassin du Pas-de-Calais, et euleva lo priorité de cette découverte à la Compagnie des Canonniers de Lille. Cette Compagnie abandonnant le point si bien choisi primitivement par elle. reporta ses recherches dans les environs de Marchiennes, où elle exécuta, sans succès, de nombreux sondages et une fosse, avec une persévérance digne d'un meilleur résultat.

Sondage à Auby en 1838 par la Compagnie de Douai et Hasnon.

— Une Compagnie de recherches, formée à Douai, débuta par l'établissement en 1838 d'un sondage à Auby, à l'ouest du sondage des Canonniers. Comme ce dernier, il fut abandonné à la profondeur de 140 m. dans la craie, à la suite d'un accident.

La Société, connue depuis sous le nom de Compagnie de Douai et Hasnon, reporta ses travaux à Hasnon, à l'Est de Marchiennes. Elle dépensa des sommes importantes en sondages, en creusement de trois fosses qui rencontrèrent le terrain houiller et la houille. Mais placés sur la partie inférieure de la formation houillère, comme les puits de Marchiennes, comme les puits de Bruille et Château-l'Abbaye, les travaux d'Hasnon ne trouvèrent que deux à trois couches minces de houille de qualité inférieure et inexploitables avec avantages.

Les sondages de Flers et d'Auby étaient très heureusement placés, et sans les accidents qui vinrent les interrompre, ils eussent certainement atteint le terrain houiller et la houille.

Société départementale du Pas-de-Calais.

— Dans un rapport au Préfet pour la session de 1835, du Conseil général du Pas-de-Calais, M. l'Ingénieur des mines, Clapeyron, établit l'utilité qu'il y aurait à entreprendre des recherches dans le département, en vue d'y créer des exploitations de houille.

Il voudrait voir reprendre la fosse de Monchy-le-Preux, où avec une dépense de de 250,000 fr., on arriverait présumablement à des résultats.

Il voudrait aussi voir entreprendre des recherches dans les environ d'Hardinghen.

Il fait la proposition d'ouvrir, à cet effet, une souscription d'actions de 200 fr., dont 100 fr. à payer de suite, et qui produirait, suivant lui, facilement une somme de 600.000 fr. à employer en recherches.

M. Clapeyron demande au Conseil général de voter une faible

somme pour frais de publication et d'organisation de la souscription qu'il propose.

M. l'Ingénieur Dusouich reprenait, en 1837, cette idée de formation d'une grande Société de recherches. Dans un rapport du 17 août 1837, sur l'état des exploitations et des recherches de mines du département du Pas-de-Calais, il établissait que ces recherches présentaient des difficultés particulières parce qu'on avait à traverser, non seulement la formation de la craie, comme dans le département du Nord, mais encore du côté d'Hardinghen, la formation jurassique dont la disposition des bancs et l'épaisseur était peu connue.

Il conseillait d'organiser une vaste association, dans laquelle on multiplierait les actions, afin de diminuer les chances de perte des actionnaires en cas de non succès, et de donner la possibilité de rassembler des capitaux considérables dont on risquerait une partie dans une espèce de loterie toute morale.

Au mois de novembre 1837, on parlait d'une nouvelle Société départementale de recherches qui venait de se constituer à Arras.

Une Société, dite **Départementale**, pour les recherches et l'exploitation de la houille dans le Pas-de-Calais, avait en effet été formée par acte du 27 octobre 1837.

Elle comprenait des souscripteurs non seulement d'Arras et du Pas-de-Calais, mais aussi un assez grand nombre de St-Quentin.

Immédiatement après la signature de l'acte social, les fondateurs nommèrent le 30 octobre les 10 membres du Conseil de surveillance et choisirent trois d'entre eux, MM. Crespel-Dellisse, Hallette et Leroy-Brazier, pour remplir les fonctions d'administrateurs provisoires.

La Société exécuta 3 sondages en 1838 :

1° à Beaurain, dont la profondeur était au 31 juillet 1838 de ...   475 pieds.
2° à Mercatel,   id.   id.   id.   ...   424 »
3° à Dainville,   id.   id.   id.   ...   395 »

« A Beaurain et à Dainville, on était alors sur un grès fort
» dur, et on espérait toucher bientôt à l'enveloppe du terrain
» houiller. »

A la date du 25 mai 1838, le bilan de la Société s'établissait ainsi :

ACTIF	—	Dépôts chez les banquiers	248,295 f. 01
		En caisse, espèces et billets	4,330 08
		Outils et objets en magasin	41,851 54
		Propriété à Rœux	3,702 00
		Administration	3,955 25
			302,133 f. 88

PASSIF.	—	Versement de 1/5 sur 1495 actions	299,000 f. 00
		Dettes	3,133 88
			302,133 f. 88

Les dépenses comprenaient :

Achat de propriété à Rœux	3,400 f. 00
Achat du matériel	30,121 98
Frais de construction et de forages	12,032 06
Honoraires d'employés et frais d'administration	3,955 25
	49,509 29

Le compte-rendu de l'assemblée extraordinaire du Conseil général de la Société tenue le 27 mai 1838. fournit sur la marche de l'entreprise les quelques indications suivantes :

Il avait été émis une première série de 1.500 actions de 1.000 fr. dont 1.495 étaient souscrites, et avaient versé 200 fr. Cependant des actionnaires faisaient de la résistance pour verser un nouvel appel de fonds, des bruits facheux s'étant répandus sur la marche de l'entreprise. On dut recourir à des coercitions pour faire verser cet appel qui fut en effet versé par 1.495 actions sur 1.500.

Dès le 1er octobre 1838, la Compagnie d'Anzin avait demandé à souscrire 50 actions de la Nouvelle Société. Mais toutes les actions de la première série étaient souscrites. « Toutefois, chacun des » membres du Conseil, appréciant les avantages du concours qui » lui est offert, et voulant assurer à la Société, la coopération de » la Compagnie d'Anzin, s'empresse de faire hommage à cette » Compagnie d'une de ses actions. »

Mais la Compagnie d'Anzin n'accepta pas cette offre.

La Compagnie départementale avait songé à M. Bineau pour lui confier la direction de son entreprise. Des négociations furent entamées à cet effet, mais cet ingénieur, chargé alors d'une mission importante, ne put accepter les fonctions qui lui étaient proposées.

MM. Garnier et Dusouich donnèrent leurs conseils à la Compagnie. Ce furent eux qui choisirent les emplacements des trois premiers sondages entrepris à Beaurain, à Mercatel, à Dainville pour lesquels la Compagnie avait commandé à M. Hallette trois appareils de sondage sur les modèles Degousée.

Ces trois sondages avaient été placés en vue de couper transversalement la bande houillère sur ses allures présumées. On avait choisi leurs emplacements sur les points qui présentaient le plus de chances de succès ; mais on savait que ces chances n'étaient pas moins très incertaines, et qu'il fallait faire une large part au hasard.

Le Conseil d'administration rappelait dans son compte-rendu à l'assemblée générale « qu'il ne fallait pas oublier quel esprit » avait présidé à la formation de la Société. Ce n'était pas dans » un but d'agiotage que les fondateurs avaient fait appel à leurs » concitoyens : les recherches qu'ils proposaient d'entreprendre, » étaient des recherches sérieuses qu'ils voulaient mener à » bonne fin. Il fallait réunir de grands capitaux, et en user avec » la plus stricte réserve, tant qu'il y aurait incertitude, etc. » (1).

La Compagnie avait, dès le commencement de 1838, fait l'acquisition d'un ancien puits creusé à Rœux par la Société Willaume-Turner, en 1759. Elle reconnut que conformément à la relation insérée par M. de Bonnard, dans une brochure publiée en 1810, ce puits n'avait pas été poussé au-delà de 35 m. et que les travaux y avaient été abandonnés à la rencontre du premier niveau. On n'y trouva aucun vestige de cuvelage. Aussi renonça-t-on à l'idée de le reprendre.

La même Société exécuta 4 autres sondages à Boiry-Becquerelle, à Achicourt, à Arras (faubourg Baudimont) et à Écurie.

_____

(1) Société départementale pour la recherche et l'exploitation de la houille dans le Pas-de-Calais. Assemblée extraordinaire du Conseil général. Séance du 27 mai 1838.

Société Laurent et Compagnie. — On a vu, chapitre XXXIII, page 47, le préambule d'un acte de Société qui s'était formée à Paris, le 6 décembre 1836 pour la reprise de la fosse percée en 1784 à Bouquemaison, près Doullens.

Cette Société était formée par M. d'Essertaux, lequel s'associait M. Laurent, industriel à Doullens, comme gérant responsable.

Ladite Société était une société en commandite.

Le capital social était de 1,200,000 fr., divisé en 1200 actions de 1000 fr.

Il était attribué à M. d'Essertaux 300 actions libérées, pour apport de l'ancienne fosse de Bouquemaison, du terrain sur lequel elle était établie, environ 10 ares, et de droit éventuel à la concession résultant de sa pétition au Préfet, du 28 juin 1834.

M. Laurent apportait son travail et son industrie.

La raison sociale était Laurent et Compagnie.

La durée de la Société était fixée à 30 ans.

Un certificat du 21 octobre 1837 constate qu'un sondage a été entrepris en 1837 à Gouy, canton de Beaumetz, et on trouve à la Préfecture d'Arras, une déclaration du 2 novembre 1837, faite par le sieur Laurent et Compagnie de Doullens, relative à cette recherche.

Dans un rapport du 17 août 1837, M. l'Ingénieur Dusouich constate que « la Société de Bouquemaison a renoncé à l'idée de » faire des recherches près l'ancien puits qui paraît avoir atteint » la base de la craie. »

« Elle a établi un sondage vers St-Légué, dans la vallée de la » Grouche, pas loin de Lucheux. Ce sondage est aujourd'hui à » 100 pieds dans la partie supérieure de la craie.

« La Société monte un 2ᵉ sondage près de Gouy-en-Artois » d'après le conseil de MM. Cocquerel et Dusouich.

Le sondage de Gouy traversa la formation de la craie, et d'après une lettre de M. Cocquerel du 21 mars 1839, il atteignit des grès d'un grain serré, de nature peu favorable aux succès des recherches.

La Société Laurent avait placé 800 de ses actions, dont les versements avaient servi à payer l'acquisition de la fosse de Bouquemaison et les dépenses des sondages de Gouy et de St Légué. Il lui restait 96,000 fr. en 1839, lorsqu'elle entra en liquidation après qu'il eût été reconnu que les travaux dans la Somme n'of-fraient plus aucune change de succès, et il revenait à chacune de ses 800 actions, 120 fr.

Les possesseurs de ces 800 actions consentirent à laisser la part qui leur revenait dans une socié e nouvelle, qui se réorganisa sous la raison sociale *Laurent fils et Compagnie*, le 10 avril 1840. Cette Société se fusionna avec une Compagnie Bernard, qui avait entrepris 3 sondages au Nord de la concession d'Aniche, à Flines-Vred et Lallaing, et y avait dépensé environ 60,000 fr.

La Société Laurent fils et Compagnie devait continuer, à profit commun, les recherches de la Compagnie Bernard, et y consacrer au moins 50,000 fr. A la fin de 1840, il fut reconnu que ces recherches ne devaient pas aboutir, et la Société entra en liquidation.

Son bilan au 15 octobre 1840, présentait les chiffres suivants :

ACTIF. — Produit du versement des 800 actions
formant le fonds social........... 96,000 f. 00
Bénéfice sur le matériel et les comptes. 9,660 17

105,660 f. 17

PASSIF. — Bordereaux Degousée pour les sondages
de Vred, Flines et Marchiennes,
d'après conventions débattues et con-
senties............. .... 43,500 f. 00
Dépenses du sondage de Lallaing..... 8,477 36
Frais généraux, location de terrains,
indemnités, etc................. 9,682 81

61,660 17

Balance. — Espèces chez les banquiers 44,000 00

105,660 f. 17

soit 55 fr. à répartir à chacune des 800 actions émises.

La Société Laurent et Bernard exécuta les sondages suivants :

A Lallaing. — 1840. — Terrain houiller à 144 m. — Arrêté à 148 m. dans les schistes.

A Vred. — 1840. — Rocher à 134 m. 50. — Schistes plus ou moins compactes jusqu'à 180 m. Arrêté dans le calcaire à 186 m. 69.

A Marchiennes. — 1838. — Terrain houiller à 150 m.
La Compagnie des Canonniers avait acheté une petite maison à moins de 100 m. dudit sondage, afin de pouvoir l'entreprendre sans autorisation.

A Flines. — 1839. — Calcaire à 163 m. 66. Abandonné à 166 m. 11.

Sondage de la ville de Calais. — La ville de Calais, voulant se procurer des eaux, établit un sondage sur la place principale.

On voit qu'en 1836, le Conseil général du Pas-de-Calais, voulant encourager cette tentative, accorde à la ville de Calais une subvention de 4,000 fr. pour le *forage d'un puits artésien.*

Ce sondage fut exécuté par M. Mulot, et ne fut achevé qu'en 1844. (1)

Il traversa les terrains suivants :

Sables de mer		23 m. 30		
Système landénien		49	65	
				72 m. 95
» sénonien, craie blanche		95	65	
» nervien, jusqu'au tourtia		138	49	
				234 14
» hervien, gault et grès vert		13	61	
				320 70
Calcaire carbonifère de Tournai		26	16	
				346 m. 86

Un sondage fait à Dunkerque en 1836, pour se procurer de l'eau, traversa :

Sables de mer		35 m. 97	
Glaise compacte		80	66
(du système yprésien).			116 m. 63

(1) Géologie pratique de la Flandre française, par M. Meugy, Ingénieur des Mines. 1852.

M. Meugy conclut de la comparaison des terrains traversés par les sondages de Calais et Dunkerque, que la craie blanche ne se trouverait dans cette dernière ville que vers 292 m.

Les sieurs Rothy et Pascal. — Les sieurs Rothy d'Arras et Pascal font à la Préfecture d'Arras, le 8 septembre 1837, une déclaration de recherches qu'ils se proposent d'entreprendre dans un rayon de 3 kilomètres de St-Laurent-Blangy.

Ils faisaient en même temps opposition à la demande de concession de la Compagnie Boca, demande qui avait été mise aux affiches.

Ils ne paraissent pas avoir exécuté de travaux.

Reprise de la fosse d'Esquerchin en 1837. — A l'époque de la fièvre de recherches de houille dans le Nord et le Pas-de-Calais, il se forma à Douai le 25 novembre 1837 une Société « pour la recherche de la houille dans les arrondissements » de Douai (Nord) et d'Arras (Pas-de-Calais) et notamment sur les » terroirs d'Esquerchin, Cuincy, Cantin, Quiéry et Brebières. »

Le préambule de l'acte de Société donne les noms des fondateurs, négociants de St-Quentin, de Cambrai et propriétaires de Douai, parmi lesquels figurent M. Salmon, qui ne désespéra jamais du succès : M. Boitelle, fondateur de Vicoigne et de Nœux ; M. Soyez, auteur de la découverte de l'Escarpelle.

« Voulant, disent-ils, se livrer à la recherche de la houille dans » les arrondissements de Douai et d'Arras, et notamment continuer » celles qui ont été faites à Esquerchin, et y rouvrir une » fosse d'extraction située dans un terrain qui leur a été concédé, » ont fait et arrêté les conventions suivantes »

Suivent les statuts, dont voici l'analyse.

La Société prendra la dénomination de *Société d'Esquerchin*.

Le fonds social est fixé à 2 millions, divisé en 400 parts de 5000 fr.

Il est en outre créé 10 actions qui ne seront soumises à aucun appel de fonds, et qui sont mises à la disposition de l'Administration pour être distribuées gratuitement aux personnes qui auront rendu des services à la Société.

Les actions sont au porteur, avec faculté au propriétaire de les rendre nominatives.

Les fondateurs souscriront 50 actions qui ne pourront être émises qu'après la découverte de la houille et l'obtention de la concession; 50 autres actions resteront en réserve à la souche, pour n'être émises qu'ultérieurement. 500,000 fr. sont affectés aux travaux de recherches, et à tous les frais dans l'intérêt de la Société.

Les travaux commenceront immédiatement.

Il ne sera appelé d'abord que 300 fr. par action, le surplus, 4,700, ne pourra être appelé qu'après l'obtention de la concession.

Chaque appel de fonds ne pourra dépasser 500 fr.

Tout sociétaire a la faculté de se retirer de la Société, en renonçant à ces droits et en abandonnant ses premiers versements.

Il y a 8 administrateurs, propriétaires d'au moins une action, et qui sont nommés par l'assemblée générale. Ils seront renouvelés par quart, d'année en année.

Ils se réuniront au moins chaque mois à Douai. Les délibérations devront être prises par 3 administrateurs au moins.

Leurs fonctions sont gratuites. Ils recevront seulement un jeton de présence de 10 fr., et le remboursement de leurs dépenses faites dans l'intérêt de la Société.

Il y aura sur les lieux de recherches et d'exploitation, un Ingénieur et un agent-comptable, indépendants l'un de l'autre, mais agissant tous deux sous les ordres de l'administration.

Il sera procédé, chaque année au 31 juillet, à un inventaire des biens et valeurs de la Société.

Les bénéfices se composeront de l'excédent des recettes annuelles sur les dépenses aussi annuelles.

Ils seront repartis :

1/6 aux fondateurs.

1/6 à la réserve, jusqu'à concurrence de 200,000 fr.

4/6 par parties égales à toutes les actions émises.

Une assemblée générale aura lieu chaque année, dans la 1re quinzaine de septembre, à Douai. Son objet sera d'entendre le rapport de l'Administration, de remplacer les administrateurs sortants, et de fixer l'emploi des fonds disponibles.

Elle pourra prononcer la dissolution de la Société, à la majorité des trois quarts des actions émises. La minorité aura le droit de continuer les travaux après avoir payé aux associés qui voudront se retirer leur part dans l'actif résultant de l'inventaire présenté par l'administration.

Ainsi que le portait l'acte constitntif de la Société, on entreprit de suite la reprise de la fosse ouverte en 1752 par la Société Willaume Turner à Esquerchin.

Cette fosse qui avait la forme d'un carré de 2 m. 05 de côté, fut déblayée jusqu'à la profondeur de 73 m. Sans doute que la partie inférieure présentait des éboulements qui rendaient sa reprise difficile, car on ouvrit à la profondeur de 73 m., un 1er bure latéral que l'on creusa jusqu'à 42 m.; puis un 2e de 32 m. de manière qu'on atteignit la profondeur totale de 147 m.

Le tourtia avait été rencontré à 140 m. 50. Après l'avoir traversé, on ouvrit à 146 m. une bowette au Nord, qui fut poussée sur 11 mètres de longueur dans le terrain dévonien incliné à 35° vers le Sud.

La direction des strates était Ouest 25° Nord.

On manque de détails plus circonstanciés sur cette reprise de la fosse d'Esquerchin. Mais M. Salmon dit dans un mémoire de décembre 1873 :

« En 1841, à la suite de quatre années de travaux pleins de
» périls, qui avaient entraîné des dépenses fort considérables, la
» fosse fut abandonnée de nouveau, après la dissolution de la
» Société prononcée par l'assemblée générale, sur l'avis de
» M. Lorieux, Ingénieur en chef des mines, basé sur la nature
» des terrains traversés dans une galerie et un puits ordonné par
» le même Ingénieur. »

Il résulte du même mémoire que la Société avait sollicité en 1837, la concession de l'ancien périmètre Havez-Lecellier.

Des documents déposés aux archives d'Arras, il résulte que MM. Lécuyer, Salmon et Marcel Daudré de St-Quentin, à la date du 18 décembre 1837, auraient commencé dans le courant de ladite année un puits à Brebières; qu'ils se proposaient d'y installer une machine de 100 à 120 chevaux ; que la Société d'Esquerchin, formée par eux le 25 novembre 1837, avait déjà commencé trois puits, etc.

Compagnie de l'Artois. — Reprise de la fosse de Monchy-le-Preux. — Ainsi qu'il a été dit précédemment dans un rapport au Préfet pour la session du Conseil général de

1835, M. Clapeyron, ingénieur des mines, engageait beaucoup
à reprendre l'ancienne fosse de Monchy-le-Preux, ouverte en
1806 par la Compagnie Bonneau de Sainte-Mesmes, et qui, d'après
MM. de Bonnard et Garnier, avait rencontré des grés et des
schistes paraissant appartenir à la formation houillère. (Voir :
XXXIV, page 55).

M. Clapeyron estimait à 250,000 fr. la dépense à faire pour la
reprise de cette fosse.

Ce conseil de l'ingénieur des mines du département, exerça
sans doute une grande influence sur l'idée qu'eurent des capitalistes qui constituèrent la Compagnie d'Artois.

Le 8 décembre 1837, devant Mᵉ Becthum, notaire à Arras,
diverses personnes de Cambrai, du Cateau et d'Arras, arrêtaient
les statuts d'une société « pour la recherche et l'extraction du
» charbon de terre dans le département du Pas-de-Calais, et
» notamment la reprise des travaux de la fosse de Monchy-le-
» Preux. »

Comparants : MM. Daucher, De Baralle, Delloye, Fabien,
Gaudermen, Godart-Vallée, Lelièvre Ernest, Lasne-Dalvin,
Pilvois, Jourdan, Malisset, Pillain, Gaudermen, Pillain, Plé,
(d'Arras et de Cambrai).

Société civile.

Dénomination : *Compagnie de l'Artois.*

Sociétaires fondateurs : 16.

Fonds social : 2,500,000 fr., divisé en 500 actions de 5,000 fr.,
nominatives.

80 actions libérées sont attribuées aux comparants sociétaires
fondateurs.

20 actions libérées sont mises en réserve pour être données
par les fondateurs en récompense des services rendus à la
Société.

Après versements de 600 fr. par action payante, si on n'est
pas arrivé à la découverte du charbon, l'Assemblée générale
décidera s'il y a lieu ou non à continuer les travaux.

La minorité pourra continuer en retenant l'actif de la Société,
sur estimation par experts, mais seulement des bâtiments,
machines, outils et matériaux en approvisionnement.

L'Assemblée générale se compose de tous les actionnaires
possesseurs de 5 actions.

Le Conseil d'Administration est formé de 9 membres, choisis parmi les sociétaires fondateurs.

Les fondateurs se réunissent le dernier dimanche de chaque mois, à Arras. Ils élisent annuellement les 9 membres du Conseil d'Administration.

L'Administration provisoire deviendra définitive lors de la concession obtenue.

En cas de vacance, les sociétaires fondateurs y pourvoient.

La concession obtenue, les sociétaires auront le droit de retrait sur les actions cédées, et ce aux prix portés aux cessions, avec remboursement des frais faits et des intérêts courus.

Article 11 des statuts............ Tout actionnaire en retard d'effectuer le versement de sa cotisation dans le mois de la sommation faite à son domicile élu, sera forclos de la Société et déchu de la propriété de ses actions sans répétition pour le montant des versements antérieurs.

Un acte complémentaire du 5 février 1838 portait : « tout » fondateur s'oblige à prendre pour son compte particulier 5 » actions payantes; trois de ces actions seulement sont dispo- » nibles, et les deux autres resteront la propriété inaliénable du » fondateur jusqu'à la concession obtenue.

» La Société est constituée depuis le 17 janvier dernier. »

Les 400 actions payantes furent immédiatement souscrites et les travaux de la reprise de la fosse de Monchy-le-Preux étaient en activité dès le commencement de l'année 1838. On avait commandé une machine d'épuisement de 60 chevaux, des pompes et une machine d'extraction des déblais de 8 chevaux. En octobre, on était arrivé à 116 m. de profondeur ; le cuvelage régnait de de 35 m. à 83 m. Mais le rocher donnait de l'eau, et on était obligé de faire fonctionner la machine d'épuisement, et les travaux marchaient lentement.

Dans l'Assemblée générale du 24 mars 1840, on annonce « qu'on » a pu pénétrer dans la galerie à travers bancs ; que deux admi- » nistrateurs ont été délégués pour détacher eux-mêmes des » parois, des échantillons des terrains et les soumettre à » l'examen des géologues et hommes de l'art ; que les ingénieurs » les plus expérimentés ne se prononcent qu'avec la plus grande » réserve ; qu'ils disent que les conclusions que l'on pourrait tirer » de l'examen pétrographique des rochers traversés ne seraient

» pas favorables aux recherches de Monchy-le-Preux ; qu'elles
» ont de l'analogie avec les terrains inférieurs aux assises
» houillères de la Belgique , plus qu'avec les terrains houillers
» proprement dits ; qu'ils ne pourront se prononcer avec certitude
» que lorsqu'on leur en aura produit quelques fossiles. »

D'un autre côté, on invoque l'opinion plus favorable de
M. de Bonnard qui a visité anciennement les travaux , ainsi que
celle de M. Garnier qui a eu tant d'influence sur la reprise des
travaux de Monchy-le-Preux ; enfin celle de plusieurs directeurs
du fond ou porions d'Anzin et de Vicoigne, qui ont unanimement
déclaré que les échantillons appartenaient au veritable terrain
houiller.

On décide l'établissement d'un jeu de pompes permanent et on
continue les travaux.

Le 25 juillet 1840, M, Fournet, ingénieur des mines d'Aniche ,
visite les travaux ; il déclare au directeur que « son opinion
» formelle était que les recherches sont complètement inutiles
» et que l'on n'est nullement dans le terrain houiller. »

La veille, M. Dusouich , ingénieur des mines , à Arras , avait
également visité les travaux. « Il avait trouvé leur marche
» satisfaisante. Il avait engagé le directeur à faire tous ses
» efforts pour trouver de nouveaux coquillages fossiles , voulant
» les envoyer à l'École des Mines de Paris. On attend la réponse
» d'un professeur à l'Université de Bonn et celle de M. Dumont,
» professeur de géologie , à Liége

A l'Assemhlée générale du 9 août 1840 , on lit « une lettre de
» M. Fournet, un mémoire de M. Norggerath , directeur des
» mines des provinces rhénanes et professeur à Bonn , et un
» autre mémoire de M. Trasenster, ingénieur, à Liège. Le
» directeur fait un rapport sur une visite qu'il a faite aux travaux
» de Fiennes.

» Le Conseil d'administration propose un appel de fonds de
» 200 fr., attendu que la diversité d'opinions montre que la
» question n'est pas définitivement résolue négativement. Cette
» proposition est rejetée. On décide de maintenir l'existence de
» la Compagnie jusqu'après l'expiration du délai accordé par
» les mises en demeure aux actionnaires en retard et le recou-
» vrement des versements, de suspendre les travaux de

» recherche et d'autoriser le Conseil d'administration à prendre
» toutes mesures conservatrices. »

Une partie du personnel est congédié.

Le 18 octobre 1840, l'Assemblée générale prononce à l'unanimité la liquidation de la Société.

Dès le mois suivant, on mettait en vente la mine et son matériel, après apposition d'affiches donnant le détail des objets, savoir :

1° 1 machine d'épuisement de 60 chevaux ;

2° Tout un système de pompes permanentes, élevant les eaux de 173 m., divisé en 4 répétitions, dont les travaillantes sont de 0 m. 25 de diamètre ;

2° Tout un appareil de pompes volantes, avec tuyaux en tôle, suspensions, etc., pour une colonne de 90 m. ;

4° Trois systèmes de contrepoids, à balancier, à colonne d'eau, et à air ; (tout cet appareil d'épuisement élevant 1,000 litres d'eau à la minute de la profondeur de 173 m.) ;

5° Une machine d'extraction de 8 chevaux avec cables plats pour 200 m. ;

6° Un manège ;

7ᵗ Une écurie pour 40 chevaux ;

8° Différents approvisionnements ;

9° Bâtiments divers, matériaux, clôture ;

10° Enfin l'ensemble des travaux de recherche à reprendre, consistant : 1° en une fosse ronde de 2 m. 22 de diamètre, de 173 m. de profondeur, revêtue en briques depuis le jour jusqu'à la tête du niveau (34 m.), parfaitement cuvelée jusqu'à 84 m., et boisée à trousses jointées jusqu'au fond.

2° En une galerie de 60 m. de développement à travers bancs dans les terrains de transition à la profondeur de 163 m.

L'adjudication ne put avoir lieu ; on n'offrait du tout que 30,000 fr. On vendit en détail pour une somme de 55,000 à 60,000 fr.

M. Fournet, ingénieur des mines d'Aniche, qui visita cette fosse le 25 juin 1840, a laissé une note dans laquelle on trouve les renseignements suivants sur cette reprise de la fosse de Monchy-le-Preux.

« La fosse est octogonale et à 2 m. 08 de diamètre ; elle est
» cuvelée sur toute sa hauteur. On y a rencontré dans la craie
» beaucoup de silex ; des bancs entiers de ces silex avaient
» jusqu'à 0 m. 15 d'épaisseur.

» Les dièves ont été rencontrées à 92 m. de la surface, et le
» tourtia à 147 m. Ce tourtia recouvre immédiatement une terre
» noirâtre faisant effervescence avec l'acide sulfurique et
» présentant une assez grande analogie avec l'argile noire,
» rencontrée dans la fosse de Pelves.

» Au-dessous de cette terre on découvre un terrain qui paraît
» être du terrain quartzo-schisteux ; il ne fait pas effervescence.

Profondeur jusqu'au tourtia	147 m.	00
Tourtia	1	50
Du tourtia au fond du puits	24	60
Profondeur totale	173 m.	00

» Ce même terrain a été rencontré dans une galerie sud prise
» à partie de la paroi Est de la fosse à 161 m. de la surface.
» Cette galerie avait, le 25 juin 1840, 40 m. de développement.
» A son extrémité, les terrains paraissaient bien stratifiés et
» pendaient au sud. Les terrains recoupés par la bowette présen-
» tent une inclinaison moyenne de 65°...... »

La Société de l'Artois s'était constituée à la fin de 1837, au
capital de 2,500,000 fr., divisé en 500 actions de 5,000 fr. dont
80 libérées et 20 mises en réserve.

Dès le 17 janvier 1838, les 400 actions payantes étaient souscrites.

Il fut appelé de suite 200 fr. par action.
» en juin 1838 — 200 »
» en oct. » — 200 »
» en avr. 1839 — 100 »

A cette date, les actionnaires ne mettaient plus d'empresse-
ment à opérer leurs versements. L'ancien Président avait mis en
vente ses actions à 50 % de perte ; elles furent rachetées par
la Société.

En août 1839, il est appelé 100 fr. par action.
» décemb. » » 100 »

Le 24 mars 1840, il avait été reçu 335,030 fr. 50, et dépensé 345,462 fr.

L'Assemblée générale vote 2 appels de 100 fr. = 200 fr.

Le 18 octobre 1840, il avait été dépensé 387,824 fr. Les recettes s'élevaient au même chiffre que les dépenses, et l'on avait déclaré déchus de leurs droits les propriétaires de 169 actions qui n'avaient pas satisfait aux divers appels de fonds.

La liquidation produisit une recette de 51,203 fr., qui permit de distribuer aux 231 actions restantes un dividende de 153 fr. 70.

Le sieur Lombart, architecte à Amiens, fit à la Préfecture d'Arras, le 26 mai 1837, une déclaration du désir qu'il avait de faire des recherches de houille par sondages à Warluzel, Saulty, Bapeux, etc., arrondissement d'Arras, et à Pont-à-Collines, arrondissement de Boulogne.

Il ne parait pas qu'il ait été donné suite à ces recherches.

Le sieur Leroy de Blangy. — Le 7 août, le sieur Leroy de Blangy demande une concession s'étendant de Tilloy à l'Ecluse, Croisilles, etc.

L'affichage de sa demande fut refusé, parce qu'il n'avait exécuté aucun travail.

Les sieurs Cauvin-Caille et autres de Saint-Quentin. — Le 7 décembre 1837, les sieurs Cauvin-Caille, Coppin, etc. de Saint-Quentin, déposent à la Préfecture du Pas-de-Calais une déclaration de recherches et une demande de concession sur les communes de Brebières, Biache, etc, canton de Vitry.

Aucune suite ne fut donnée à cette déclaration.

Les sieurs Dupont, Duplessy, et autres. — Le 23 octobre 1837, les sieurs Dupont de Valenciennes, Duplessy, Parseval et Braemt-d'Ogimont, adressent au Préfet du Pas-de-Calais une demande en concession s'étendant de Lambres au faubourg Saint-Eloi d'Arras, et sur diverses communes, Férin, Tortequemme, Cantin, etc, ensemble 63 kilomètres carrés.

Aux archives d'Arras, il n'existe pas d'autres documents indiquant la suite donnée à cette demande.

Les sieurs Guilbert, Tréca et Delcourt. — Le 6 juillet 1837, les sieurs Guilbert-Estevez, d'Orchies, Tréca et Delcourt, déposent à la Préfecture d'Arras, une demande en concession, limitée par le chemin de Bapaume à Douai, et par le canal de la Sensée, cette dernière limite servant de démarcation à la demande des sieurs Boca.

Le sieur Sauvage à Lumbres et à Audinghen. — Le 5 novembre 1838, le sieur Sauvage de Paris, déclarait à la Préfecture du Pas-de-Calais qu'il entreprenait des recherches de houille à Lumbres.

Il joignait à sa déclaration un certificat des autorités locales constatant qu'il avait commencé le 16 août 1838, au sondage dans cette localité.

Ce sondage indiqué sur la carte sous le Nᵒ 115 aurait rencontré le calcaire et aurait été poussé jusqu'à la profondeur de 135 m.

Un sondage Nº 510 a été exécuté au Nord du précédent en 1855 par la Société de Selques. Il fut poussé à 129 m. et pénétra de 20 à 30 m. dans des terrains donnant de l'eau jaillissante dès qu'on eut atteint le tourtia. Cette eau ramenait des débris de houille anthraciteuse de lignite et de bois fossile. Il fut arrêté dans une roche brune, à cassure saccharoïde, que M. Lamborot croit être une dolomie.

Le même M. Sauvage, prenant la qualité de gérant provisoire d'une Société de Paris, écrit au Prefet, le 15 août 1840, qu'il a ouvert un sondage sur le territoire d'Audinghen, ainsi que le constate le certificat qui lui a été délivré par le Maire de cette commune le 12 du même mois et il demande acte de sa déclaration.

Recherches à Fouquexolle. — M. Dusouich dans son rapport du 27 août 1837, sur les recherches de mines du département du Pas-de-Calais, dit, mais, sans aucun détail que l'on a exécuté des recherches de houille à Fouquexolle en 1836.

On a vu page 48, que sur ce point il avait déjà été fait des recherches en 1782, et que sous des argiles et des craies chlorités on découvrit des schistes et des grès micacés présentant les mêmes caractères que les terrains ancien du Boulonnais.

Le 22 février 1838, MM. Delacre et Waeterloot, négociants à

Dunkerque, adressent une pétition au Préfet du Pas-de-Calais, tendant à obtenir la concession des mines de houille gisant dans toute l'étendue du territoire des communes d'Audrehem (Fouquexolle), Licques, Journy, etc.

Ils invoquent l'opinion de M. Garnier exprimée dans un ouvrage couronné en 1827 par la Société d'agriculture, commerce et arts de Boulogne, imprimé l'année suivante et intitulé : *Mémoire sur la question proposée par la Société, concernant les recherches entreprises à diverses époques dans le département du Pas-de-Calais, pour y découvrir de nouvelles mines de houille.*

A la pétition sont joints : un certificat du Maire d'Audrehem, en date du 12 février 1838, disant que les sus-nommés viennent d'établir un sondage au hameau de Fouquexolle ; un certificat du Maire de Licques, du 13 février 1838, pour un sondage ouvert par les susdits.

Reprise de la fosse de Pommier. — Comme les anciennes fosses de Tilloy, d'Equerchin, et de Monchy-le-Preux, la fosse de Pommier-Sainte-Marguerite creusée par Havez et Lecellier en 1765, fut reprise en 1838, par la Compagnie Artésienne.

Une machine à vapeur y était installée au commencement de 1839, ainssi que le constate un rapport de M. l'Ingénieur des Mines Dusouich.

M. Fournet visita cette fosse le 15 juillet 1840 ; mais les travaux y étaient abandonnés et le matériel vendu depuis deux mois.

D'après l'explication de la carte géologique de la France, le puits de Pommier-Sainte-Marguerite aurait traversé 175 m. de craie et aurait ensuite atteint le terrain jurassique dont l'épaisseur en ce point est inconnu.

La Compagnie Artésienne s'était formée à Arras, par acte du 7 décembre 1837, dans le but d'étendre ses recherches dans tout le département du Pas-do Calais et spécialement dans tout l'arrondissement d'Arras.

Son capital social était fixé à 2,300,000 fr., divisé en 1,150 actions de 2,000 fr. Les opérations ne devaient commencer qu'après la souscription de 300 actions.

1,000 actions devaient être émises, et 150 tenues en réserve jusqu'à l'obtention de la concession, pour être alors distribuées, pour leur valeur nominale de 2,000 fr., savoir : 10 à chacun des administrateurs et 15 à M. Leroy, administrateur-directeur des travaux. Les actions étaient payables par dixième, c'est-à-dire 200 fr. comptant, et 200 fr. au fur et à mesure que le Conseil d'administration l'ordonnerait.

Reprise de la fosse de Souchez. — La Compagnie de Villers, d'après un mémoire des Etats d'Artois du 4 août 1773, avait travaillé vers 1750 pendant un an sans rien trouver, dans une fosse qu'elle avait ouverte à Souchez.

D'après M. Fournet (15 juillet 1840) cette fosse avait été reprise peu auparavant. On l'avait déblayée jusqu'à l'eau ; mais les traaux y étaient arrêtés en 1840.

M. de Venoge, de Mareuil-sur-Ay, informait le Préfet du Pas-de-Calais, le 15 mars 1838, qu'il avait l'intention de faire des recherches de houille dans la partie est du département de Pas-de-Calais limitrophe du département du Nord, et demandait une concession s'étendant de Remy à Dury, Rumaucourt. etc......

Il ne paraît pas qu'il ait été donné suite à ce projet.

M. Bidault de Paris, adressait au Préfet du Pas-de-Calais, le 20 mars 1838, une demande de concession des Mines de houille pouvant existait dans les localités où il se proposait de faire des travaux de recherches, Baralle, Croisilles, Cherizy, etc, soit sur une étendue de près de 85 kilomètres carrés.

On ne trouve pas traces de travaux exécutés par le sieur Bidault.

XXXVI.

Suite du XXXV.

1830-1840.

FIÈVRE DE RECHERCHES.

BOULONNAIS.

Hardinghen. — Fiennes. — Ferques. — M. Dumont. — Compagnie de Douchy — M. Adam. — Les sieurs Millet et Fouan. — Le sieur Lorgnier. — Recherches diverses. — M. Fontaine. — M. du Soulier.

DÉPARTEMENT DU NORD.

Résultats de la fièvre de recherches dans le Nord. — Anzin. — Aniche. — Douchy. — Bruille. — Crespin. — Marly. — Hasnon. — Vicoigne. — Azincourt. — Fresne-Midi. — Marchiennes. — Société de St-Hubert. — Société Parisienne ou Bernard. — Recherches au midi d'Aniche. — Compagnie de Bouchain. — Anzin, Douchy, Aniche. — Société de Monchecourt. — Société d'Erchin. — Société d'Aubigny-au-Bac. — Société du Nord et de l'Aisne. — Société de l'Escaut, de la Sensée et de la Scarpe. — Recherches dans les environs de Lille. — Recherches dans l'arrondissement d'Avesnes. — Recherches diverses.

BOULONNAIS.

Hardinghen. — L'exploitation d'Hardinghen produisait de 1834 à 1837, de 4,000 à 5,000 tonnes de houille fournis par un grapilllage au milieu d'anciens travaux.

A la fin de cette dernière année, époque d'engouement pour

les entreprises de mines, une Société, dit *Compagnie de Fien-nes et d'Hardinghen*, achète des descendants de Desandrouin, l'établissement d'Hardinghen et de la baronne de Laborde la concession éventuelle de Fiennes, pour le prix de neuf cents et quelques mille francs.

La nouvelle Société s'était fondée au capital de 1,800,000 fr. représenté par 600 actions de 3000 fr., dont 507 seulement furent émises. Elle creusa un nouveau puits, l'Espoir, dans la concession de Fiennes, qui fournit une assez grande quantité de charbon. L'extraction atteignait près de 15,000 tonnes en 1840, revenant à environ 15 fr. la tonne, supérieur au prix de vente qui n'était que d'environ 14 fr.

Fiennes. — La concession de Fiennes appartenait à Mad. de La Borde, héritière de M. de Fontanieu, un vertu d'un arrêt du Conseil de 1741, mais qui n'avait pas été régularisé suivant les prescriptions de la loi de 1791. Ce n'est qu'en 1840, qu'un décret institua la concession définitive de Fiennes, d'une étendue de 431 hectares, en faveur M. de La Borde, ayant cause de M. de Fontanieu. On a vu que les droits éventuels à cette concession furent achetés par la Compagnie de Fiennes et d'Hardinghen.

Ferques. — Le 28 novembre 1833, MM. Frémicourt, ancien maire de Cambrai, ex-député du Nord, et alors maire de la Villette (Seine), Delestré, ancien ingénieur militaire ; Barras, maître mineur, adressent au Préfet du Pas-de-Calais, une demande de concession de mines de houille sur les territoires de Wimille et autres communes de l'arrondissement de Boulogne.

Dans un rapport du 16 janvier 1834, M. l'ingénieur en chef des mines Garnier, conclut à ce qu'il n'y a pas lieu d'afficher cette demande, aucune recherche n'ayant été faite dans le périmètre demandé ; cette conclusion est adoptée par le Ministre à la date du 8 janvier 1834.

Mais, l'année suivante, un amas de houille est découvert dans un affleurement de terrain houiller à Ferques, et MM. de Frémicourt et autres s'empressent de demander une nouvelle concession. Elle leur est accordée par ordonnance royale du 27 janvier 1837, sur une étendue de 1364 hectares, et ils constituent une société en commandite par actions.

Une fosse avait été ouverte ; elle fournit une petite quantité de houille ; mais les travaux n'eurent pas de succès.

Dumont. — Le 16 mars 1836, *M. Dumont*, maître des forges à Raismes, demande la concession d'une mine de houille sur les territoires d'Ambleteuse, Marquise, Boulogne, etc.

Par une seconde lettre du 4 mai suivant, M. Dumont sollicite l'autorisation de faire quelques sondages sur la plage et dans la falaise entre Boulogne et le Cap Blanc-nez. Un arrêté du Préfet du 11 du même mois accorde cette autorisation.

Compagnie de Douchy. — Le 31 juillet 1836, les associés des mines de Douchy, représentés par M. Mathieu, gérant chargé du contentieux, adressent au Préfet du Pas-de-Calais une péti-tion dans laquelle ils exposent :

« Qu'ayant l'intention de se livrer à la recherche et à l'exploi-
» tation de la houille grasse dans diverses communes de l'arron-
» dissement de Boulogne, ils demandent l'autorisation de prati-
» quer des forages dans le forêt de Guines et autres propriétés
» de l'État situées dans cet arrondissement, ainsi que sur les
» propriétés particulières, qu'ils indiqueront ultérieurement, dans
» le cas où ils ne pourraient s'entendre à l'amiable avec les pro-
» priétaires. »

Suit la désignation du périmètre très étendu dans lequel ils demandent à effectuer des recherches.

Ils informent en même temps le Préfet qu'ils ont exécuté depuis 4 mois deux forages, l'un à Boursin (canton de Guines), l'autre à Vendin-le-Viel, (pas loin de Lens).

Le Directeur général des forêts autorisa par décision du 22 août 1836, la Compagnie de Douchy à entreprendre ses recher-ches dans les forêts domaniales de Guines et de Tournehem.

M. Adam. — Le 15 mars 1836, M. Adam de Boulogne demande une concession s'étendant sur les territoires de Fien-nes, Réty, Licques, Nielles, etc., et sollicite l'autorisation d'en-treprendre, des recherches de houille sur la côte, à l'Ouest de Béthune, depuis la nouvelle jetée jusqu'à St-Frieux, dans les ter-rains dépendant du domaine de l'Etat.

Cette autorisation est accordée par arrêté du Préfet du 11 mai 1836.

Les sieurs Millet et Fouan. — Par une lettre du 8 septembre 1836, les sieurs Millet et Fouan de Douai, aunoncent au Préfet de Pas-de-Calais qu'ils font procéder à des sondages pour découvrir la houille dans l'arrondissement de Boulogne, et ils demandent une concession s'étendant de Fiennes à Wissant, Sangatte, etc.

Les sieurs Lorgnier. — Le 8 octobre 1836, les sieurs Lorgnier de Vissant et Lorgnier de Boulogne exposent au Préfet qu'ils ont l'intention de faire des recherches dans l'arrondissement de Boulogne, pour découvrir des mines de matières métalliques et autres, et demandent l'enregistrement de leur déclaration à la Préfecture.

Recherches diverses. — En 1837, d'après un rapport de M. Dusouich, une Compagnie avait établi deux lignes de sondages entre Boulogne et Marquise, à Slaque et Wiem-Effroy, et à Wimille et Souverain-Moulin.

Ces recherches sont longues et difficiles, à cause des morts terrains, terrains jurassiques, différents de ceux qui existent dans le Nord.

Une autre Compagnie (Compagnie de Douchy), a ouvert un puits à St-Pot sur le bord de la mer. Elle l'a bientôt abandonnée, à cause des eaux.

Puis elle a établi des sondages à Audenbert, Boursix, etc

M. Fontaine de Boulogne, ancien député, écrit au Préfet le 23 mars 1838, que par acte passé devant notaire le 17 février dernier, il a formé avec M. Dessaux, une société pour la recherche de la houille sur un domaine d'environ 220 hectares, situé sur la commune de Fiennes, et appartenant à ce dernier — que les travaux sont commencés.

Le Préfet communique cette lettre à M. l'Ingénieur en chef des mines Cocquerel qui répond le 2 avril : « le terrain qu'il s'agit » d'explorer l'a déjà été par la Compagnie d'Hardinghen. Il fait

» également l'objet d'une demande en concession formée par mad. De La Borde. »

M. du Soulier de Rincquesent informe le Préfet, le 7 avril 1838, qu'il est propriétaire d'une ferme de 70 hectares à Fiennes, qu'il se disposait à y faire un sondage pour la découverte de la houille, lorsqu'il a appris que mad. veuve De La Borde avait demandé la concession d'une grande partie de la commune de Fiennes. Il lui demande, s'il peut obtenir du gouvernement l'autorisation d'exploiter le charbon sous les terres qui lui appartiennent ; s'il doit faire opposition à la demande de concession de mad. De La Borde, ou plutôt de ceux auxquels elle a cédé ses droits et qui sont aussi propriétaires de la concession d'Hardinghen.

On ne connaît pas la réponse que fut faite à cette demande.

DÉPARTEMENT DU NORD.

Résultats de la fièvre de recherches dans le Nord. — La fièvre de recherches de 1830-1840 fut aussi vive dans le département du Nord que dans celui de Pas-de-Calais ; mais elle fut plus fructueuse, et si beaucoup d'entreprises échouèrent, un certain nombre d'entre elles obtinrent un succès, et donnèrent lieu à l'ouverture de plusieurs mines nouvelles, et au développement des anciennes exploitations.

Il a paru utile de résumer brièvement les travaux des mines du Nord pendant cette période de 1830-1840, parce qu'ils se lient d'une manière assez directe aux nombreuses recherches du Pas-de-Calais, et expliquent l'engouement qui se produisit à cette époque pour les entreprises de mines.

Anzin. — De nouveaux puits creusés à Abscon et à Denain, où la houille avait été découverte quatre ans auparavant permettent de développer l'extraction qui passe

$$de \ 392,000 \ tonnes \ en \ 1830$$
$$à \ 505,700 \quad » \quad en \ 1835$$
$$et \ à \ 648,100 \quad » \quad en \ 1840$$

Un chemin de fer, un des premiers établis en France, relie dès 1834, l'établissement de Denain à celui de St-Vaast, et un vaste bassin d'embarquement est creusé dans la première de ces localités.

La Compagnie obtient en 1831 et 1832 deux nouvelles concessions, celles de Denain et d'Odomez, qui lui sont disputées par les Sociétés de recherches de Douchy et de Bruille, mais elle abandonne une partie de la concession de St-Saulve.

Le développement de l'exploitation de la Compagnie d'Anzin, la formation de nombreuses sociétés de recherches, amènent un manque d'ouvriers, et des grèves qui se terminent par des augmentations de salaires. Le prix de base de la journée des mineurs resté depuis 1775 à 1 fr. 50, est porté :

$$à \ 1 \ fr. \ 70 \ en \ 1833$$
$$à \ 1 \quad 80 \quad » \ 1836$$
$$à \ 2 \quad 00 \quad » \ 1837$$

C'est une augmentation de 0 fr. 50 ou de 33 %.

Les prix de vente des houilles varient de 14 à 15 fr.

La Compagnie réalise de grands bénéfices qui lui permettent de répartir des dividendes de 8000 à 8,500 fr. par denier, qui capitalisés à 5 %/° correspondaient à une valeur des deniers de 160,000 fr.

Aniche. — Est toujours dans une situation précaire. Son exploitation par de vieux puits, dans un gisement pauvre et irrégulier, fournit 30,000 à 40,000 tonnes par an. Pour disputer à à la Compagnie Dumas, une concession que celle-ci sollicite au midi, elle ouvre une fosse à Mastaing qui tombe sur le terrain dévonien. Elle entame ensuite un autre puits, d'Aoûst, à l'est de ses travaux ; il rencontre un gisement irrégulier.

En 1837, les anciens sociétaires découragés vendent leurs parts d'intérêts à des capitalistes de Valenciennes et de Cambrai, qui se disputent entre eux l'administration de l'entreprise. Un procès s'en suit; il se termine en 1839 par l'exclusion des acquéreurs de 48 deniers de Valenciennes, sur lesquels des sociétaires exercent le droit de retrait au prix de 5,000 fr. l'un.

L'administration et la direction de la Compagnie sont réorganisées; on double le capital en appelant de 1839 à 1841, 4,500 fr. par denier, ce qui porte le versement total du denier, depuis l'origine, à 7,121 fr. 38;

Douchy. — Dès 1822, le sieur Fulcran-Dumas exécutait des sondages près de Lille; à Lambersart et à Wattignies. Il croyait avoir découvert dans le premier du charbon fossile et demandait une concession. Il constituait une société anonyme, et transportait en 1826, ses recherches dans les environs de Bouchain. La Société formait une demande en concession, qui était combattue par la Compagnie d'Aniche.

Enfin en 1829, après la découverte de la houille à Denain par la Compagnie d'Anzin, la Compagnie Dumas s'adjoint de nouveaux associés, parmi lesquels figure le maréchal Soult, et avec la coopération de MM. Mathieu, elle exécute à Lourches divers sondages qui sont couronnés de succès. Elle demande une concession en concurrence avec la Compagnie d'Anzin, et il est institué en 1832, deux nouvelles concessions, celle de Denain accordée à la Compagnie d'Anzin et celle de Douchy accordée à la Compagnie Dumas.

Cette dernière Compagnie cède la moitié de ses intérêts à diverses personnes de Valenciennes, et un nouveau contrat de société intervient à la fin de 1832. Les parts ou *sols*, au nombre de 26, qui n'ont versé que 3,000 fr., atteignent le prix de 300,000 fr. en 1834.

Plusieurs puits sont creusés, et déjà en 1836, l'extraction est de 77,000 tonnes. Elle s'élève à plus de 100,000 tonnes en 1838. Des dividendes importants de 7,000 à 24,000 fr. sont distribués à chaque sol de 1837 à 1840.

Le succès inouï des mines de Douchy contribua puissamment ainsi qu'il a été dit au commencement du précédent chapitre à la création des nombreuses recherches de houille, et à la fièvre houillère qui s'empara des habitants du Nord et donna lieu aux innombrables entreprises sur lesquelles nous avons donnés déjà d'amples détails pour le département du Pas-de-Calais.

Bruille. — En 1828, une société entreprenait des sondages au nord du bassin, à Bruille, sur les terrains fouillés avant la Révolution, par la Compagnie de Mortagne. Comme sa devancière, elle y découvrit la houille et forma une demande de concession.

La Compagnie d'Anzin lui disputa ce terrain, et une ordonnance du 6 octobre 1832 termina la lutte par l'établissement de deux concessions, celle d'Odomez accordée à la Compagnie d'Anzin et celle de Bruille accordée à la Compagnie de Bruille. Plus tard, en 1836, celle-ci obtint une deuxième concession, celle de Château-l'Abbaye ; mais les trois puits ouverts dans ces concessions situées sur la partie inférieure à peu près stérile de la formation houillère, n'eurent qu'une faible exploitation infructueuse,

Crespin. — A l'est de Valenciennes, jusqu'à la frontière belge, existaient des terrains qui avaient été fouillés sans succès à différentes reprises, en 1728 et 1730 par la Compagnie Desandrouin, en 1787 par la Société Colins, puis de 1808 à 1818 par la Compagnie d'Anzin, et qui n'étaient pas concédés.

A la fin de 1830, le sieur Libert, de Paris, forma une demande de concession d'une partie de ces terrains, sur lesquels il exécuta divers sondages qui pénétrèrent, au-dessous des morts terrains, dans des grés qui furent considérés comme appartenant à la formation houillère. Aussi le 27 mai 1836, une concession de 2,842 hectares, dite de Crespin, fut-elle octroyée au sieur Libert.

Celui-ci forma une société dans laquelle il conserva 22 sols sur 25, et ouvrit un puits à Quiévrechain, qui atteignit le rocher à 119 m. 70 et fut approfondi à 147 m. 50 dans des grés verdâtres donnant de l'eau. Une bowette au nord ouverte dans ces mêmes grés rencontra quelques filets de schistes et une *passée* de charbon sale ayant l'aspect de graphite.

Les travaux y furent suspendus en 1842.

Marly. — Les succès de Douchy engagèrent en 1834 des

habitants de Lille et de Valenciennes à reprendre les anciens travaux de la Compagnie Martho, dont une partie de la concession achetée en 1807 par la Compagnie d'Anzin, avait été abandonnée par cette dernière, quoique la présence de la houille y eut été constatée. Ils obtinrent en 1836 la concession de Marly, et se constituèrent en Société au capital d'un million et demi.

La Société reprit trois anciennes fosses de la Compagnie Martho ; mais elle ne put y franchir les nappes d'eau du torrent. Un quatrième puits, dit fosse Petit, fut relativement plus heureux. Il atteignait le terrain houiller à 88 m., et par une bowette au nord de 400 m., trois veines, dont une de 0 m. 60 fut exploitée pendant quelque temps, et fournit 88,000 hectolitres de houille. En 1842, le capital étant épuisé, tous les travaux de Marly furent abandonnés.

Il paraît que dans la période d'engouement, les actions de 5,000 fr. se vendirent 18,000 fr.

Hasnon. — Vers 1833, des propriétaires de Douai avaient formé une société, qui exécuta en 1834 et 1835 avec le concours de la Compagnie de Douchy, plusieurs sondages dans les environs d'Hasnon.

Quelques membres de cette société exécutèrent séparément un sondage à Auby, près Douai, qui fut abandonné à 140 m. à la suite d'accident, et qui prolongé aurait certainement atteint le terrain houiller et la houille. (Voir page 73).

Une société d'exploitation réunissant les deux entreprises de recherches était constituée en 1837 au capital de 1,200,000 fr. Elle ouvrit trois fosses à Hasnon qui rencontrèrent la partie inférieure de la formation houillère, et y exploitèrent infructueusement de minces couches de houille.

Une concession, dite d'Hasnon, lui fut octroyé au commencement de 1840.

Vicoigne. — En 1837, deux Sociétés se forment à Cambrai pour explorer diverses localités du Nord et du Pas-de-Calais ; c'étaient, la Compagnie de Cambrai à la tête de laquelle était M. Boitelle, et la Compagnie de l'Escaut dirigée par M. Evrard. Toutes deux viennent installer des sondages à Vicoigne et y découvrirent la houille. Elles commencèrent toutes deux des puits qui servent encore à l'exploitation d'un riche faisceau de houille maigre.

A côté d'elles, et en concurrence, vinrent s'établir la Compagnie d'Hasnon qui n'exécuta qu'un sondage, bientôt abandonné par suite d'accident; la Compagnie de Bruille, qui avait déjà précédemment exploré la forêt de Raismes, et qui creusa un puits ; puis la Compagnie de Vervins qui ouvrit divers sondages.

Le Gouvernement fort embarrassé pour démêler les titres des cinq Compagnies qui demandaient une concession, invita les quatre sociétés de l'Escaut, de Cambrai, de Bruille et d'Hasnon. à se mettre d'accord entre elles pour constituer une Compagnie unique d'exploitation, à laquelle fut octroyée la concession de Vicoigne.

La Compagnie de Vervins fut évincée, sans indemnité.

Azincourt. — Pendant la fièvre de recherches, un grand nombre de Sociétés vinrent s'établir au midi de la concession d'Aniche. — Quatre d'entre elles, celles d'Azincourt, Carette et Minguet, d'Etrœungt et d'Hordain, découvrirent la houille par des sondages dans un périmètre restreint, contre la limite sud de la concession d'Aniche. Deux d'entre elles, celle d'Azincourt et celle d'Etrœungt, ouvrirent des puits.

Comme pour Vicoigne, le Gouvernement fut très embarrassé pour établir les droits de priorité des divers concurrents, et il trancha la question comme pour la première localité, en invitant les Sociétés d'Azincourt, Carette et Minguet, d'Etrœungt et d'Hordain à se réunir en une seule Compagnie d'exploitation à laquelle il attribua le 29 décembre 1840, une concession de 870 hectares.

Fresnes-Midi — Trois sociétés de recherches dites de Thivencelles, Fresnes-Midi et Condéenne s'étaient établies dans les environs de Condé et y avaient exécuté divers sondages, et ensuite ouvert trois fosses à Thivencelles, à St-Aybert et à Fresnes. La première fut exécutée dans les morts-terrains qui ont sur ce point plus de 200 m. d'épaisseur. La seconde, dite fosse Pureur, avait atteint le terrain houiller vers 130 m., et rencontré deux veines de 0 m. 50 et 0 m.60. Des fuites dans le cuvelage la faisait abandonner. La troisième, dite fosse Soult, seule fut en exploitation.

Les trois sociétés se fusionnèrent sous le nom de Compagnie de Thivencelles et Fresnes-Midi, et obtinrent le 10 septembre 1841, trois concessions dites de Thivencelles, d'Escaupont et de St-Aybert, d'une superficie totale de 1,546 hectares.

En 1838, la Compagnie Rothschild frères, Samson, Davilliers et autres, exécutait un grand sondage à Crespin.

Marchiennes. — A la fin de 1833, la Compagnie des Canonniers de Lille demandait une concession de mine de houille dans l'arrondissement de Lille. Elle exécuta deux sondages à Wattignies et à Loos et rouvrit dans la première de ces localités un sondage pratiqué en 1784 et déjà repris en 1822. Tous ces sondages rencontrèrent le calcaire bleu.

En 1835, mieux inspirée, la Compagnie des Canonniers établit un sondage sur Flers, près de l'Escarpelle, qui fut abandonné ainsi qu'il a été dit page 72, à 206 m. 45 à la suite d'accidents. Poursuivi de quelques mètres encore, il eut atteint la formation houillère.

Après l'abandon de ces sondages, la Société reporta ses recherches à Marchiennes et environs, là ou la Compagnie Willaume-Turner, (voir page 28), s'était primitivement établie vers 1750. Elle y rencontra des veinules de houille et ouvrit en 1830 à Marchiennes une fosse, qui, à travers bien des vicissitudes atteignit la formation houillère inférieure, et donna lieu à une petite exploitation infructueuse.

La Société des Canonniers reprit en 1837 la fosse de Willerspol, creusée en 1778 par la Compagnie Martho, et exécuta des sondages à Jenlain.

Société de St-Hubert. — Exécute six sondages de 1838 à 1841, au nord de la Scarpe, à Varlaing, là même où Sehou-Lamand avait ouvert un puits en 1786, puis à Brillon, à Bouvignies et Hasnon. Cette Société prétendait avoir trouvé des parcelles de houille; mais il paraît que tous ses sondages n'avaient rencontré que des phtanites ou des schistes appartenant à la partie tout à fait inférieure à la formation carbonifère.

Société Parisienne ou Bernard. — Trois sondages furent exécutés par cette Société de 1838 à 1840, au nord de la concession d'Aniches, à Flines, Vred et Lallaing. Elle y avait dépensé 60,000 fr. lorsqu'elle se fusionna en 1840 avec la Compagnie Laurent, qui lui apporta une semblable somme pour continuer ses sondages, et en entreprendre un nouveau près de Marchiennes (voir page 78). Ces sondages rencontrèrent, les uns la partie inférieure du terrain houiller, les autres le calcaire.

Recherches au midi d'Aniche. — En même temps que les recherches des Sociétés qui obtinrent la concession d'Azincourt, de nombreux travaux d'exploration étaient exécutés au midi de la concession d'Aniche.

Compagnie de Bouchain. — Cette Société formée à Saint-Quentin, ouvrait en 1837 un sondage aux portes de Bouchain, puis bientôt après une fosse qui pénétra dans les schistes rouges et blancs de la formation devonienne.

Elle exécute en même temps trois autres sondages à Wavrechain-sous-Faux, à Wasnes-au Bac et près de la verrerie d'Aniche, qui tous rencontrent le terrain dévonien.

Anzin, Douchy, Aniche, un peu auparavant, avaient ouvert chacune une fosse dans les mêmes parages. Celles d'Anzin et de Douchy ne sortirent pas de la craie ; mais celle d'Aniche, dite de Mastaing, pénétra dans le rocher ; on y exécuta des bowettes au Nord et au midi, persuadé que les grès que l'on y trouvait appartenaient à la formation houillière. Mais on ne tarda pas à être convaincu que ces grès appartenaient à la formation dévonienne.

Société de Monchecourt. — Après avoir exécuté un sondage, reprend l'ancien puits creusé par la Compagnie d'Aniche en 1774 à Monchecourt, et y pousse deux bowettes de 60 et 71 m. qui ne traversent que des schistes verdâtres.

Société d'Erchin. — Rencontre la houille dans un sondage à Auberchicourt en 1838, puis ouvre une fosse à Erchin, et l'arrête en 1839 à 101 m. dans les dièves. Un sondage pratiqué au fond de cette fosse traverse le tourtia à 144 m. puis des schistes houillers et deux passées charbonneuses. Malgré cette découverte, la Société d'Erchin abandonne ces travaux, et on n'entend plus parler d'elle.

Société d'Aubigny-au-Bac. Exécute en 1838 deux sondages sur le chemin d'Aniche à Marquette, — prétend y avoir rencontré le charbon, et se prévaut de cette découverte pour obtenir une indemnité de la Compagnie d'Azincourt, après l'obtention de cette dernière d'une concession. Sa prétention fut repoussée.

Société du Nord et de l'Aisne. — Exécute trois sondages en 1838 à Cantin et à Arleux qui rencontrent le terrain dévonien.

Ouvre néanmoins une fosse à Cantin qui atteint le rocher et y pénètre de 11 m. On y exécute quelques recherches par galeries qui ne sortent pas du terrain dévonien, et donnent lieu à des venues d'eau d'une certaine importance, et qui obligent à faire fonctionner la machine de Cornouailles de 90 chevaux montée sur cette fosse.

En 1840, la fosse est abandonnée ; le matériel est mis en vente, et l'emplacement des puits est acheté pour l'établissement d'une Sucrerie.

Société de l'Escaut, de la Sensée et de la Scarpe.
Le 2 novembre 1837, MM. Chartier et autres déposèrent à la Préfecture du Nord une demande en concession, sur des terrains s'étendant sur la rive droite de l'Escaut, sur la Sensée et sur la Scarpe.

Ils avaient auparavant constitué une Société au capital de 1.500.000 fr. divisé en 300 actions de 5.000 fr., dont 40 libérées attribuées aux fondateurs et à des personnes utiles à la Société.

La brochure contenant les statuts renfermait une notice, qui peint bien les idées qui régnaient alors en fait d'entreprises de recherches, et dont voici quelques extraits.

« De toutes parts s'élèvent en ce moment un grand nombre « d'associations pour la recherche de la houille·

« Les nouvelles sociétés se forment facilement. Elles jouis-
« sent de la vogue à leur naissance. Elles présentent des
« chances de bénéfices considérables. »

....

« Il paraît donc que les veines de houille se dirigent sui-
« vant le cours de l'Escaut. »

....

La Société dont il s'agit ne paraît pas avoir trouvé des souscripteurs nombreux, et en fait, elle n'exécuta aucun travail.

Recherches dans les environs de Lille. — Les sieurs
Brun, archiviste, et Lavaine de Lille demandent en mai 1834 une
concession de mines de houille.

Antérieurement, en 1833, les sieurs Pérus, Gravelin et
Dubois avaient fait une demande semblable pour des terrains
situés dans l'arrondissement de Lille. Cette demande est renouvelée en mars 1834.

Dans cette même année, une demande de concession dans
l'arrondissement de Lille est mise aux affiches. Elle émanait
des sieurs Plaideau, Delice et Petit.

Toutes ces demandes étaient sans objet, et n'étaient appuyées
sur aucuns travaux de recherches sérieux.

Recherches dans l'arrondissement d'Avesnes. —
Comme les arrondissements d'Arras, de Lille et de Valenciennes,
l'arrondissement d'Avesnes fut l'objet d'une foule de recherches
de houille. Nous nous bornerons à citer celles sur lesquelles il
nous a été possible de nous procurer des renseignements.

On a vu page 330, tome II, qu'en 1783, le sieur Deulin poussa
jusqu'à 150 pieds l'approfondissement d'une fosse ouverte à
Saint-Remy-Chausée et prétendit y avoir trouvé le charbon, et
qu'il obtint le 16 mai 1786 le privilège exclusif d'exploiter pendant 20 ans les mines des environs de Landrecies et de Mau-
beuge.

Le 25 février 1817, le même Alexandre Deulin de Maroille,
demande une permission provisoire d'un an pour continuer les
recherches de Saint-Rémy-Chausée, près Avesnes, où il a
creusé, dit-il, un puits de 230 pieds, où tout annonce la présence
du combustible.

En 1819 et 1820, il demande une concession définitive, pour

remplacer celle du 16 mai 1786 dont il produit le titre, et qui est expirée depuis le 16 mai 1806.

L'Administration lui répond que son titre étant expiré, sa demande rentre dans le cas ordinaire de la loi, et il lui est donné satisfaction en la mettant aux affiches.

En 1825, le sieur Tourton demandait une concession de mines de houille et de fer dans les environs d'Avesnes. Cette demande fut mise aux affiches, mais ne fut pas suivie d'effet.

En mars 1834, le même Tourton réitérait sa demande, mais seulement pour des mines de fer.

Une demande en concession de mines de houille des sieurs Hufty et Beuret, à Glageon, fut mise aux affiches en 1830. Il n'y fut pas donné de suites.

Pour ne rien omettre, mentionnons une demande en 1833 des sieurs Archibald Muez et James Hall Grive, demeurant à Mons, de concession de mines de houille et d'exploitation de minerais de fer dans l'arrondissement d'Avesnes, et en 1839, un projet de recherches à Berlaimont par MM. Dupont et Serre.

En 1820, une Société dont faisait partie le sieur Tourton, banquier à Paris, s'était formée pour rechercher la houille à Cartigny dans les environs d'Avesnes. Elle fit des fouilles dans cette localité et demanda une concession qui fut mise aux affiches. Les travaux furent poursuivis avec activité pendant plusieurs années, et donnèrent lieu à des dépenses assez considérables ; le bruit se répandit dans le pays que des matières analogues au charbon avaient été trouvées et brulées.

Les fouilles de Cartigny suspendues en 1827, furent reprises en 1837 par une Société nouvelle, avec 300 actions qui se vendaient bientôt avec une prime de 3.500 à 4,000 francs, sur l'annonce trompeuse de certains actionnaires de la découverte du charbon dans le puits d'Etroeung.

Des plaintes furent portées devant le tribunal de Valenciennes, qui à la date du 7 avril 1838, annula les ventes faites à prime d'actions de la Société, par le motif que les fondateurs avaient exercé un *agiotage honteux* et eu recours à des manœuvres qui avaient trompé les acheteurs.

Une Société dite de *Catillon-sur-Sambre* s'était formée en septembre 1837 à Valenciennes, par les soins de MM. Boca père,

Grar, Lefebvre, etc. au capital de 1.600.000 francs, divisé en
400 actions de 4.000 francs dont 100 libérées attribuées aux
fondateurs, pour reprendre aux recherches faites à Catillon en
1832, et ne consistant qu'en un simple trou creusé dans le sol. Les
actions se vendaient au bout de peu de jours à 3.500 et 4.500 fr.
de prime, et pendant quelque temps il n'était bruit à Valenciennes
que de spéculation sur les actions des mines de Catillon.

Mais on ouvrit bientôt les yeux, et les acheteurs des actions
avec prime exhorbitante jetèrent les hauts cris et intentèrent aux
fondateurs de la société une action devant les tribunaux, en an-
nulation des ventes qui leur avaient été faites. On ne connaît
pas les jugements qui intervinrent, mais les mines de Catillon
sombrèrent avant même que l'on y eut exécuté quelques travaux.

Recherches diverses. — A l'époque de la fièvre houillère,
diverses autres demandes de concession sont adressées au Gouvernement.

Ainsi en 1834, l'Ingénieur des Mines envoie au Préfet du
Nord un projet d'affiches pour une demande de concession dans
le canton de Saint-Amand, formée par les sieurs Champon,
Bris, Bracuet et Cie.

Dans la même année 1834, les Maires d'Iwuy et de Thiant
constatent par des certificats que les sieurs Boca, Maingoval,
Serret, Lefebvre, etc., continuent à se livrer à des recherches
de houille à l'appui d'une demande en concession.

Une demande en autorisation de recherches dans l'arrondissement de Cambrai avait été faite précédemment, en 1827, par
le sieur Alexandre Piot.

En 1834, les sieurs Dupaix et Lauwick demandaient une concession dans l'arrondissement de Douai.

La presque totalité de ces demandes ne fut même pas accompagnée de travaux de recherches sérieuses. Si nous les rappe-
lons, c'est pour en conserver la trace et montrer l'engouement
qui existait dans la période 1830-1840 parmi les populations du
Nord pour les mines de houille.

XXXVII.

1840-1850.

DÉCOUVERTE DE LA HOUILLE DANS LE BASSIN
DU PAS-DE-CALAIS. .

Cessation des recherches. — Découverte de la houille à Oignies. — Découverte de la houille à l'Escarpelle. — Découverte de la houille à Courrières. — Premières recherches à Lens. — Situation à la fin de 1849. — Bassin du Boulonnais. — Bassin du Nord.

Cessation des recherches. — A l'engouement pour les recherches de houille succède, à partir de 1840, un arrêt complet de ce genre d'entreprises.

Des capitaux considérables avaient été engloutis dans les innombrables explorations exécutées sur tous les points du département du Nord et du Pas-de-Calais, la plupart du temps sans · données sérieuses, et dans un but de spéculation. Les anciens puits, les anciennes recherches effectuées avant la Révolution avaient été reprises, dans la persuasion qu'on y avait fait des découvertes, ou que ces recherches n'avaient pas abouti faute de moyens mécaniques ou de capitaux. Si quelques explorateurs avaient découvert la houille, comme à Azincourt, Vicoigne. Hasnon, etc., ce n'était que tout-à-fait sur les limites de la formation houillère précédemment connue, et du reste l'exploitation des concessions qu'ils avaient obtenues, sauf deux ou trois exceptions, ne donnaient que des résultats désastreux.

Aussi, dès 1840, le public ne voulait plus entendre parler d'entreprises nouvelles de mines.

Découverte de la houille à Oignies. — Dans un mémoire du 18 février 1853, la Société des Mines de Dourges rend compte de la manière suivante de la découverte de la houille à Oignies :

« Dès 1841, Mme de Clercq, par des travaux de forage n° 146.
« commencés dans son parc d'Oignies (Pas-de-Calais), avait
« acquis la connaissance de l'existence du terrain houiller à une
« profondeur de 170 à 180 m. Le forage entrepris pour procurer
« des eaux jaillissantes, ne pouvait plus atteindre ce but après la
« découverte du terrain houiller, et il aurait été abandonné, si
« cette même découverte n'avait pas engagé Mme de Clercq à le
« poursuivre pour constater plus complétement la consistance et
« la direction des couches de ce nouveau bassin houiller. C'est
« sur cette dernière et unique vue que le forage dont s'agit fut
« conduit jusqu'à une profondeur de plus de 400 m. et a occa-
« sionné une dépense de plus de 100,000 fr.

« Les travaux de ce premier forage durèrent, comme on le
« comprendra facilement, plusieurs années ; en 1846 et 1847.
« Mme de Clercq et M. Mulot, qui avait dirigé ce premier forage.
« crurent devoir poursuivre leurs recherches. Ils firent d'abord
« deux nouveaux forages sur la commune de Dourges. aux lieux
« dits d'*Harponlieu* n° 28 et des *Peupliers* n° 148. Les forages
« poussés jusqu'à 250 m. étaient achevés dès la fin de 1847.

« En 1849 et 1850, Mme de Clercq et M. Mulot ont continué
« leurs travaux de recherches par deux nouveaux sondages, l'un
« à Dourges, près le village, n° 9, et l'autre dans la commune
« d'Hénin-Liétard, n° 147 (1),

(1) Mémoire de la compagnie de Dourges contre la compagnie de la Scarpe 18 février 1853.

D'un autre côté, dans l'instruction de la demande en concession formée le 25 octobre 1848 par Mme de Clercq et par M. Mulot,
M. l'Ingénieur des Mines Dusouich établissait :

    « Que c'était en 1841 que Mme de Clercq avait entrepris un
« forage à Oignies pour rechercher de l'eau ; que ce sondage fut
« continué jusqu'en 1846 et arrêté à 400 m. environ ; qu'il avait
« atteint le terrain houiller vers...... et traversé quelques vei-
« nules insignifiantes ; que Mme de Clercq n'avait attaché aucune
« importance à cette découverte ; que son but jusqu'au dernier
« moment était de trouver de l'eau.

    « Que la houille rencontrée à Oignies était composée :

Matières volatiles ......'..........	0,113
Charbon....	0,843
Cendres	0,044
	1,000

Rapport des matières volatiles au charbon, 0,136.

    « Qu'en 1847, après les premières découvertes de la Compagnie
« de la Scarpe, Mme de Clercq et M. Mulot entreprirent deux
« autres sondages pour la recherche de la houille.

    « Le premier, dit des *Peupliers*, atteignit le terrain houiller à
« à 157 m. 35 et fut arrêté en 1848 à 250 m. sans rencontrer de
« veines de houille, mais seulement des couches d'argile mélan-
« gées de charbon.

    « Le deuxième, dit d'*Harponlieu*, rencontra le terrain houiller
« à 151 m. 27 et poussé à 249 m. recoupa plusieurs veinules de
charbon contenant :

Matières volatiles	0,120
Charbon........................	0,722
Cendres	0,158
	1,000

Rapport des matières volatiles au charbon, 0,166.

    « Que les recherches suspendues par la révolution de 1848
« furent reprises en 1849 par deux sondages, l'un à *Dourges*,
« qui atteint le terrain houiller à 144 m. 77 et rencontre de suite
une petite veine, inclinée à 55° et composée de :

Matières volatiles	0,185
Charbon	0,795
Cendres	0,020

Rapport des matières volatiles au charbon, 0,230.

« Que poussé à 208 m. 41, ce sondage ne rencontre plus que
« des veinules.

« L'autre à *Hénin-Liétard* (Est), poursuivi jusqu'à 198 m. ren-
« contra le terrain houiller à 143 m. 02, et à 164 m. 67 une
« veine de 0 m. 75, en trois sillons, inclinés à 44° et com-
« posée de :

Matières volatiles	0,243
Charbon	0,681
Cendres	0,076
	1,000

Rapport des matières volatiles au charbon, 0,357.

« Qu'une fosse fut commencée à Hénin-Liétard par le pro-
« cédé Mulot en 1850. »

Ainsi, c'est en 1841, par l'effet du hasard, dans une recherche
d'eau par un puits artésien, que fut constaté pour la première fois
le prolongement du bassin houiller du Nord, au-delà de Douai,
dans le département du Pas-de-Calais, prolongement pressenti
depuis plus d'un siècle et poursuivi par les innombrables travaux
décrits précédemment.

On avait trouvé à Oignies de la houille maigre, appartenant à la
partie inférieure de la formation houillère ; mais d'autres sondages exécutés successivement en allant de plus en plus vers le
Sud découvrirent des houilles d'abord demi-grasses, puis grasses,
de sorte qu'en 1850, la bande houillère à la hauteur d'Hénin-
Liétard était était constatée sur une largeur d'environ 5 kilom.

Découverte de la houille à l'Escarpelle. — M. Soyer,
administrateur des mines de Vicoigne, avait entendu la proposition faite au conseil de cette Compagnie par M. de Bracquemont,
en 1845, d'entreprendre des recherches au-delà de Douai, où,
suivant son opinion, ne finissait pas le bassin houiller. Cette pro-

position fut ajournée, mais M. Soyez dût s'en inspirer, lorsque le 13 juin 1846, il vint établir un sondage à l'Escarpelle.

Dans un mémoire adressé au gouvernement (1) M. Soyez expliquait les raisons qui l'avaient conduit à rechercher le prolongement du bassin houiller au-delà de Douai. Il avait, disait-il, depuis longtemps, étudié et suivi les travaux de recherches exécutés précédemment, qui avaient constaté l'existence du terrain dévonien au Sud de Douai, à Esquerchin, et le calcaire carbonifère au Nord, à Vred, et il en avait conclu que le bassin houiller, s'il se prolongeait au-delà de l'exploitation d'Aniche, devait nécessairement passer entre Esquerchin et Vred.

« M. Soyez, avec un compas, partageant par égale portion le « terrain compris entre ces deux points, détermina l'axe ou le « point de centre qui fut l'Escarpelle au Nord-Ouest de Douai. « Cette simple opération suffit pour démontrer que le bassin « houiller déviait de sa direction continue de l'Est à l'Ouest, en « se portant de 30 à 40° plus au Nord.

« Cette déviation avait causé l'erreur dans laquelle étaient « tombés tous les explorateurs qui croyaient toujours à la direc« tion de l'Est à l'Ouest. »

Il ne paraît pas que M. de Bracquemont, ni M. Soyez aient eu connaissance en 1845 et 1846 de la découverte de la houille à Oignies. Cette découverte, due au hasard et effectuée dans une propriété privée, n'avait pas même été reconnue immédiatement par M. Mulot, et en tous cas, elle était restée secrète et ne s'était pas répandue dans le public.

Le sondage de l'Escarpelle atteignit le terrain houiller à 154 m. et bientôt après trouva deux couches de houille demi-grasse qui furent constatées officiellement par les Ingénieurs de l'État les 21 juin et 26 juillet 1847.

Quelques mois auparavant, M. Soyez avait constitué avec divers propriétaires de Cambrai une Société civile dite *Compagnie charbonnière de la Scarpe* au capital de 1,500,000 francs représentés par 3,000 actions de 500 fr. Elle exécutait trois nouveaux sondages à Auby, n° 157, à Roost-Warendin, n° 153 et à Flers, n° 154, dont

(1) Mémoire sur la découverte faite par M. François-Eugène Soyez, de Cambrai, président du Conseil d'administration de la compagnie des Mines de l'Escarpelle, du charbon au nord-ouest de Douai, et du prolongement du bassin houiller du Nord jusqu'à la mer (1846).

deux constatèrent l'existence de la houille et l'autre celle du terrain houiller. En même temps elle ouvrait une fosse à l'Escarpelle qui atteignit le terrain houiller en 1849, et commença à extraire 2,000 tonnes de houille en 1850.

La Compagnie de la Scarpe avait formé dès sa découverte de l'Escarpelle, en 1847, une demande de concession. Mᵐᵉ de Clercq et M. Mulot qui étaient venus établir divers sondages à la suite de ceux de la Compagnie de la Scarpe, demandèrent également une concession s'étendant sur une partie des terrains sollicités par cette dernière, qui obtint le 27 novembre 1850 une concession de 4,721 hectares, la première qui ait été instituée au-delà de Douai.

Découverte de la houille à Courrières. — Les succès qu'ils avaient obtenus à Douchy étaient de nature à encourager MM. Mathieu frères à prendre part aux recherches de houille au-delà de Douai. On a vu page 95 que dès 1836 ils opéraient avec la Compagnie de Douchy divers sondages, l'un à Boursin (canton de Guînes), l'autre à Vendin-le-Viel (pas loin de Lens).

MM. Mathieu avaient suivi avec intérêt les travaux de recherches de la Compagnie de la Scarpe et de Mᵐᵉ de Clercq, et avaient été frappés de leurs résultats. Ils se mirent en rapport avec quelques notabilités du haut commerce de Lille, MM. Bigo, Crespel, L. Danel, Martin-Muiron, qui fournirent les fonds pour entreprendre, en avril 1849, un sondage, n° 7, à Courrières. Ce sondage pénétrait bientôt dans le terrain houiller à 148 m. et arrivait à la houille à 151 m.

Aussitôt après cette découverte, intervenait à la date du 1ᵉʳ août 1849, par l'entremise de MM. Mathieu, entre la Compagnie de Douchy et MM. Bigo et consorts une convention par laquelle la Compagnie de Douchy avançait 800,000 fr, à l'intérêt de 5 %, à rembourser au moyen d'un prélèvement sur les bénéfices futurs de la mine à créer. Cette Compagnie recevait 312 actions sur les 500 formant le fonds social et les 188 autres restaient la propriété des premiers explorateurs.

En même temps la Compagnie de Douchy fournissait un matériel et un personnel pour l'enfoncement d'un puits que l'on ouvrait immédiatement à Courrières, le premier qui ait été commencé dans le nouveau bassin.

On établissait en outre trois nouveaux sondages à Harnes, Courcelles et Hénin-Liétard pour explorer les terrains à demander en concession.

Premières recherches à Lens. — D'autres industriels de Lille, MM. Casteleyn, Tilloy et Scrive, imitèrent bientôt leurs concitoyens qui s'étaient établis à Courrières. Le 9 juillet 1849, ils ouvraient un sondage, n° 149, à Annay, au Nord de Lens. Ce sondage, à la suite d'accident, fut abandonné à 151 m. 90, après avoir atteint le terrain houiller, mais sans avoir rencontré de charbon ni ramené à la surface des échantillons déterminant d'une manière précise la nature des roches traversées.

MM. Casteleyn, Tilloy et Scrive, en entreprenant le sondage d'Annay, paraissent avoir été d'accord avec leurs voisins de Courrières. En effet, dès le mois d'août 1849, après la convention intervenue entre la Compagnie de Douchy et MM. Bigo et consorts, M. Casteleyn et ses associés avaient conclu un engagement par lequel ils recevaient un certain nombre d'actions de la Société de Courrières en échange de l'admission dans la Société des recherches de Lens, de MM. Bigo, Danel et autres.

Situation à la fin de 1849. — A la fin de 1849, les résultats obtenus dans les recherches pour découvrir le prolongement du bassin houiller audelà de Douai, se résumaient ainsi.

Le terrain houiller était reconnu de Douai à Lens sur un espace en longueur de 15 kilomètres et en largeur de 8 kilomètres. La houille était découverte à l'Escarpelle, à Hénin-Liétard, à Courrières et à Oignies. Deux fosses étaient ouvertes, l'une à Escarpelle, l'autre à Courrières. Deux concessions étaient demandées, l'une par la Compagnie de la Scarpe, l'autre par Mme De Clerc et M. Mulot.

Le nouveau bassin du Pas-de-Calais était découvert, et allait être, ainsi qu'on le verra dans le chapitre suivant, exploré par de nombreuses Sociétés, et partagé en de nombreuses concessions.

Bassin du Boulonnais. — La nouvelle Société qui a fait l'acquisition des concessions d'Hardinghem et de Fiennes n'exploite plus que par le puits de l'Espoir qu'elle vient d'ouvrir et son extraction reste comprise entre 14,000 et 21,000 tonnes. Grâce au prix élevé de vente de ses charbons, elle réalise quelques bénéfices et distribue ainsi des dividendes de 50,000 à 100,000 fr. par an.

La Compagnie de Ferques abandonne ses travaux en 1842, mais la renonciation à sa concession n'ayant pas été acceptée définitivement, elle reprend ses travaux en 1845, à la suite d'une découverte de houille faite en labourant un champ par le sieur Bonvoisin. Elle exécute un puits à Leulinghem sur un affleurement de terrain houiller occupant une bande très étroite formée par des terrains presque verticaux. Mais ses travaux n'aboutissent pas à créer une exploitation.

Bassin du Nord. — L'exploitation des houillères du Nord se poursuit dans les conditions ordinaires et en se développant.

De 776,000 tonnes en 1840, la production atteint 1,245,000 onnes en 1847 ; la révolution de 1848 la fait descendre à 927,000 tonnes et en 1850 elle n'est encore que de 1 million de tonnes.

Anzin reste stationnaire pendant cette période. Aniche, tombé à 20,000 tonnes en 1840, fait 100,000 tonnes en 1850. Vicoigne arrive à 60,000 tonnes, Azincourt à 30,000 tonnes.

La chèreté du pain en 1846 est l'occasion d'une grève, et amène une augmentation de salaire des ouvriers de 15 %. La journée du mineur est porté de 2 fr. à 2 fr. 30. Les évènements de 1848 occasionnent une nouvelle grève, et une nouvelle augmentation de la journée qui est portée à 2 fr. 50.

La production par fosse va en s'améliorant, mais elle est encore bien faible :

```
10,000 tonnes en 1833
15,000    »    »  1840
20,000    »    »  1850
```

Le droit d'entrée des houilles belges fixé à 3 fr. 30 par tonne en 1816. est réduit de 50 % on 1841, soit à 1 fr. 65. Aussi les prix moyens de vente des houilles sont très bas,

```
10 fr. 41 en 1843
11    81  »  1847
11    27  »  1849
```

Anzin qui produit 600,000 à 700,000 tonnes, ou plus des deux tiers de l'extraction totale du Bassin, avec 38 fosses, et 7,000 ouvriers, distribue des dividendes de 6,000 à 10,000 à chacun de ses 288 deniers, dont la valeur réelle est de 200,000 fr.

Aniche se relève de la misérable situation dans laquelle elle a végété jusqu'alors. Son exploitation se développe, et donne des bénéfices qui permettent à cette Société de créer de nouveaux travaux, et de distribuer à partir de 1845 un dividende annuel de 300 à 600 fr. par denier, dont la valeur de 1,500 fr. en 1832 s'élève à 8,000 fr. en 1840 à 12,000 fr. en 1845, et à 16,000 fr. en 1847.

L'exploitation de Douchy continue à donner des bénéfices importants. Les dividendes répartis dans la période 1840-1850 sont en moyenne de 2,170 fr. par denier.

Vicoigne arrive à produire 60,000 à 70,000 tonnes, réalise des bénéfices et distribue à partir de 1843 à ses 4,000 actions des dividendes de 50 à 93 fr.

Bruille abandonne ses puits, et cède ses concessions et son outillage à la Compagnie de Vicoigne.

Hasnon est acheté par la Compagnie d'Anzin, et ses 3 puits sont comblés.

Azincourt a une extraction de 26,000 à 40,000 tonnes, avec 3 puits. Ne donne pas de résultats.

Crespin et Marly abandonnent leurs travaux.

Le puits de Marchiennes pénètre dans le terrain houiller et y rencontre une petite couche de houille sulfureuse, qu'on essaie d'exploiter, mais sans succès.

XXXVIII.

1850-1855.

Découvertes nouvelles au-delà de Lens. — On a vu dans le chapitre précédent que les explorations de la Compagnie de la Scarpe, de madame De Clercq, de MM. Bigo et Casteleyn avaient dès la fin de 1849 constaté le prolongement de la formation houillère de Douai jusqu'à Lens.

Pendant la période 1850-1855, ces explorateurs s'occupent de mettre en valeur leurs découvertes. En même temps de nouveaux explorateurs poursuivent des recherches au-delà de Lens. et leurs travaux établissent la continuité du Bassin houiller de cette dernière localité jusqu'à Fléchinelle, près Thérouanne, sur une longueur de 45 kilomètres, de sorte qu'en 1855, le nouveau

Bassin houiller du Pas-de-Calais est reconnu à partir de Douai, sur un développement de plus de 60 kilomètres.

Compagnie de l'Escarpelle. — C'est en 1850 que la fosse de l'Escarpelle entre en production. Cette fosse, tombée sur des veines irrégulières ne fournit pas plus de 20 à 25,000 tonnes annuellement jusqu'en 1857.

La Compagnie ouvre une seconde fosse en 1850, à Leforest. Elle y trouve, comme à la fosse N° 1, des veines de houille sèche, à 15 % de matières volatiles, et irrégulières. Cette fosse entre en exploitation en 1853, et ne fournit encore en 1855 que 18,000 tonnes.

Les 2 fosses de la Compagnie de l'Escarpelle produisaient ensemble 44,000 tonnes à la fin de la période 1850-1855, dans des conditions peu favorables. Le capital primitif de la Société de 1 million et 1/2 était à près épuisé, et il restait de fortes dépenses à faire pour rendre l'entreprise fructueuse. Des pourparlers furent engagés pour obtenir une fusion avec la Compagnie d'Aniches, puis avec M. Delahante pour céder la concession moyennant 3 millions de francs. Ces pourparlers n'ayant pas abouti et la Compagnie de l'Escarpelle n'ayant pu réaliser un emprunt reconnu indispensable se décida à doubler son capital, et à le porter à 3 millions représenté par 6,000 actions de 500 francs.

En 1854, divers sondages sont exécutés de vue de déterminer l'emplacement d'une 3ᵉ fosse, qui est ouverte fin 1855 à Dorignies sur un faisceau de houilles grasses à courtes flammes.

La Compagnie de l'Escarpelle occupait dès 1850, 200 ouvriers. Ce nombre s'accroit d'année en année pour s'élever à 500 en 1855. La production annuelle de l'ouvrier y est faible, et reste comprise entre 60 et 100 tonnes.

Compagnie de Dourges. M. Mulot commença en 1850 à Hénin-Liétard le percement d'une fosse par un procédé de sondage analogue à celui employé par Kind pour la première fois aux environs de Forbach.

Le cuvelage, formé de douves en bois, réunies par des cercles en fer, se terminait par un sabot ayant la forme d'un tronc de cone, qui, dans la pensée de M. Mulot, devait retenir les eaux du niveau, comme le fait la *la boîte à mousse* dans le système Kind-Chaudron.

Le creusement du puits et la descente du cuvelage exigèrent plusieurs années, et en 1854, lorsqu'on était en train d'épuiser les eaux, on s'aperçut que le cuvelage menaçait de s'écrouler, et malgré les moyens de consolidation essayés, la fosse dut être abandonnée. Il y avait été dépensé 195,000 francs.

Une seconde fosse fut immédiatement ouverte, par les procédés ordinaires, à côté de la première, et en 1856, elle entrait en exploitation.

Madame De Clercq, étrangère aux entreprises industrielles, s'était assurée le concours des Compagnies d'Anzin et de Vicoigne pour la direction, l'exécution et les dépenses des travaux nécessaires pour mettre en valeur sa concession. Sur les 1800 actions de la Société à former pour l'exploitation, madame De Clercq, M. Mulot et quelques personnes de leur entourage, devaient en recevoir 600, la Compagnie d'Anzin 600, et la Compagnie de Vicoigne 600.

A la suite de nombreuses réclamations soulevées par la réunion de la plupart des concessions du Bassin de Saint-Étienne entre les mains de la Compagnie des mines de La Loire, fut rendu le décret du 23 octobre 1852, concernant les réunions de mines.

Ce décret portait :

« ART. 1er. — Défense est faite à tout concessionnaire de mines, » de quelque nature qu'elles soient, de réunir sa ou ses conces- » sions à d'autres concessions de même nature, par association » ou acquisition ou de toute autre manière, sans l'autorisation » du gouvernement.

» ART. 2. — Tous actes de réunion, opérés en opposition à » l'article précédent, seront en conséquence considérés comme » nuls et non avenus, et pourront donner lieu au retrait des » concessions, sans préjudice des poursuites que les concession- » naires des mines réunies pourraient avoir encourrues en vertu » des articles 414 et 419 du code pénal. »

Le décret rapporté ci-dessus donna de l'inquiétude à la Compa- gnie de Vicoigne qui n'avait pas encore obtenu sa concession de Nœux, et elle renonça complètement à son intervention dans la Société d'exploitation à former pour la concession de Dourges.

La Compagnie d'Anzin ne crut pas devoir agir de même ; elle conserva non-seulement les 600 actions qui lui avaient été attribuées, mais prit une partie de celles abandonnées par la Compagnie de Vicoigne. Elle conserva ces actions jusqu'en 1857, époque à laquelle redoutant les conséquences que pourrait avoir pour elle l'application des prescriptions du décret du 23 octobre 1852, elle les répartit à titre gratuit entre ses sociétaires.

La Société d'exploitation de Dourges ne fut constituée qu'à la fin de 1855. Le capital y est fixé à un 1,800,000 francs, divisés en 1800 actions de 1000 francs, dont 700 représentent une somme de 1,260,000 francs, égale à la valeur des apports faits par les fondateurs, savoir :

Dépenses faites au 1er septembre 1855............. 820,000 fr
Valeur de la concession........................... 440,000 fr.
                                                  _____
                                                  1,260,000 fr.

Compagnie de Courrières. — Quelques mois après l'institution de la concession de Courrières, le 27 octobre 1852, se constituait la Société d'exploitation de Courrières. L'avoir social était partagé en 2,000 actions, sur lesquelles il ne fut et n'a jamais été appelé que 300 francs, soit en totalité 600,000 francs.

Les dépenses des premiers travaux avaient été avancées par la Compagnie de Douchy et par MM. Bigo et consorts, et leur furent remboursées plus tard sur les bénéfices.

La fosse de Courrières est la première fosse du Bassin du Pas-de-Calais où l'on ait commencé à extraire de la houille. Elle fournissait en 1851, 2,672 tonnes. Mais elle était tombée sur un gisement très accidenté, sur des couches de houille maigre, infestées de grisou, et dont l'écoulement était difficile. Aussi sa production annuelle ne fut-elle que de 17 à 20,000 tonnes de 1852 à 1855.

Un sondage exécuté en 1853 à Billy-Montigny, avait heureusement fait des découvertes meilleures. On ouvrit un puits N° 2 en 1854, près de ce sondage, et l'exploitation de ce puits fournit quelques années plus tard des produits abondants et recherchés, qui ont fait la fortune de la Compagnie.

Compagnie de Lens. — La première fosse de Lens fut

commencée en 1852. Elle fut exécutée avec le personnel et le matériel de la Compagnie de Vicoigne qui venait d'achever sa 1re fosse de Nœux.

MM. Casteleyn et consorts, sauf M. Casteleyn, étaient étrangers aux entreprises de Mines, et ils ne voulaient pas engager dans leurs affaires les capitaux considérables qu'exige toujours la création d'une houillère. Ils s'adressèrent alors à la Compagnie de Vicoigne, et formèrent avec elle une association.

La Compagnie de Vicoigne, moyennant remise de moitié des actions de Lens, avançait 500,000 francs et fournissait son matériel et son personnel pour le creusement d'une première fosse.

Mais lors de la publication du décret du 23 octobre 1852, interdisant les réunions de concessions, la Compagnie de Vicoigne, qui n'avait pas encore obtenu la concession de Nœux, et qui craignait des difficultés sérieuses de la part du Gouvernement, renonça au bénéfice de son association avec Lens comme avec Dourges.

La Compagnie de Lens, dont le succès était alors assuré, puisque son premier puits allait entrer en exploitation, ne demanda pas mieux de voir la Compagnie de Vicoigne abandonner son intérêt dans l'entreprise. Elle lui remboursa les 500,000 fr. avancés, et lui paya simplement 50,000 francs pour l'intérêt de cette somme et la location de son matériel et le prêt de son personnel.

MM. Casteleyn, Scrive et Tilloy constituèrent les 11 et 12 février 1852 une Société d'exploitation sous la dénomination de *Société des mines de Lens*. Le fonds social était fixé à 3 millions, divisés en 3000 actions de 1000 francs, mais il ne fut appelé que 300 francs.

A la fin de 1853, la fosse de Lens entrait en exploitation ; elle ne produisait que 10.000 tonnes en 1854, et 38.000 tonnes en 1855.

Compagnie de Vicoigne-Nœux.. — La Compagnie de Vicoigne avait obtenu le 12 septembre 1841 une concession de 1370 hectares sur les houilles maigres dans le Bassin du Nord.

Dès 1845, son directeur M. de Bracquemont l'engageait à faire des recherches audelà de Douai pour y trouver le prolongement de la formation houillère. Ses conseils ne furent pas suivis à cette époque. Mais sur de nouvelles instances, en 1850, cette

Compagnie se décida à ouvrir, le 5 juillet, un sondage à Loos, à l'ouest de Lens. Deux mois après, ce sondage rencontrait le terrain houiller à 133^m,18, puis à 139^m,63 une couche de houille grasse à 32 % de matières volatiles.

La Compagnie de Vicoigne porta ensuite ses explorations à 7 kilomètres de Loos, le long de la route d'Arras à Béthune, et exécuta en 1850 et 1851 six sondages, qui poussés avec une grande activité, donnèrent tous des résultats positifs, et déterminèrent la présence de la houille sur une ligne transversale du nouveau Bassin de plus de 7 kilomètres.

Le 1er avril 1851, une fosse était ouverte à Noeux, et dès l'année 1852 elle produisait 9.128 tonnes de houille grasse d'excellente qualité. Son extraction s'accrut d'année en année, et en 1855 elle atteignait 55.725 tonnes.

La fosse de Noeux donna immédiatement des bénéfices importants, grâce à des conditions d'exploitation avantageuses, et des prix de vente élevés, ses produits s'écoulant facilement par voitures dans une localité qui tirait jusque là son combustible d'Anzin ou de la Belgique, avec aggravation de frais de transport.

Ces bénéfices permirent d'ouvrir dès 1854 une 2me fosse à Hersin, qui entra bientôt, en 1855, en exploitation. Ils permirent également à la Compagnie d'augmenter ses dividendes fournis exclusivement jusqu'alors par l'exploitation de Vicoigne. Ces dividendes qui étaient de 70 fr. par action de 1850 à 1852, furent portés, grâce aux bénéfices de Nœux, à 90 fr. en 1853, 125 fr. en 1854 et 150 fr. en 1855.

La valeur des actions qui était en 1850 de 1,600 fr. s'éleva après le succès de Nœux à 2,300 fr. en 1852, et à 3,000 fr. en 1855.

M. de Bracquemont appliqua le premier à la fosse de Noeux les grandes installations qui furent ensuite imitées dans toutes les fosses ouvertes à partir de 1850 dans le Nord et le Pas-de-Calais. Diamètre de puits 4^m au lieu du 3^m employé jusqu'alors ; machine de fonçage de 15 à 20 chevaux ; machine d'épuisement à traction directe pour passer les niveaux ; machine d'extraction à 2 cylindres, sans engrenages; ventilateurs, cages, etc.; moyens nouveaux alors et qui ont conduit aux puissantes extractions réalisées depuis.

Les Compagnies de Vicoigne, de Lens et de Dourges eurent le projet d'une association pour la réunion des trois concessions qu'elles sollicitaient, et la création d'une vaste houillère s'étendant sur une superficie de 18,000 hectares. Elles adressèrent à cet effet en 1853 une demande au Gouvernement, qui la soumit aux enquêtes et à l'affichage pendant quatre mois dans les nombreuses communes intéressées.

Il se produisit de nombreuses oppositions à ce projet de réunion des concessions, et comme le Gouvernement s'occupait en ce moment de réclamations analogues pour la fusion des houillères de La Loire, la demande des Compagnies de Vicoigne, de Lens et de Dourges fut rejetée.

La concession de Nœux fut instituée par décret du 15 janvier 1853. Sa superficie était de 6,528 hectares.

Mais dès 1854, la Compagnie, présumant que la formation houillère s'étendait au Sud de son périmètre, exécuta 3 nouveaux sondages en vue d'obtenir une extension de concession de 1451 hectares qui lui fut octroyée le 30 décembre 1857.

Le prix moyen de vente des charbons de Noeux fut de 1852 à 1854 de 15 fr. 60 à 16 fr. 30 la tonne. Il s'éleva même en 1855 et 1856, années de grande demande, à 19 fr. la tonne. Noeux occupait 275 onvriers en 1854 et produisait 113 tonnes par ouvrier.

En 1855, il occupe 420 ouvriers, produisant chacun 132 tonnes.

Le prix servant de base à la journée des mineurs était alors de 2 fr. 75.

Pour attirer le personnel spécial nécessaire aux travaux, la Compagnie dût immédiatement construire des maisons pour les loger.

En 1858, elle possédait déjà 218 maisons, et une maison d'école pour les enfants.

Compagnie de Béthune. Le 1ᵉʳ octobre 1850, MM. Boitelle, Quentin, Petit-Courtin et autres avaient constitué, sous le nom de Compagnie de Béthune, une Société qui exécuta en 1850 et 1851, divers sondages à l'ouest de Béthune, à Annezin, Hesdigneul, Haillicourt, Fouquières et Bruay, et qui découvrirent la houille.

Le 25 septembre 1851, cette Société se transformait en Société d'exploitation au capital de 3 millions divisés en 3000 actions de

1000 francs, sous la même dénomination de Compagnie de Béthune.

La nouvelle Société transporta ses travaux de recherches à Bully-Grenay et environs, dans l'intervalle compris entre Lens et Noeux. intervalle considérable qu'on présumait ne pas devoir être réparti entre deux concessions seulement.

Les fondateurs de la Compagnie de Béthune n'avaient cependant pas abandonné leurs premières recherches au-delà de Béthune ; ils les continuaient sous les noms de MM. Lecomte et Lalou.

Ceux-ci, après la découverte de la houille sur plusieurs points. cédèrent à la Compagnie de Béthune, le 8 mai 1852 les droits de leurs recherches moyennant 400 actions de la dite Compagnie de Béthune, qui constitua aussitôt une Société pour le charbonnage de Bruay au capital de 3 millions, représenté par 3000 actions de 1000 fr., qui devaient rester dans la caisse de la Compagnie de Béthune.

Mais le décret du 23 octobre 1852 relatif à la réunion de concession obligea la Compagnie de Béthune de rétrocéder les 3000 actions de Bruay à M. Lecomte. Cette rétrocession apporta dans la caisse de la Compagnie de Béthune 1,400,000 fr. qui servirent à rembourser les versements faits sur les 1550 actions émises par cette Compagnie.

Ces actions se vendaient dès 1852 à 1100 et 1200 fr. Elles montèrent à 2500 en 1853, et même à 2,800 fr. en 1854.

Une demande en concession avait été formée le 15 mars 1851. Elle reçut satisfaction pour l'établissement de la concession de Grenay, d'une étendue de 5,761 hectares, octroyée par décret du 15 janvier 1853 à la Compagnie de Béthune.

Un premier puits avait été ouvert à Bully en mars 1852. L'année suivante il entrait en exploitation et fournissait 7,000 tonnes, puis successivement 21,000 tonnes en 1854 et 28,000 tonnes en 1855. Dans cette dernière année un deuxième puits fut ouvert à Mazingarbe.

Compagnie de Bruay. — On vient de voir comment les premières recherches faites à l'ouest de Béthune avaient été opérées en 1850 par les fondateurs de la Compagnie de Béthune, puis pour le compte de celle-ci sous les noms de MM. Lecomte et Lalou, représentant une Société constituée le 1ᵉʳ mars 1851.

Cette société exécuta 3 sondages à Lozinghem, Lillers et Burbure, qui n'aboutirent pas. La même Société, reconstituée le 1ᵉʳ septembre 1851, au capital de 48,000 fr. divisé en 12 parts de 4,000 fr. exécuta 14 autres sondages à Bruay et les environs, dont 3 avaient constaté la présence de la houille en mai 1852.

C'est à cette époque que la Société de recherches céda ses droits à la Compagnie de Béthune moyennant 400 actions de cette dernière Compagnie, qui constitua une Société d'exploitation du charbonnage de Bruay au capital de 3 millions, divisés en 3000 actions de 1000 fr. Ces actions furent libérées après un versement de 400 fr., par délibération des administrateurs du 1ᵉʳ décembre 1857.

Ainsi qu'il a été dit précédemment, après la publication du décret du 23 octobre 1852, la Compagnie de Béthune rétrocéda les 3,000 actions de Bruay à M. Lecomte, moyennant 1,400,000 fr.

La demande d'une concession par M. Leconte avait été déposée le 14 Mai 1851. Le décret qui institua cette concession, sous le nom de concession de Bruay, ne fut rendu que le 29 Décembre 1855, en même temps que ceux qui instituaient les concessions de Marles, Ferfay et Auchy-au-Bois.

Une première fosse fut ouverte à Bruay à la fin de 1852. La base du cuvelage ne put être établie que dans le terrain houiller à la profondeur de 98 mètres, le 1ᵉʳ Juin 1854, par suite de l'absence de dièves. Cette fosse ne produisait que 2.000 tonnes en 1855, et 27.000 tonnes en 1856.

Les actions de Bruay, libérées à 400 fr. se vendaient en 1853, 1.000 fr. et plus, et en 1855, 1.300 à 1.500 fr.

Compagnie de Marles. -- MM. Bouchet et Lacretelle. ingénieurs civils des Mines, avaient exécuté en 1852 dans les environs de Lillers plusieurs sondages qui avaient découvert la houille, et leur donnaient des droits à l'obtention d'une concession.

A la date du 15 Novembre 1852, ils passaient avec M. Raimbeaux, l'un des principaux propriétaires du charbonnage du Grand-Hornu, un traité, par lequel ce dernier s'engageait à fournir tous les fonds nécessaires à la mise en exploitation de la

concession à obtenir, et à partager les bénéfices qui en résulteraient, après prélèvement de l'intérêt à 5 % sur les capitaux
dépensés, savoir : 30 % à MM. Bouchet et Lacretelle ;

70 % à lui, M. Raimbeaux,

et ce pendant toute la durée de la concession.

A la suite de ce traité, il fut formé le 19 Décembre 1852, deux
sociétés, savoir :

1º L'une, par M. Raimbeaux, sous la dénomination de *Compagnie de houille de Lillers*, pour l'exploitation de la concession à
demander, dont le capital était divisé en 20 parts ;

2º L'autre, par MM. Bouchet et Lacretelle, sous la dénomination
de *Société civile des propriétaires des 30 % des bénéfices nets
des Mines de Lillers,* représenté par 200 coupons ou titres.

La concession demandée fut accordée par décret du 29 Décembre 1855, sous le nom de *concession de Marles*, et avec
une étendue de 2 990 hectares.

Une première fosse fut commencée à Marles en 1853. On
y rencontra des argiles sableuses, se délitant au contact de l'eau,
et qu'on maintint avec peine par des croisures. Des affouillements
se produisirent derrière ces croisures, et provoquèrent l'écroule-
ment du cuvelage et le comblement de la fosse qui avait atteint la
profondeur de 55ᵐ,50. On y avait alors dépensé plus de
300.000 fr.

Une deuxième fosse fut ouverte en 1854, à 50 mètres de la première ; avec de minutieuses précautions, et en surmontant
de grandes difficultés, on parvint à passer le niveau, et le 15 Octobre 1856, on terminait la base du cuvelage dans le terrain
houiller à 83 mètres de profondeur, après une dépense de plus de
400 0000 fr.

Compagnie de Ferfay. — Une société dite de Lillers, s'était
formée le 8 Juin 1852 pour la recherche de la houille dans
le Pas-de-Calais. Ses fondateurs étaient MM. Chartier-Lahure.
le général baron Lahure, et autres personnes de Douai et envi-
virons. Son fonds social était composé de 24 parts.

Elle entreprit trois sondages à Ecquedecques, à Ames et
à Ferfay. Ce dernier seul rencontra la houille.

La société de recherches se transforma le 4 Avril 1853 en

société d'exploitation, sous la dénomination de *Compagnie de Ferfay et Ames*. Son capital était de 2.400.000 fr. divisés en 2.400 actions de 1.000 fr., dont 576 furent attribuées à titre gratuit aux 24 parts de la société de recherches.

Une concession de 928 hectares lui fut accordée par décret du 29 Décembre 1855.

Une première fosse avait été ouverte en 1853 ; elle entra en exploitation en 1855 et fournit cette année 3.000 tonnes.

Compagnie d'Auchy-au-Bois. — A la fin de Mai 1852, une société s'était formée sous la raison sociale Faure et Cie pour opérer des recherches à l'Ouest et au-delà des explorations faites par d'autres sociétés.

Elle exécuta quatre sondages à Norrent-Fontes, à Radometz, à St-Hilaire et à Rély, qui tous rencontrèrent des terrains négatifs.

Elle se décida à acquérir du sieur Podevin, l'un de ses concurrents, les deux sondages de la Tiremande et de St-Hilaire, près Auchy, qui avaient trouvé la houille, et le 16 Décembre 1853, elle demandait une concession qui lui fut accordée par décret du 27 Décembre 1855, sur 1.316 hectares.

La société Faure se transforma en société d'exploitation par acte du 28 Avril 1855, sous la dénomination de *Compagnie des Mines d'Auchy-au-Bois*. Son capital était de 2.000.000, divisé en 4.000 actions de 500 fr., dont 814 libérées étaient attribuées aux fondateurs pour leur apport.

La première fosse ne fut ouverte qu'en 1856.

Compagnie de la Lys supérieure. — Le sieur Podevin avait organisé en Octobre 1852 avec diverses personnes une société pour rechercher le prolongement du bassin houiller entre Ferfay et Thérouanne. Elle exécuta plusieurs sondages à Liettres, la Tiremande et St-Hilaire. Elle trouva la houille dans ces derniers, et les céda à la Société Faure avec laquelle elle était en concurrence.

Après cette cession, la société Podevin se reporta plus à l'Ouest, et exécuta en 1853, 1854 et 1855, cinq sondages, dont trois ceux de Fléchinelle, d'Estrées-Blanche et de Serny, découvrirent la houille.

La société se transforma le 28 Août 1855 en Société d'exploitation, sous la désignation de *Compagnie des Mines de houille de la Lys supérieure*, au capital de 2.000.000, divisé en 4.000 actions de 500 fr., dont 800 libérées étaient attribuées aux fondateurs pour leur apport.

Une fosse fut commencée à la fin de 1855 à Fléchinelle, avant même que la société ait demandé une concession.

Société Lucas-Championnière. — En même temps que le sieur Podevin, une société Lucas-Championnière entreprenait des recherches au-delà de Ferfay. Cette société exécuta trois sondages à Serny, en 1853. puis à Coyecques (N° 559) et à Ouve (N° 560). Le premier fut abandonné dans le calcaire supérieur, assimilable aux marbres du Boulonnais, et les deux autres dans le terrain dévonien.

Concessions établies à la fin de 1855. — Lorsque l'Administration s'occupa de l'institution de concessions dans le *nouveau* bassin, elle adopta le principe de la division par tranches transversales du Nord au Sud, comprenant toute la largeur présumée du bassin, de manière à ce que chaque concession renferma les gisements de houille grasse, demi-grasse et maigre. L'application de ce principe était très rationnelle. Elle parait également aux difficultés incessantes et inévitables qui naîtraient de la juxtaposition de deux exploitations établies parallèlement à la direction des couches, dont l'une opérerait ainsi sur la tête des veines, l'autre sur le pied, et prévenait les dangers qui résulteraient de l'affluence des eaux des travaux supérieurs dans les travaux inférieurs.

A la fin de 1855, il existait neuf concessions établies d'après ce principe, et qui s'étendaient à partir de la concession de l'Escarpelle comprise dans le bassin du Nord, de Courcelles-lez-Lens jusqu'à Liettres, sur une longueur de 53 kilomètres et une largeur variable comprise entre 11 kilomètres à Nœux et 3 kilomètres à Ferfay.

Ces 9 concessions comprenaient une superficie totale de
36,624 hectares, savoir :

		Date de l'institution.
Dourges	3,787 hectares.	5 août 1852.
Courrières	5,317 »	5 août 1852
		et 27 août 1854.
Lens	6,188 »	15 janvier 1853
		et 27 août 1854.
Bully-Grenay	5,761 »	15 janvier 1853.
Nœux	6,528 »	15 janvier 1853.
Bruai	3,809 »	29 décemb. 1855.
Marles	2,990 »	29 décemb. 1855.
Ferfay...................	928 »	29 décemb. 1855.
Auchy-au-Bois	1,316 »	29 décemb. 1855.
	36,624 hectares.	

**Demande d'association des Compagnies de Vicoigne,
Dourges et Lens**. — On a vu que la Compagnie de Vicoigne,
avait pris des arrangements avec Mme De Clerq et avec M. Casteleyn, en vue de former une réunion des concessions à obtenir
par eux ; puis qu'après la publication du décret du 23 octobre
1852, cette Compagnie avait renoncé au bénéfice des conventions intervenues.

Après l'obtention des concessions, en mai 1853, les concessionnaires de Dourges, Lens et Nœux adressaient au gouvernement la pétition rapportée ci-dessous :

« Les concessionnaires de Dourges, Lens et Nœux, exposent
» les motifs qui les portent à désirer de pouvoir s'unir pour le
» plus grand avantage de leurs concessions respectives.

» Les exploitants du Pas-de-Calais auront à lutter contre les
» bassins de Valenciennes, Mons et Charleroi et contre les
» charbons anglais. Privés de voies de communication, il ne leur
» suffit pas de créer les moyens d'extraction ; ils ont à se préoc-
» cuper dès le début d'assurer l'écoulement des produits, en
» créant des voies navigables ou des chemins de fer. La contrée,
» peu peuplée, est dépourvue de grandes industries consomma-
» trices. Faute de moyens de communication avec le marché
» intérieur, notamment celui de Paris, il ne reste comme débou-
» ché que le marché du Nord déjà envahi par les charbons

» Anglais et Belges qui le disputent à Valenciennes. Canaux
» et chemins de fer exigent le concours de l'association : les
» houillères elles-mêmes ne se fondent guère que par le con-
» cours de Sociétés plus ou moins nombreuses. Dourges se
» trouve plus spécialement dans la nécessité de recourir à l'as-
» sociation. Cette concession accordée à Mme De Clercq et à
» M. Mulot, devait être dirigée par M. Mulot fils, décédé dans le
» courant de l'année ; d'un autre côté les prévisions de dépenses
» ont été considérablement dépassées, elles s'élèvent aujourd'hui
» à 400,000 fr., tant pour forages que pour avaleresse et cuve-
» lage d'un système nouveau. Lens a de grandes difficultés à
» vaincre ; son avaleresse poussé à environ 100 m. a rencontré
» les plus grands obstacles. Les dépenses y eussent été encore
» plus grandes, si Nœux n'avait obligeamment loué les machines
» d'épuisement et une partie des engins. Dourges et Lens ont
» divisé leur capital en actions ; ils se proposent d'en céder une
» partie pour attirer à eux les capitaux et développer grande-
» ment leurs entreprises. Ils voudraient en outre profiter de
» l'expérience et des moyens d'exécution que leur présentent
» certaines Sociétés, habituées aux travaux des mines. La Com-
» pagnie de Nœux est de ce nombre;elle peut, par son concours,
» venir en aide puissamment à Dourges et à Lens ; de là les pro-
» jets que nous soumettons au gouvernement.

» Si les 3 Sociétés étaient libres, elles se proposeraient la
» combinaison suivante : Mme De Clercq et M. Mulot céderaient
» à Nœux un tiers des actions représentant leur avoir social,
» moyennant un versement en capital qui serait employé en par-
» tie à rembourser le tiers des déboursés faits par les cédants,
» et en partie à poursuivre les travaux commencés. D'un autre
» côté la Société de Lens et celle de Nœux créeraient entre elles
» une participation dans leurs résultats respectifs.

» Les soussignés ignorent jusqu'à quel point ces arrangements
» tombent sous l'application du décret du 23 octobre dernier. La
» situation particulière du Pas-de-Calais ne rendrait-elle pas
» dangereuse et à peu près impossible l'application de ce décret ?
» Si la Compagnie d'Anzin n'avait pu établir un chemin de fer
» qui lui a coûté plus de 3 millions, elle serait hors d'état de lut-
» ter contre la concurrence étrangère et intérieure. Il n'y a pas à
» redouter le monopole, puisqu'on se trouve sur la frontière de

» Belgique, de Prusse et sur le littoral ; le monopole étranger
» est plutôt à craindre. L'autre point de vue qui a motivé le dé-
» cret du 23 octobre, l'oppression possible des ouvriers, n'est pas
» à craindre non plus : on n'improvise pas les populations
» ouvrières ; il faut les attirer, bien loin de les opprimer ; on
» peut dès maintenant prévoir que ce sera là une des plus
» grandes difficultés des mines du Pas-de-Calais.

   » Les soussignés demandent à être autorisés à suivre leurs
» projets d'association par le moyen d'acquisition de parts d'in-
» térêt dans l'une ou l'autre des Sociétés impétrantes, ou par le
» fait d'une participation entre les dites Sociétés ou plusieurs
» d'entre elles, sous la condition expresse que chacune d'elles
» conservera son individualité, qu'elle poursuivra ses travaux et
» son exploitation ».

   Le ministre en envoyant cette demande au Préfet du Pas-de-
Calais, lui écrivait « qu'il n'était pas douteux qu'elle rentrait dans
» les prévisions du décret du 23 octobre 1852 ; que, cependant,
» pour apprécier si elle n'aurait rien de contraire aux intérêts
» publics, il était indispensable de procéder à une enquête, et
» qu'il y avait lieu de suivre la marche tracée par la loi de 1810
» pour l'institution elle-même des concessions, par voie de pu-
» blication et d'affiches ».

Oppositions à cette demande. — Les affiches furent appo-
sées le 17 octobre 1853. De nombreuses oppositions se produisirent de la part du Conseil général du Pas-de-Calais, des
Chambres de commerce d'Arras, d'Amiens, de Rouen, de diverses communes, etc., et, fait singulier, de la part des Compagnies de Courrières et de l'Escarpelle.

   La première disait : « Nous croyons devoir vous faire observer :
» 1° que la concession de Nœux est une annexe de la concession
» de Vicoigne dont une partie appartient à la Compagnie d'Anzin;
» 2° que réunir les trois concessions, ce serait neutraliser les
» mesures sages que le gouvernement a cru devoir prendre jus-
» qu'ici dans l'intérêt du commerce et de l'industrie en multi-
» pliant les concessions et en restreignant autant que possible
» leur périmètre, afin d'établir et de maintenir entre les diverses
» Compagnies une concurrence qui ne peut que tourner au profit
» des consommateurs et des ouvriers ; 3° que les Compagnies

» associées pourraient exercer en quelque sorte le monopole
» dans un rayon d'une certaine étendue, puisqu'elles n'auraient
» à lutter que contre des concessions enclavées dans les leurs,ou
» des Compagnies trop faibles pour leur résister, et qu'elles au-
» raient soin, du reste, de ne recruter leurs ouvriers que dans
» les charbonnages qui ne feraient pas partie de leur association
» (comme elles le font déjà), ce qui aurait nécessairement pour
» résultat de restreindre la production de ces charbonnages et
» d'en arrêter le développement ».

La Compagnie de l'Escarpelle s'élevait contre les projets d'association pour les motifs ci dessous :

« Cette réunion qu'on a cherché d'abord à soustraire à l'appli-
» cation du décret du 23 octobre 1852, en en dissimulant le but
» et les conditions, on vous demande maintenant de l'autoriser
» purement et simplement quelles qu'en soient les conditions, ce
» qui serait ouvrir un vaste champ à la spéculation et à l'agiotage.
» Pour l'obtenir les demandeurs allèguent qu'ils n'ont pas de com-
» munications suffisantes pour l'écoulement de leurs produits.
» Cependant Dourges est à proximité du canal de la Haute Deûle
» et du chemin de fer du Nord ; Lens est desservi par des routes
» qui aboutissent à Lens et Nœux se trouve sur la route d'Arras
» à Béthune. Ces débouchés suffisent.

» Au reste, la réunion ne leur en donnerait pas d'autres ; car,
» quoiqu'elles en disent, elles ne feront jamais ni canal, ni chemin
» de fer, et puis, si ces voies leurs étaient indispensables, elles
» pourraient les exécuter à frais communs, sans avoir besoin de
» se fusionner.

» Les véritables motifs, c'est de réaliser de plus grands béné-
» fices en se créant un monopole. Pour cela,ils veulent au moyen
» d'une association puissante, détruire les Compagnies concur-
» rentes.

» Mᵐᵉ De Clerq jouit d'une fortune princière ; les capitalistes,
» à qui a été donnée la concession de Lens, sont des plus opulents;
» enfin c'est la Compagnie de Vicoigne, associée à celle d'Anzin,
» qui a encore été gratifiée récemment de la concession de Nœux,
» et c'est à elle surtout que doit profiter la réunion projetée.

» Le danger du monopole est surtout iminent pour la Compa-
» gnie de l'Escarpelle contiguë à Dourges et donnant des produits
» similaires. Placée dans les mêmes conditions, il faut que ces

» conditions restent les mêmes, ce qui ne serait certainement
» pas si Dourges appartenait à une association puissante et riche
» qui ne reculerait devant aucun sacrifice pour détruire un rival :
» percement de nombreuses fosses, abaissement *momentané* du
» prix de vente, accaparement des ouvriers, tout serait mis en
» usage pour atteindre le but proposé.

» L'Escarpelle ne serait pas la seule victime ; les Compagnies
» voisines auraient le même sort, car ce que veut la Compaguie
» d'Anzin, qui parait être l'âme de l'association projetée, c'est
» d'étendre sa domination sur tout le bassin du Pas-de-Calais.
» On en sera convaincu si l'on examine sa conduite lors de la
» concession de Vicoigne ; 4 Compagnies la sollicitaient, Bruille,
» l'Escaut, Cambrai et Hasnon ; elle leur a été donnée en com-
» mun. Aussitôt Anzin a acheté le quart revenant à Hasnon, et
» elle n'a pas tardé à être prépondérante dans l'association, tout
» comme elle le serait dans la nouvelle association qu'elle a con-
» çue et qu'elle veut faire réussir tout en paraissant se tenir à
» l'écart. Dourges a 37 kilomètres, Lens 60, et Nœux 65 ; certes
» de pareilles dimensions suffisent et au-delà. L'Escarpelle n'a
» que 47 kilom., et la Société qui l'a obtenue s'en contente, mais
» à la condition que les autres ne se réunissent pas pour
» l'écraser.

« Ou l'association est utile aux intérêts généraux, ou elle leur
» est contraire. Dans ce dernier cas elle ne peut être autorisée,
» et dans le premier elle ne peut l'être qu'à la condition qu'on
» admettrait toutes les Compagnies qui, dans la crainte d'une
» lutte trop inégale, voudraient en faire partie ».

Réponse de la Compagnie de Nœux. — La Compagnie
de Nœux adresse le 20 avril 1854 au Préfet du Pas-de-Calais, la
réponse suivante, aux oppositions des Compagnies de Courrières
et de l'Escarpelle et de la Chambre de Commerce d'Arras :

« Nous comprenons que cette dernière ait été produite ; une
» Chambre de Commerce, sentinelle avancée des intérêts géné-
» raux, a toujours raison d'avertir de tout ce qui peut les alarmer;
» cette opposition, quoique mal fondée, est de sa part une mesure
» conservatrice peu utile, il est vrai, mais dont on ne peut qu'ap-
» prouver l'intention. Il est moins facile de justifier les opposi-
» tions de Courrières et de l'Escarpelle.

» D'une part, il est de notoriété que Courrières est en grande
» partie composée des actionnaires de Douchy, et que c'est cette
» Compagnie qui dirige les travaux (voir l'*Écho de la frontière*, du
» 28 janvier, 1854). Il est donc au moins extraordinaire que cette
» Compagnie ne veuille pas pour autrui ce qu'elle a trouvé bon
» pour elle-même, ou qu'elle n'admette pas que l'on puisse faire,
» avec l'autorisation administrative ce qu'elle fait en dehors de
» cette approbation. D'autre part, toutes les raisons alléguées par
» Courrières et d'Escarpelle tendent à un résultat tout à fait
» contraire à l'intérêt des exploitants de mines que nous ne
» séparons pas de celui des consommateurs. Or, il n'est pas
» naturel que ces Sociétés cherchent à assurer ce résultat dont
» elles auraient les premières à souffrir.

» Nous ne voulons pas dire que ces oppositions sont l'effet de
» la rivalité, mais c'est en vain que nous leur cherchons une
» autre cause, à moins qu'elle ne se révèle dans la naïve conclu-
» sion de la Société de l'Escarpelle qui voudrait *qu'en cas*
» *d'autorisation, elle ne fut accordée qu'à la condition d'y*
» *admettre toutes les Compagnies qui voudraient en faire*
» *partie.*

» Les trois oppositions ne contiennent rien que nous n'ayons
» réfuté par avance dans notre demande elle-même ; elles voient
» le monopole, sortir de la réunion des trois concessions. Nous
» avons dit qu'aucun monopole ne pourrait être établi sur la
» houille du Pas de-Calais, que sa situation au milieu de pro-
» duits similaires l'expose au contraire à une concurrence redou-
» table. Par une étrange aberration on voit le monopole, tandis
» que c'est l'excès de la concurrence qu'il faut craindre. Le Pas-
» de-Calais recevait les charbons anglais, belges et de Valencien-
» nes ; la découverte du nouveau Bassin aura pour première con-
» séquence de le soustraire à tous les monopoles houillers, pour
» nous servir du langage de nos adversaires, car d'après eux
» l'existence de chaque Bassin houiller doit constituer un mono-
» pole. Elle aura ensuite pour effet de porter la concurrence
» dans les régions où s'exercent ces prétendus monopoles ;
» ce qu'elle vient apporter c'est la concurrence et non le mono-
» pole auquel elle est un obstacle invincible. Il importe peu dès
» lors que les diverses exploitations du Pas-de Calais soient
» divisées ou réunies. La lutte entre elles n'est pas nécessaire,

» elle serait même un danger si elle les empêchait de résister à
» la concurrence étrangère, et pour cela elles ne sauraient être
» trop fortement constituées. C'est exactement ce qui existe dans
» le Bassin de Valenciennes : chacun sait que c'est la concur-
» rence belge qui commande aux exploitants, qu'elle les domine
» complètement, que de tout temps elle a limité leur production,
» réglé le prix de leurs charbons et les salaires de leurs ouvriers.
» Quatre ou cinq Sociétés se partagent ce bassin, la concurrence
» qu'elles peuvent se faire n'ajoute rien à la concurrence belge ;
» elles seraient réunies que cela ne changerait pas leur situation
» dépendante et subordonnée. La Belgique fera la même
» concurrence au Pas-de-Calais, puis viendra la concurrence
» anglaise ; depuis le décret du 22 novembre dernier qui réduit
» de 0,22 fr. par quintal le droit sur la houille anglaise, cette
» concurrence sera positivement dangereuse.

» L'administration voudra que les exploitations du Pas-de-
» Calais soient assez fortement constituées pour résister au
» monopole et à la concurrence. Que les diverses Sociétés
» exploitantes soient réunies ou divisées, leur utilité est la
» même ; la seule qualité des charbons fera la différence des
» prix ; hors de là, ce prix sera uniforme ; les grandes concur-
» rences seules la règleront, et ces grandes concurrences sont
» celles Anglaise et Belge. Tout ce qu'on peut demander aux
» houillères du Nord et du Pas-de-Calais, c'est de pouvoir sup-
» porter le choc et de se maintenir dans une lutte où le public
» reste à la merci du vainqueur si l'un des combattants
» succombe.

» Douchy nous paraît fort intéressé dans Courrières. M. Raim-
» beaux, grand intéressé dans les Mines du couchant de Mons,
» demande une concession vers Lillers. Nombre d'actionnaires
» des Mines du Nord ont aussi des actions dans diverses Com-
» pagnies du Pas-de-Calais; nous n'y voyons aucun inconvénient,
» au contraire des garanties de bonne et sage administration.
» Nous demandons pour nous le même avantage. Fondateurs
» d'une exploitation dans le Nord ne produisant que des char-
» bons maigres trop abondants pour la consommation, nous
» avons formé avec Anzin une Société de vente, et depuis onze
» ans qu'elle dure, cette association ne s'est signalée que par
» l'abaissement du prix de la houille et l'augmentation du salaire

» des ouvriers. Lorsque la Compagnie de Lens s'est présentée
» à nous, le décret du 23 octobre n'existait pas ; nous n'avons
» pas cru, nous ne croyons pas encore, qu'il puisse nous attein-
» dre. Nous croyons fermement que le Gouvernement ne nous
» refusera pas une protection et un encouragement nécessaire
» que nous croyons mériter. »

Refus du Gouvernement. — La demande d'association
des Compagnies de Nœux, Lens et Dourges, fut rejeté par décision du Ministre des travaux publics du 25 juillet 1855, dans les
termes repris ci-dessous d'une lettre adressée au Préfet du Pas-
de-Calais le 6 août.

« Le Conseil général des Mines, a été d'avis, comme nous,
» comme votre collègue du Nord et comme MM. les Ingénieurs,
» qu'il n'y avait pas lieu d'autoriser la fusion projetée............
» D'après ces traités, en effet, madame De Clercq et M. Mulot,
» propriétaires de Dourges, auraient cédé à Nœux, moyennant
» un certain capital, un tiers dans les produits de leur exploita-
» tion.Cette dernière compagnie serait ainsi devenue par le fait
» co-propriétaire de la concession de Dourges. D'un autre côté,
» les Compagnies de Nœux et de Lens auraient établi entre
» elles une participation dans leurs résultats respectifs, c'est-à-
» dire, rendus communs leurs profits et pertes, confondu leurs
» intérêts. Il y aurait donc eu en définitive une véritable
» association des trois concessions. Et cette association ne se
» serait pas confinée au département du Pas-de-Calais ; elle se
» serait étendue jusque dans le centre du Bassin houiller du
» Nord, puisque la Compagnie de Nœux n'est autre que la Com-
» pagnie elle-même de Vicoigne qui possède dans le département
» du Nord les mines de Vicoigne, de Château-l'Abbaye, de
» Bruille, et qui, en outre, se trouve étroitement liée d'intérêts
» avec la Compagnie d'Anzin.

» Les inquiétudes excitées dans le pays, les nombreuses et
» vives réclamations soulevées de la part des conseils généraux
» du Pas-de.Calais, des conseils municipaux, des chambres de
» commerce, etc., se conçoivent parfaitement. Une semblable
» association, qui n'eut été d'ailleurs justifiée par aucune circons-
» tance économique ou industrielle des mines que l'on demandait

» à réunir, aurait pu compromettre gravement la concurrence, les
» intérêts des consommateurs.

» J'ai en conséquence, par décision du 25 juillet dernier,
» rejeté la demande des Compagnies. »

La Compagnie de Lens, dont le service était alors assuré,
dont le premier puits produisait 38,000 tonnes avec bénéfices, ne
fut pas mécontente, loin de là, du rejet de l'association. Elle
remboursa à la Compagnie de Vicoigne les 500,000 francs que
celle-ci lui avait avancés pour l'exécution de ses travaux et une
somme de 50,000 francs pour intérêts.

Fosses existant à la fin de 1855. — A la fin de 1855, il
existait dans les nouveaux bassins, 7 fosses qui étaient ou en-
traient en exploitation, et 4 fosses en percement, en tout 11 fosses
savoir :

	FOSSES	
	en exploitation.	en percement.
Concession de Dourges..............	»	1
» Courrières	1	1
» Lens................	1	»
» Bully	1	»
» Nœux..............	2	»
» Bruay	1	»
» Marles	»	1
» Ferfay	1	»
» Fléchinelle	»	1
	7	4

Extraction de 1850 à 1855.

NOMS des COMPAGNIES HOUILLÈRES	1851	1852	1853	1854	1855	PÉRIODE de 1850 à 1855
	Ton.	Ton.	Ton.	Ton.	Ton.	Ton.
Courrières	4.672	12.838	17.420	21.022	18.577	74.529
Lens	»	»	223	9.967	38.048	48.238
Bully-Grenay	»	»	7.193	20.802	27.704	55.699
Nœux	»	9.128	31.148	44.393	55.723	140.392
Bruay	»	»	»	»	2.125	2.125
Ferfay	»	»	»	»	3.357	3.357
Hardinghen	18.917	15.103	14.650	16.719	15.286	80.675
Le Bassin	23.589	37.069	70.634	112.903	160.820	305.015

Antérieurement à 1851, la houillère d'Hardinghem seule, fournissait de 15 à 20,000 tonnes de houille par an dans le département du Pas-de-Calais. C'est en 1851 qu'a lieu la première exploitation à Courrières, dans le nouveau bassin. Nœux commence à produire en 1852, Lens et Bully-Grenay en 1853, Bruay et Ferfay en 1855.

L'extraction du Pas-de-Calais, Hardinghen compris, n'est que :

de 23,589 tonnes en 1851
de   70,634 »   en 1853
de 160,820 »   en 1855

Ouvriers, salaires, etc. — Les comptes-rendus de l'administration des mines fournissent les indications suivantes au sujet des ouvriers, des salaires, dans le département du Pas-de-Calais de 1851 à 1855 :

| Années. | NOMBRE D'OUVRIERS. | SALAIRES | | | PRODUCTION par OUVRIER. |
		Total.	PAR OUVRIER.	PAR TONNE.	
		Fr.	Fr.	Fr.	Ton.
1851	515	242.494	470	10.27	45
1852	557	231.945	416	6.26	66
1853	741	436.942	589	6.18	95
1854	1.358	799.036	588	7.07	83
1855	2.127	1.244.805	585	7.74	75
Moyenne ..	1.060	591.044	557	7.29	76

Le tableau ci-dessus montre :

1° Que de 515 en 1851, le nombre d'ouvriers est monté à 2,127 en 1855, et qu'il a quadruplé ;

2° Que le salaire annuel de l'ouvrier a varié de 416 à 589, et qu'il n'est en moyenne que de 557 ;

3° Que la production annuelle par ouvrier n'a été que de 76 tonnes, les Compagnies pendant la période de 1851 à 1855 employant la grande partie de leur personnel à la création des nouveaux travaux.

Capitaux engagés. — En 1855, il existait déjà 12 Sociétés d'exploitation constituées dans le Pas-de-Calais, sans compter les Sociétés de recherches. Ces 12 Sociétés avaient créé 30,437 actions, qui représentaient un capital de plus de 38 millions, d'après le prix de vente de leurs actions, ainsi que le montre le tableau ci-dessous :

Prix de vente. — Les charbons extraits dans cette période sont repris dans les publications de l'Administration des Mines

NOMS des COMPAGNIES HOUILLÈRES	EXTRACTION en 1855.	NOMBRE D'ACTIONS émises en 1855.	VALEUR DES ACTIONS en 1855.	CAPITAL CORRESPONDANT à la valeur DES ACTIONS.	OBSERVATIONS.
Dourges	»	1.800	1.000	1.800.000	Se constitue les 29 septembre, 2 nov. et 4 déc. 1855.
Courrières	18.577	2.000	1.400	2.800.000	» le 27 octobre 1852.
Lens...............	38.048	3.000	1.000	3.000.000	» les 11 et 12 février 1852. Modifiée en 1855.
Béthune	27.704	1.550	2.800	4.340.000	» le 25 septembre 1851.
Vicoigne-Nœux	55.723	4.000	3.000	12.000.000	» le 30 novembre 1843.
Bruay.............	2.125	3.000	1.500	4.500.000	» en mai 1852.
Marles	»	400	5.000	2.000.000	» le 19 novembre 1852.
		200	3.000	600.000	» le 19 novembre 1852.
Ferfay ....'....	3.357	1.580	1.500	2.370.000	» le 4 avril 1853.
Auchy-au-Bois	»	4.000	500	2.000.000	» le 28 avril 1855.
Lys supérieure	»	2.400	500	1.200.000	» le 28 avril 1855.
Comp. Douaisienne.	»	6.000	250	1.800.000	» le 9 juillet 1855.
Hardinghen	15.286	507	3.000	1.521.000	» le 10 décembre 1837. Modifiée en 1855.
Ensemble	160.820	30.437	1.245	38.431.000	

En 1851	280,828 fr. ou 11 fr. 95 la tonne.
» 1852	473,445 » 12 79 »
» 1853	970,384 » 13 74 »
» 1854	1,647,759 » 14 58 »
» 1855	2,599,328 » 16 14 »
Moyenne	1,194,349 fr. ou 14 fr. 74 la tonne.

En 1853, les houilles étaient très demandées dans la région du Nord, et leurs prix s'élèvent graduellement pour atteindre en 1855 le taux de 16 fr. 14.

Consommations du Pas-de-Calais. — Pendant la période 1850-1855, le Pas-de-Calais consommait :

En 1851	377,080 tonnes de houille.
» 1852	385,119 » »
» 1853	409,180 » »
» 1854	450,210 » »
» 1855	532,070 » »
Moyenne	480,782 tonnes de houille.

Machines de Mines. — Les nouvelles Sociétés montent des machines à vapeur sur les nouveaux puits qu'elles ouvrent, dans les proportions indiquées ci-dessous :

En 1851, il existait 7 machines de la force de   146 chevaux.
» 1852,   »   9   »   »   197   »
» 1853,   »   10   »   »   212   »
» 1854,   »   17   »   »   576   »
» 1855,   »   28   »   »   1,093   »

Bassin du Boulonnais. — En 1850, la seule mine en exploitation dans le département du Pas-de-Calais, était celle d'Hardinghem qui produisait le faible chiffre de 19,000 tonnes.

L'exploitation de cette houillère est même en décroissance les années suivantes, et ne fournit que 14,000 à 17,000 par an de 1851 à 1855. Les anciens puits étaient épuisés, et trois nouveaux puits Desouich, Renaissance et Providence n'étaient pas encore arrivés à des couches exploitables.

La Compagnie de Ferques, ayant épuisé ses ressources, abandonna ses recherches de Leulinghem en 1852.

Bassin du Nord. — Pendant la création des premières exploitations du Pas-de-Calais, les houillères du Nord prennent un accroissement important. Leur production qui s'élevait à peine à 1 million de tonnes en 1850, atteint en 1855, 1,600,000 réalisant une augmentation de 600,000 tonnes ou de 60 %.

Anzin figure dans cette augmentation pour...			323,000 fr.	ou	50 %
Aniche	»	»	... 113,000	»	110 »
Douchy	»	»	... 53,000	»	40 »
Vicoigne	»	»	... 53,000	»	80 »
Etc., etc.					

Les houilles, fort délaissées de 1850 à 1853, sont très recherchés à partir de 1854, et leurs prix de vente s'élèvent de 11,50 à 15 fr. en 1855.

Le nombre des ouvriers s'accroît de 9,600 en 1850 à 13,500 en 1855. Les salaires sont augmentés spontanément par les exploitants de 10 % et portée de 2 fr. 50 à 2 fr. 75.

Les Compagnies houillères réalisent des bénéfices importants et leurs dividendes passent :

A Anzin, de	7,000 fr.	en 1850	à 14,000 fr.	en 1855
» Aniche, de	800	» 1850	» 3,000	» 1855
» Douchy, de	154	» 1850	» 400	» 1855
Etc., etc.				

De nouveaux puits sont ouverts ; leur diamètre est porté de 3ᵐ à 4ᵐ; des machines d'extraction puissante, à 2 cylindres de 60 à 150 chevaux remplacent les anciennes de 20 à 35 chevaux et partout on réalise de véritables progrès.

XXXIX.

1855-1860.

ANCIENNES CONCESSIONS.

Compagnie de l'Escarpelle. — Compagnie de Dourges. — Compagnie de Courrières. — Compagnie de Lens. — Compagnie de Béthune. — Compagnie de
Bruay. — Compagnie de Marles. — Compagnie de Ferfay. — Compagnie
d'Auchy-au-Bois.

NOUVELLES CONCESSIONS.

Puits et sondages exécutés au Nord et en dehors des concessions à l'Ouest de Douai.
— Compagnie de la Lys supérieure. — Compagnie de Vendin. — Compagnie
Douaisienne. — Compagnie de Libercourt. — Compagnie de Meurchin. —
Compagnie de Carvin. — Compagnie de Don. — Compagnie de Douvrin.

RECHERCHES AU NORD DU BASSIN.

Puits et sondages exécutés au Nord et en dehors des concessions à l'Ouest de Douai.
Société la Parisienne. — Société du canton de Seclin. — Société d'Auchy-lez-La
Bassée. — Société d'Amettes. — Compagnie du Nord. — Société des Dunes. —
Société du couchant de Lumbres. — Société de Labeuvrière. — Les sieurs d'Hérambault et Cie. — Société de St-Isbergue. — Société de Racquinghem. — Société
du Pas-de-Calais. — Crespel-Dellisse et Cie. — Société de Setques. — Société
d'Arques. — Les sieurs Fanien et Cie. — Podevin et Cie.

RECHERCHES AU MIDI DU BASSIN.

Puits et sondages exécutés au Midi et en dehors des concessions au Sud du bassin.
— Société d'Erny-St-Julien. — Société la Modeste de Westechem. — Société de
Cauchy-à-la-Tour. — Société l'Eclaireur du Pas-de-Calais. — Société d'Amettes.
— M. Évrard. — Société de la Chaussée Brunehaut. — Société de Liévin. —
Société d'Aix. — Société d'Arras. — Société la Française. — Société de Rouvroy.
— Société de Méricourt. — Le sieur Leclercq. — Société Calonne. — Compagnie
Béthunoise. — Le sieur Dellisse-Engrand. — Société du Midi de l'Escarpelle.

RÉSULTATS DE L'EXPLOITATION.

Production. — Ouvriers. Salaires. — Nombre de fosses. — Concessions établies à
la fin de 1860. — Prix de vente des houilles. — Consommation du Pas-de-Calais.
Machines. — Capitaux engagés. — Dividendes. — Redevances. — Chemin de
fer des houillères. — Canaux. — Bassin du Boulonnais. — Bassin du Nord.

ANCIENNES CONCESSIONS.

Pendant la période de 1855 à 1860, les 9 houillères créées antérieurement, poursuivent leurs travaux de première établissement, et
leur production passe de 160.000 tonnes à 600.000 tonnes. — Lors

de l'institution de leurs concessions, l'administration avait partagé en tranches transversales, la bande houillère connue, s'étendant de Douai à Fléchinelle, et elle croyait avoir compris dans leurs limites toute la formation houillère. Il n'en était pas ainsi, et de nombreuses recherches entreprises au Nord et au Sud des con cessions instituées, découvrirent de nouvelles richesses et donnèrent lieu à l'institution de 1857 à 1863, de 5 nouvelles concessions au Nord, s'étendant sur 7,299 hectares.

Compagnie de l'Escarpelle. — En 1855, il y avait 2 fosses en extraction qui produisaient 44,000 tonnes. La fosse N° 3, dont le passage du niveau présenta de grandes difficultés entre en exploitation ; son extraction, avec celle des deux autres fosses, s'élevait à 86,000 tonnes en 1860.

Les actions de la Compagnie de l'Escarpelle émises à 500 fr. en 1855, lors du doublement du capital, montent à 1,000 fr. en 1859 à la suite des succès de la fosse N° 3. Le dividende était de 35 fr. en 1855. Il s'élève à 40 fr. en 1856, à 45 fr. en 1857, et retombe à 35 fr. pendant les 3 années 1858 à 1860.

L'exploitation occupe, en 1860, 622 ouvriers dont 454 au fond. La production annuelle de l'ensemble des ouvriers est de 138 tonnes, et leur salaire moyen de 1,029 fr.

Lorsqu'en 1854 la Compagnie douaisienne eut commencé des recherches au Nord des cocessions de Dourges et de l'Escarpelle, la Compagnie de l'Escarpelle établit un sondage à Moncheau, en dehors de son périmètre et demanda aussitôt une extension de sa concession. Le sondage de Moncheau rencontra le calcaire carbonifère, et la demande de la Compagnie de l'Escarpelle n'eut pas de suite.

Compagnie de Dourges. — La fosse N° 1 bis fournissait seulement :

16,000 tonnes en 1856
40,000   »   en 1857
et 26,000 tonnes seulement en 1860

Une 2ᵉ fosse fut ouverte en 1858 ; elle n'entra en exploitation qu'en 1861.

Les dépenses de la Compagnie qui étaient de 820,000 fr. en 1855, s'élevaient à 1,962,000 fr. fin 1860.

Malgré une extraction très-faible, Dourges distribuait en 1858 un 1er dividende de 50 fr. à chacun de ses 1,800 actions et en 1860 un 2e dévidende de 60 fr.

Les actions émises à 1,000 fr. se vendaient à la fin du 1859 à 2.500 fr.

Comme la Compagnie de l'Escarpelle, la Cie de Dourges entreprit deux sondages au Nord de sa concession en concurrence avec ceux qu'y exécutaient la Compagnie Douaisienne. En même temps elle réclama comme extension de sa concession les terrains que cette dernière Compagnie sollicitait ; elle obtint même, au Conseil général des mines contrairement à la proposition du rapporteur et à la majorité d'une voix, un avis favorable à sa réclamation. Mais le Conseil d'État reconnut les droits de la Compagnie Douaisienne, et repoussa la demande de la Compagnie de Dourges.

Compagnies de Courrières. — L'extraction de Courrières n'était que de 22.500 tonnes en 1856. La mise en exploitation de la fosse de Billy-Montigny la fait monter à 70.000 et 80.000 tonnes de 1857 à 1860.

Une 3e fosse est ouverte à Méricourt en 1858. La Compagnie fait un emprunt de 600.000 fr. en 1860 sans doute pour achever les travaux de cette fosse.

Quatre dividendes de 150 fr. chacun sont répartis entre les 2.000 actions pendant les années 1857 à 1860.

Les actions qui avaient versés 550 fr. sur lesquels il fut remboursé 250 fr. sur les bénéfices de 1858 à 1862, valaient 3.000 fr. en 1859.

La Compagnie occupait, en 1860, 600 ouvriers, dont la production moyenne annuelle était seulement de 114 tonnes.

En 1855, après le commencement des recherches de la Compagnie Douaisienne, Courrières établit 4 sondages à Carvin et à Meurchin, pour appuyer une demande d'extension de son périmètre au Nord. Cette demande ne fut pas accueillie, et les nouveaux gisements découverts furent concédés aux Sociétés de Carvin et de Meurchin.

Elle entreprit également un sondage à Avion au Sud de sa concession ; mais sans succès.

Compagnie de Lens. — La 1re fosse de Lens produisait, dès

1856, 60,000 à 75,000 tonnes. Une 2ᵉ fosse fut commencée en 1857, et une 3ᵉ en 1858. Aussi, dès 1860, l'extraction s'élevait à 100,000 tonnes.

En 1857, la Compagnie de Lens exécute de nombreux sondages en dehors de sa concession ; 2 au Nord à Billy-Berclau pour disputer à la Compagnie de Meurchin les terrains qu'elle demande en concession ; 8 de 1857 à 1859, au Sud du côté de Liévin, en concurrence avec la Compagnie de Liévin. Sa demande d'extension de son périmètre au Nord fut repoussée ; quant à celle du Midi, elle ne reçoit qu'une satisfaction incomplète, par l'octroi en 1862 de 51 hectares.

La Compagnie de Lens occupait, en 1855, 300 ouvriers, produisant chacun 126 tonnes. En 1860, elle en occupe 667, produisant 150 tonnes.

Les prix de vente de ses houilles étaient de 15 fr. 90 en 1856: ils oscillent entre 14 fr.56 et 13 fr. 10 de 1857 à 1862.

Dès 1860, la Compagnie obtenait les autorisations pour rejoindre par des embranchements ses fosses à la ligne des houillères concédée en 1857 et alors en construction, et au canal de la Deûle.

Elle contracta cette année un emprunt de 1 et 1/2 million pour faire face à ces grands travaux.

Les actions de 1,000, qui n'avaient versé que 300 fr., valaient déjà 2,000 fr. en 1858. Elles recevaient cette même année un 1ᵉʳ dividende de 100 fr., qui fut continué pendant les années 1859 et 1860.

Compagnie de Béthune. — La rétrocession des Mines de Bruay à M. Leconte par la Compagnie de Béthune donna lieu en 1858 à un long procès, au sujet de la libération à 400 fr. des actions de la Compagnie Leconte. La Compagnie de Béthune, mise en cause, fut condamnée par le tribunal d'Arras à garantir et indemniser les administrateurs de Bruay de toutes les condamnations prononcées contre eux. Mais un arrêt de la Cour d'appel du 4 août 1855 mit à néant le jugement du tribunal.

Le 2ᵉ puits de la Compagnie de Béthune entra en exploitation en 1859 seulement. Il avait rencontré au-dessous du tourtia des sables acquifères, analogues à ceux du *Torrent* d'Anzin.

Un 3ᵉ puits, ouvert à Vermelles en 1857, commence à extraire en 1860.

La production qui n'était encore en 1858 que de 31,000 tonnes s'élève en 1860 à 69,000 tonnes.

Un décret du décembre 1859 autorise les embranchements destinés à relier les fosses à la ligne des houillères et au canal à Violaines.

En 1856, la Compagnie de Béthune traite avec une Société pour l'établissement d'une fabrique de coke à Violaines ; cette Société ne réussit pas, et entre en liquidation en 1860.

En 1857, la Compagnie de Béthune émet, avec prime de 1.500 fr., ou à 2.500 fr. et avec garantie de 125 fr. d'intérêt, 400 actions. En 1860, nouvelle émission de 500 actions dans les mêmes conditions, ce qui porte le nombre des actions en circulation à 2,450 sur 3,000 formant le capital social. Malgré ces émissions, il fallut, pour faire face aux dépenses des travaux, recourir à plusieurs emprunts, s'élevant à la fin de 1860 à 700,000 fr.

Le 1ᵉʳ dividende fut distribué en 1860. Il était de 60 fr. pour chacune des 1,550 actions anciennes, et de 125 fr. pour les actions nouvelles à intérêt garanti.

La Compagnie occupait, en 1860, 525 ouvriers au fond et 159 au jour, ensemble 684. La production par ouvrier du fond était de 132 tonnes, et par ouvrier du fond et du jour de 101 tonnes seulement. Le salaire de l'ouvrier mineur proprement dit, qui n'était en 1855 que de 3 fr. 05, s'élevait à 3 fr. 71 en 1860. Le salaire annuel moyen de tous les ouvriers était :

en 1855 de 725 fr.
et en 1860 de 792 fr.

La Compagnie possédait alors 166 maisons.

La Compagnie de Béthune fait de 1855 à 1859 des recherches au Sud de sa concession pour obtenir une extension qui lui fut refusée.

Compagnie de Nœux. — Présumant que la formation houillère s'étendait au Sud des limites de sa concession, la Compagnie de Nœux exécuta 3 sondages qui lui firent obtenir le 30 décembre 1857, une extension de 1,451 hectares.

La production se développe. De 56,000 tonnes en 1855, elle s'élève à 102,000 en 1858, et redescend à 85,000 tonnes en 1859 et 1860. L'écoulement du charbon se faisait jusqu'à l'ouverture de la ligne des houillères, en octobre 1861, entièrement par voitures pour les besoins de la localité ; on n'expédiait qu'une faible partie par tombereau au canal à Béthune. — Un embranchement de 3,600 m. fut construit en 1860.

Le prix de vente des houilles de Nœux était élevé ; il était de 19 fr. la tonne en 1855 et 1856, et descendit ensuite à 16 fr. 50.

Nœux occupait, en 1860, 632 ouvriers qui produisaient en moyenne 135 tonnes.

Pour attirer les ouvriers, en avait construit 218 maisons, déjà en 1858.

Le dividende de la Compagnie de Vicoigne-Nœux qui était en 1855 de 150 fr., s'élève à 200 fr. en 1856 et 1857, et à 240 fr. en 1859. Il redescend à 200 fr. en 1860.

De 3,000 fr. en 1855, les actions atteignent 4,400 à 4,800 fr. de 1856 à 1861.

Compagnie de Bruay. — Une 2e fosse fut ouverte à Bruay en 1858. Elle tomba sur des terrains boulversés. La production des 2 fosses ne dépasse pas 53,000 tonnes et descend même à 42,000 tonnes en 1860. Le prix de revient, d'après un rapport de M. Gruner, variait de 7,05 à 10,60 la tonne. La vente ne s'effectuait que dans la localité. Cependant les bénéfices réalisés suffisaient à la marche de l'entreprise, et on distribuait des dividendes de 30 fr. par action dès 1857. En 1859, après la répartition d'un dividende de 60 fr., les actions montent à 1,800 fr.

Le mystère qui avait présidé aux opérations entre la Compagnie de Béthune et la Compagnie Leconte, et notamment la libération des actions à 400 fr., donnèrent lieu dès la fin de 1856 à de violentes attaques dans un journal d'Arras.

Des actionnaires intentèrent un procès aux administrateurs pour faire déclarer nulle la délibération qui avait libéré les actions, comme dolosive, compromettante pour les intérêts de la Société. Les administrateurs avouèrent alors la vente faite, par eux en 1852 à la Compagnie de Béthune de tous leurs droits, et que c'étaient les administrateurs de cette dernière Compagnie qui étaient les auteurs de tous les actes qu'on leur reprochait.

Le tribunal d'Arras ordonna la mise en cause de la Compagnie de Béthune, et un jugement du 31 juillet 1858 condamna les administrateurs de Bruay et les administrateurs de Béthune à la réparation du dommage causé aux actionnaires de Bruay.

Un arrêt du 4 août 1859, de la Cour d'appel de Douai, mit à néant le jugement du tribunal d'Arras, et débouta de leur demande les actionnaires de Bruay, en les condamnant aux dépens.

Un arrêt de la Cour de Cassation du 25 juin 1860 confirma l'arrêt de la Cour de Douai.

Compagnie de Marles. — Le percement de la fosse N° 1 bis de Marles s'exécuta avec beaucoup de précautions, et cette fosse entrait en exploitation en 1858. Elle fournit de suite 52,000 tonnes, puis en 1859 et 1860 de 51,000 à 56,000 tonnes et dans de bonnes conditions, malgré une certaine quantité d'eau trouvée dans le terrain houiller. Les prix de vente du charbon étaient très élevés, plus de 16 fr. la tonne, et les bénéfices permettaient en 1860 de distribuer 175 fr. à chacune des 400 actions de la Compagnie des 30 %. Quant à la Société des 70 % elle portait en augmentation de versements de ses actions les bénéfices qui lui revenaient.

Compgnie de Ferfay. — La concession de Ferfay est établie par décret du 29 décembre 1855. Son étendue est de 928 hectares. Une 2ᵉ fosse est ouverte en 1856 ; mais elle en donne que de bien médiocres résultats. La production de Ferfay varie de 31,000 à 42,000 tonnes dans les années 1856 à 1860. Les débouchés manquent ; un chemin de fer de 6 kilomètres aboutissant à Lillers est autorisé le 8 mai 1860. Cependant en 1857 la Compagnie distribuait un dividende de 100 fr. à chacune des 1,580 actions alors émises. Elle émet 601 actions en 1858 et 1860, ce qui porte à 2,181, le nombre des actions en circulation fin 1860. Les actions reçoivent 125 f. de dividende pendant les 3 années 1858 à 1860.

En 1858, les actions valaient 1,350 fr., et, en 1860, 2,000 fr.

La Compagnie occupait, en 1855, 155 ouvriers, et 477 en 1860. Leur production n'était que de 77 tonnes.

Leur salaire était en 1856 de 4 fr. 24 pour le mineur proprement dit, et de 3 fr. 42 en 1860. Le salaire des ouvriers de toute espèce était en 1856 de 2 fr. 11, et en 1860 de 2 fr. 25.

Compagnie d'Auchy-au-Bois. — La 1ʳᵉ fosse ouverte à Auchy-au-Bois en 1856, atteint le terrain houiller à 141 m. et rencontre le calcaire à 201 m. L'exploitation de cette fosse fut nulle au Nord, et peu importante au Sud. Elle ne fournissait en 1859 et 1860 que 2,000 à 2,500 tonnes.

Cependant les actions émises à 500 fr. et sur lesquelles il n'avait été versé que 325 fr., se vendaient à la fin de 1855. 750 fr., et jusqu'en 1861 on les trouve côtées à 600 et 675 fr.

La Compagnie d'Auchy-au-Bois vint en 1858 exécuter un son·dage à Angres, puis Liévin, dans le but de chercher à obtenir une nouvelle concession, en concurence avec les Compagnies de Liévin, de Lens et autres. Elle y atteignit le terrain dévonien, et ne poursuivit pas ses recherches.

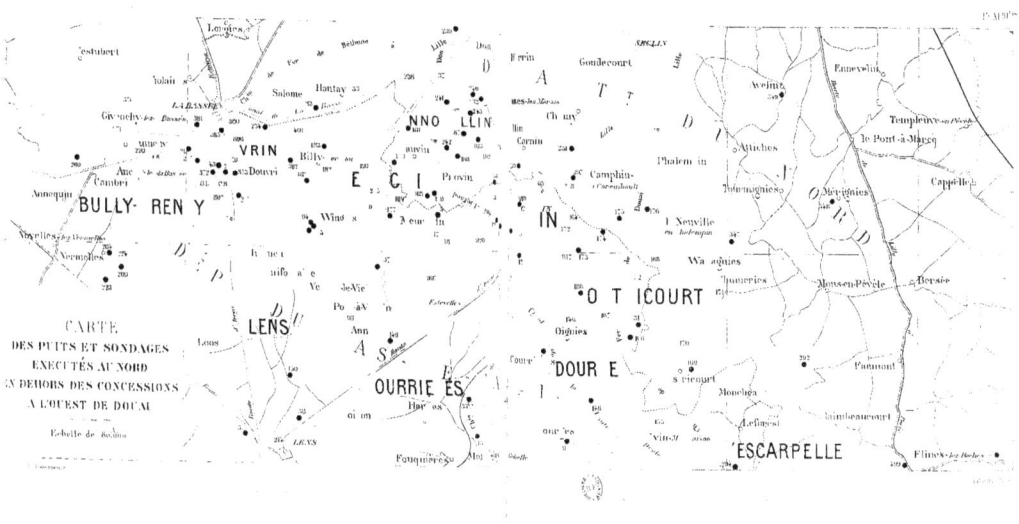

CARTE
DES PUITS ET SONDAGES
EXECUTÉS AU NORD
EN DEHORS DES CONCESSIONS
A L'OUEST DE DOUAI

Échelle de 80000

PARIS

BULLY- REN Y

VRIN

LENS

OURRIE ES

NNO LLIN

E C I

IN

O T ICOURT

DOUR E

ESCARPELLE

Billy-

Provin

Auchy-les-Mines

Camphin
Carembault

Neuville
en Ferrain

Attiches

Aveliu

Templeuve-en-Pévèle

le Pont-à-Marcq

Cappelle

Mérignies

Mons-en-Pévèle

Bersée

Wahagnies

Thumeries

Oignies

Pont-à-Vendin

Carvin

Leforest

Raimbeaucourt

Flines-lez-Rachez

Fouquières

Annœullin

Vermelles

Cambrin

Givenchy-lez

Festubert

La Bassée

Salome

Hantay

Herrin

Gondecourt

Seclin

Lille

NOUVELLES CONCESSIONS.

PUITS ET SONDAGES EXÉCUTÉS AU NORD ET EN DEHORS DES CONCESSIONS A L'OUEST DE DOUAI.

Numéros inscrits sur la carte	DÉSIGNATION des PUITS ET SONDAGES.	NOMS DES SOCIÉTÉS qui les ont exécutés.	Année de l'exécution.	ÉPAISSEUR des morts-terrains.	PROFONDEUR totale atteinte.	RÉSULTATS OBTENUS. — Principales particularités qu'ont présentées les travaux.
				mètres.	mètres.	
486	Sondage de Flines	Cie des Canonniers		163.66	166.11	Calcaire alternant avec des schistes.
499	" de Montécouvé	Cie Douaisienne	1856	155. "	211. "	Terrain houiller, sans houille.
292	" de Moncheaux	Cie de l'Escarpelle	1855	185. "	190.94	Calcaire, Eau jaillissante.
348	" de Mérignies	Société la Parisienne	1858			Calcaire.
469	Sond. N° 1 d'Ostricourt (Sud)	Cie Douaisienne	1855	162.25	249.72	Veine de 0^m 56 à 197^m 84, inclinée à 15°.
470	" 3 » (Nord)	"	1855	167.87	298.38	Veine de 0^m 20 à 180^m 77 ; 2° veine de 0^m 96 à 226^m 90.
471	" 5 de Thumeries	"	1856	178.79	181.89	Calcaire.
347	" de la Neuville	Société la Parisienne	1858	165.49	189.20	Argiles ferrugineuses, puis schistes noirâtres.
349	" d'Avelin	"	1859	100. "	103.50	Calcaire.
466	Fosse N° 1 d'Ostricourt	Cie Douaisienne	1856	156.35	307.60	3 couches très accidentées. Suspendu en 1864.
31	Sond. de l'Empire	Cie de Dourges	1855	166.50	183. "	Veine de 0^m 78 à 180^m 45.
32	" de Libercourt	"	1855	154.11	158.75	Veine de 0^m 70 à 154^m 70.
468	" N° 2 à Wahagnies	Cie de Libercourt	1858	148.04	204.16	2 veinules de 0^m 06 à 0^m 07, inclinées à 50°.
476	" 4 à Phalempin	"	1859	145.12	152.05	Schistes et calcaire négatifs.
467	Fosse 2 d'Ostricourt	Cie Douaisienne	1860	151.95	378.14	Entre en exploitation en 1869. Grisou.
486	Sond. N° 8 d'Epinoy	"	1874	150.49	228.67	3 veines à inclinaison variable de 12 à 35°.
417	2° sond. de Buqueux	"	1876	146.19	222.10	A traversé 5 veines exploitables et 5 veinules. Charbon à 10 à 12 %0 matières volatiles.
473	Sond. N° 7 de Buqueux	"	1856	147.45	165.45	1° Veine de 0^m 88 à 154^m ; 2° de 0^m 76 à 158^m 90. Inclinaison 45°.

NUMÉROS inscrits sur le carte	DÉSIGNATION des PUITS ET SONDAGES.	NOMS DES SOCIÉTÉS qui les ont exécutés.	Année de l'exécution.	ÉPAISSEUR des morts-terrains.	PROFONDEUR totale atteinte.	RÉSULTATS OBTENUS. — Principales particularités qu'ont présentées les travaux.
				mètres.	mètres.	
174	Sond. Nº 1 sur Carvin	Cie de Libercourt . . .	1858	146.77	215. "	4 veines de 0m 23 à 0m 59 , avec inclinaisons variables de 25 à 34°.
175	" 3 à Camphin	" . . .	1859	144.58	145.51	Terrain houiller.
172	" 6 des Ecussons	Cie Douaisienne	1857	146.77	161.67	Veine de 0m 86 à 157m 63 , inclinée à 10°.
164	" 5 à Bucqueux	Cie de Carvin	1858	151.15	171. "	Terrain houiller incliné à 66°.
298	" de Camphin Nº 2	S. du canton de Seclin	1858		160. "	Calcaire carbonifère.
297	" " 1	"	1857		131. "	Dº
231	" Nº 7 à Camphin . . . . . ,	Cie de Meurchin	1857	122.10	124.25	Calcaire.
17	" 1 de Carvin (Sud) . .	Cie de Courrières . . .	1856	140.50	177.47	Veine de 0m 44 à 146m 90 , inclinée à 20°.
245	Fosse Nº 3 "	Cie de Carvin	1867	138.40		Entre en exploitation en 1870. Bowette N. rencontre banc de schistes de 7m remplis de coquilles.
918	Sond. Nº 6 "	"	1875			Calcaire carbonifère.
919	" 7 "	"	1875			Dº
165	" 9 à Carvin	Cie de Meurchin	1857	128.55	131.30	Dº
158	Fosse Nº 2 de Carvin	Cie de Carvin	1861	140.18		Entre en exploitation en 1863.
19	Sond. Nº 3 " (Ouest) .	Cie de Courrières . . .	1856	142.20	155.90	Veine de 0m 98 à 154m 25 , inclinée à 10°.
20	" 5 " (N. O) .	" . . .	1857	131.55	148. "	Veine de 0m 80 à 131m 55.
157	Fosse Nº 1 "	Cie de Carvin	1857	135.05		Entre en exploitation en 1859. Niveau facile.
159	Sond. Nº 1 de Don	Cie de Don	1857	134.80	135.26	Calcaire carbonifère.
920	" 8 "	Cie de Carvin	1877	135. "	298. "	2 veines inclinées la 1re à 6°, la 2e à 80°.
161	" 1 sur Carvin	"	1857	138.50	142.67	3 " de 0m 25, 0m 42 et 0m 85. Inclinaison 12 à 15°.
160	" 2 sur Annœullin . . .	"	1857	133.85	190.45	2 " de 0m 60 et 0m 84. Inclinaison 12 à 15°.
288	" 8 " . . .	Cie de Meurchin		130.70	178.70	Schistes argileux, pyriteux, sans empreintes, puis calcaire.
18	" 2 à Meurchin . . .	Cie de Courrières " . .	1856	142.25	158 10	3 veines.
178	" 2 "	Cie de Meurchin	1857	134.40	177.43	Veine de 0m 35 à 148m 95.
162	" 3 sur Annœullin . . .	Cie de Carvin	1857	142.53	158.86	3 veines inclinées de 12 à 15°.

NUMÉROS inscrits sur la carte	DÉSIGNATION des PUITS ET SONDAGES.	NOMS DES SOCIÉTÉS qui les ont exécutés.	Année de l'exécution.	ÉPAISSEUR des morts-terrains.	PROFONDEUR totale atteinte.	RÉSULTATS OBTENUS. — Principales particularités qu'ont présentées les travaux.
				mètres.	mètres.	
65	Sond. N° 9 Carvin	Cie de Meurchin....	1857	128.55	181.30	Calcaire carbonifère.
85	Fosse N° 2 de Meurchin.....	"	1864	132.50	250. »	Abandonnée en 1866 à la suite d'une venue d'eau sulfureuse dans le calcaire, rencontrée dans la bowette Sud de 240^m.
79	Sond. N° 4 à Provin	"	1857	134.80	155.60	2 veines.
921	" 15 "	"	1873	135.15	291.83	2 veines et 4 veinules.
88	" 9 "	Cie de Don		130. »	142. »	Terrain houiller et calcaire carbonifère.
242	" de Provin					17^m de terrain houiller sans houille.
63	" N° 4 sur Annœullin ...	Cie de Carvin		128.79	169. »	Terrain houiller.
87	Fosse d'Annœullin.........	Cie de Don	1858	131.86	197.50	Entre en exploitation en 1861. Abandonnée en 1865. Reprise en 1875 et abandonnée de nouveau en 1878.
236	Sond N° 2 à Annœullin	"	1857	129.53	145.60	3 veines.
243	" 8 "	"		138.97	150.07	3 veines.
232	" 10 "	Cie de Meurchin....	1858	129.23	129.50	Calcaire noirâtre.
240				134.08	184.16	" noir homogène.
84	Fosse N° 1 sur Provin	"	1857	130. »	288.30	Entre en exploitation en 1859.
77	Sond. N° 1 à Meurchin.....	"	1856	118.95	145.35	1 veine et 1 veinule.
80	" 5 à Bauvin.......	"	1857	123.20	174.50	2 veinules.
81	" 6 "	"	1857	129.80	130.63	Calcaire carbonifère.
241	" 6 sur Annœullin ...	Cie de Don	1858	128.79	182.64	Terrain houiller avec lingules.
237	" 3 " ...	"	1857	127.37	128.73	Calcaire gris-brun et fétide.
238	" 4 sur Sainghin	"	1858	146.43	146.70	Quartzites dévoniens.
239	" 5 " ...	"	1858	133.64	148.89	Minerai de fer hydroxidé contenant 38 %/0 de fer, puis calcaire compacte.
189	" 18 sur Wingles.....	Cie de Meurchin....	1867	124.55	255. »	2 veines. Terrains brouillés.
285	Fosse N° 3 de Meurchin.....	"	1869	127.60	290. »	2 puits creusés par le système Kind-Chaudron. Entre en exploitation en 1875.

NUMÉROS inscrits sur la carte	DÉSIGNATION des PUITS ET SONDAGES.	NOMS DES SOCIÉTÉS qui les ont exécutés.	Année de l'exécution.	ÉPAISSEUR des morts-terrains.	PROFONDEUR totale atteinte.	RÉSULTATS OBTENUS. — Principales particularités qu'ont présentées les travaux.
190	Sond. N° 14 à Berclau	Cie de Meurchin....	1867	120. "	219.18	Veine de 1^m 60 à 170^m 33, puis calcaire à 217^m 90.
33	" d'Hantay	Cie de Courrières ...	1857	147. "	152. "	Calcaire.
182	" N° 1 de Billy-Berclau..	Cie de Lens........	1857	136. "	151.86	2 veines.
922	" 16 à Douvrin.......	Cie de Meurchin....	1876	188.45	406.92	6 veines et 2 veinules.
382	" à Douvrin, N° 2	Cie de Douvrin.....	1858	188.35	171. "	Découvre la houille. Un 2e sondage est fait à côté en 1860.
183	" N° 2 de Billy-Berclau..	Cie de Lens........	1857	181.65	259.56	Terrain houiller, puis calcaire carbonifère.
401	" 2 de Douvrin......	Cie de Douvrin	1858	140.50	142. "	Veine de 0^m 42.
383	" à Salomé	"	1857	143. "		Terrains noirs, puis blancs-bruns.
234	" N° 12 à Douvrin......	Cie de Meurchin....	1857	140.50	140.85	Calcaire carbonifère.
373	" de Douvrin	Société d'Amettes ...	1850	147.20	223. "	3 veines et 4 veinules.
230	" N° 3 à Haisnes.......	Cie de Meurchin....	1857	148.88	154.69	Veinule de 0^m 10.
379	" d'Haisnes...........	Cie d'Auchy-l-La Bas.	1859	144.04	206.05	" de 0^m 55. Achetée par la Compagnie de Douvrin.
896	"	Cie de Lens				Terrain houiller, puis calcaire carbonifère.
380	" près le Canal........	Cie d'Auchy-l-La Bas.			189.65	N'a pas dépassé le tourtia, par suite d'éboulements.
372	" d'Haisnes..........	Société d'Amettes ...	1859	145.55	168. "	Terrain houiller.
48	Fosse de Douvrin..........	Cie de Douvrin	1859	147.10	240. "	Achetée par la Compagnie de Lens en 1873.
385	Sond. à Haisnes	"	1858	143.50	144.69	Calcaire carbonifère.
384	" d'Auchy-lez-La Bassée.	"	1858	150.93	158.56	2 veinules insignifiantes.
221	" " "	Cie de Béthune	1859	153. "	170. "	Schistes houillers et calcaire.
381	" de Violaines.........	Cie d'Auchy l-La Bas.			97.85	Abandonné dans les Dièves.
400	" "	Cie de Douvrin.....		161.50	200. "	Schistes argileux parsemés de pyrites. Pas de traces de houille.
220	" de Cuinchy	Cie de Béthune	1859	159.50	167.50	Schistes houillers et calcaire.
371	" sur le canal	C^in du Nord	1857	159. "	169. "	Calcaire.
370	" à Givenchy	"	1856		160. "	Arrêté à la suite d'accidents. Prétendue *source de charbon*.

Compagnie de la Lys supérieure. — La Société d'exploitation de la Lys supérieure continuait ses explorations par sondages en même temps qu'elle poursuivait le creusement de sa fosse, et elle demandait une concession qui lui fut accordée par décret du 31 août 1858 sur une étendue de 376 hectares.

La fosse de Fléchinelle présenta des difficultés dans le passage du niveau, et elle ne fournit pendant les 3 années 1858, 1859 et 1860 que la faible quantité de 8,000 tonnes de houille.

Compagnie de Vendin. — MM. Bouchet, de Bracquemont et Hanon Sénéchal avaient constitué le 31 mai 1854 une Société pour rechercher la houille dans les environs de Béthune, au Nord de la concession de Bruay alors à l'instruction. Cette Société exécuta 5 sondages à Vendin, Oblinghem, Annezin, Chocques, et Gonnehem, dont quatre rencontrèrent la houille ou le terrain houiller.

La Société de recherches se transforma en 1855 en Société d'exploitation, et sollicita une concession qui lui fut accordée par décret du 6 mai 1857, sur une superficie de 1,166 hectares.

Une fosse ouverte à Chocques en 1856 dût être abandonnée dans des sables mouvants.

Une deuxième fosse fut ouverte à Annezin en 1857 ; son creusement présenta des difficultés extraordinaires, et coûta fort cher. Elle n'entra en exploitation qu'en 1861.

Les actions de Vendin se plaçaient difficilement à 1,000 fr., à l'émission en 1855. Cependant en 1856, il en fut placé à 1,200 fr. Elles tombent à 575 fr. en 1858, lors des difficultés rencontrées dans le percement de la fosse de Vendin, et remontent à 1,300 fr. lorsque cette fosse atteint le terrain houiller en 1860.

A la fin de cette année, il avait été dépensé plus de 1 et 1/2 million, qu'on s'était procuré, 1 million par l'émission des actions, et 500,000 fr. par des emprunts.

Compagnie Douaisienne. — Le 19 février 1855, M. E. Vuillemin déposait à la Préfecture du Nord un pli cacheté, destiné à être ouvert ultérieurement, dans lequel il exposait les considérations qui lui faisait penser qu'en dehors des concessions instituées, et au Nord, il existait une étendue de terrain houiller relativement considérable ; et dans lequel il annonçait l'ouverture de plusieurs sondages ayant pour but de confirmer ses prévisions.

Une Société s'était formée pour l'exécution de ces sondages à Ostricourt et à Raches. Ayant découvert la houille au commencement de juillet 1855, elle demandait une concession de 35 kilomètres carrés environ.

Les Compagnies de Dourges et de l'Escarpelle, dont l'attention venait d'être éveillée, établirent des sondages en concurrence à Ostricourt et à Moncheaux, et demandèrent, à titre d'extensions, les mêmes terrains. Une autre Société de recherches, la Compagnie de Libercourt, vint aussi s'établir au Nord d'Ostricourt et demander également une concession. Malgré ses droits de priorité, de découverte, la Société d'Ostricourt n'obtient une concession de 2,300 hectares que le 19 décembre 1860, en même temps que les Compagnies de Meurchin, de Carvin et d'Annœulin obtenaient aussi des conversions qui venaient ajouter 6,000 hectares aux concessions précédemment instituées.

La Société de recherches d'Ostricourt se transformait le 22 novembre 1855, en Société d'exploitation sous la dénomination de **Compagnie Charbonnière Douaisienne**, au capital de 3 millions, divisé en 6,000 actions de 500 fr.

Une 1re fosse fut ouverte en juillet 1856 ; tombée sur des terrains accidentés, elle ne produisait que 2,000 tonnes en 1859 et 7,000 tonnes en 1860, de houille maigre.

Une 2e fosse fut commencée en 1860.

Les actions avaient versé , en 1860, 325 fr. ; elles se vendaient au pair.

Compagnie de Libercourt. — Une Société, formée à Lille, vint en 1858 et 1859, installer 4 sondages au Nord de ceux exécutés par la Compagnie Douaisienne, à Carvin, Wahagnies, Camphin et Phalempin. Elle rencontra le terrain houiller dans les trois premiers, et la houille dans deux d'entre eux.

Ses travaux à peine commencés cette Société fit opposition à la demande de concession des Mines d'Ostricourt, et demanda elle-même une concession de 579 hectares. Plus tard, lorsqu'elle vit que sa demande serait repoussée, elle réclama une indemnité de 80,000 fr., basée sur ses découvertes et ses dépenses montant à 69,000 fr.

Voici sur ce point, la réponse du Conseil général des Mines par l'organe de son rapporteur, M. Combes ;

« Je n'ai pas besoin d'ajouter que, pas plus que MM. les Ingé-
« nieurs Dormoy et Boudousquié et que M. le Préfet du Nord,
« je ne propose d'allouer une indemnité d'invention à cette Société,
« et c'est le lieu de remarquer à quelles conséquences abusives
« ou serait conduit si l'on entrait dans une pareille voie. Rien
« de plus facile, en effet, dans la partie du terrain qui nous occupe
« que de se placer de manière à arriver à coup sûr sur la houille,
« et l'auteur d'un pareil travail viendrait ensuite demander aux
« explorateurs sérieux qui lui ont montré le chemin, non seule-
« ment le remboursement de ses dépenses, mais encore une in-
« demnité d'invention de 80,000 fr. plus ou moins. Elle n'est pas
« admissible, et il importe de décourager de telles spéculations.»
Malgré cet avis si concluant, le décret de concession des Mines
d'Ostricourt attribua à la Compagnie de Libercourt « à titre
« d'indemnité pour la part à attribuer à ladite Société dans
« l'invention des mines de la présente concession, la somme de
« 20,000 fr. ».

Compagnie de Meurchin.— Les recherches d'Ostricourt appelèrent l'attention sur les terrains au Nord des concessions alors établies, et donnèrent lieu à l'exécution d'un grand nombre de sondages

Une Société qui s'était formée le 16 août 1854 à Béthune sous la raison sociale Daquin et Compagnie, et qui avait poussé, jus-qu'à 207 m. 76 dans le calcaire, un sondage N° 350 à Haversker-ques, près St-Venant, vint s'établir en 1856 à Meurchin, con-curremment avec la Compagnie de Courrières.

Elle découvrit la houille, et demanda une concession qui lui fut accordée sur 1,626 hectares le 19 décembre 1860, non sans grands débats avec ses concurrents, les Compagnies de Courrières, Lens, Carvin, Don et Houdain.

La Société Daquin s'était transformée en février 1857 en Société d'exploitation, au capital de 3 millions, divisé en 3,000 actions de 1,000 fr., dont 510 libérées étaient attribuées aux fondateurs.

Dans la même année, une fosse était ouverte à Meurchin, et elle produit, en 1859, 4,500 tonnes, et en 1860, 39,000 tonnes.

Compagnie de Carvin. — La Compagnie La Basséenne s'était formée le 23 mars 1857, deux années après les premières recherches d'Ostricourt, et elle avait ouvert un sondage à Carvin dès le mois de février précédent. Elle y atteignait bientôt la houille, et en transformait le 29 juillet 1857 en Société d'exploitation sous la dénomination de **Société houillère de Carvin**. Le capital de la nouvelle Société étaitde 4 millions, divisé en 8,000 actions de 500 fr., dont 1,920 libérées étaient attribués aux fondateurs.

Le 1er novembre 1857, la Compagnie de Carvin demandait une concession. Elle se trouvait en concurrence avec les Compagnies de Meurchin, de Courrières et d'Annœulin qui avaient exécuté des sondages dans les terrains qu'elle sollicitait. Le décret du 19 décembre 1860, qui instituait les concessions d'Ostricourt, de Meurchin et d'Annœulin, instituait également une concession de 1,150 hectares en faveur de la Compagnie de Carvin.

Dès 1857, une première fosse était ouverte à Carvin, et elle fournissait 17,000 tonnes en 1859 et 30,000 tonnes en 1860.

Au 31 décembre 1860, la Compagnie de Carvin avait dépensé fr. 1,128,702 45. Elle avait à cette date fait construire 40 maisons d'ouvriers.

Compagnie de Don. — La Société de Don s'était constituée le 13 juin 1857 pour exécuter des recherches au Nord de celles faites par la Compagnie de Courrières. Elle exécuta 9 sondages, dont 5 rencontrèrent le calcaire carbonifère, 2 le terrain houiller sans houille, et 2 la houille.

Le 2 février 1858, la Société de recherches se transformait en Société d'exploitation, sous la dénomination *de Société houillère de Don*, au capital ne 3 millions, divisé en 3,000 actions de 1,000 fr., dont 580 libérées attribués aux fondateurs.

Les actions se placèrent assez difficilement, parceque le public craignait qu'il ne fut pas accordé de concession à la Société , et qu'il était question de lui imposer une fusion avec Carvin.

Le décret du 19 décembre 1860 qui institua la concession d'Annœulin, de 720 hectares, ne modifia pas sensiblement la défaveur pour les actions de la Compagnie, qui avait fait des dépenses considérables , plus de 800,000 fr., et qui pour les couvrir avait déjà dû recourir aux emprunts.

Une fosse avait été ouverte à Annœulin à la fin de 1850. Le passage du niveau présenta d'assez grandes difficultés. Elle atteignit 2 veines de 0,m. 45 et 0,m. 60 d'épaisseur, qui fourniren en 1860, 8,000 tonnes de houille maigre tenant 14°/₀ de matières volatiles.

La Compagnie de Don, craignant de ne pas obtenir de concession, avait entrepris des recherches à Wiers (Belgique), qui rencontrèrent une couche de houille de 1 m. 24 à la profondeur de 50 m. Une fosse fut ouverte en 1860 pour l'exploiter.

Compagnie de Douvrin. — Une société, dite d'Houdain, s'était constituée à Béthune en 1855, pour faire des recherches. Elle débuta par trois sondages à Houdain, à Divion, à Bouvigny-Boyeffles qui rencontrèrent le terrain dévonien. Puis, après s'être transformée en société d'exploitation au capital de trois millions, en 1857, elle ouvre quatre sondages au nord de la concession de Lens, et atteint une couche de houille à celui de Douvrin. Elle demande une concession, et commence un puits en 1859.

PUITS ET SONDAGES EXÉCUTÉS AU NORD ET EN DEHORS DES CONCESSIONS A L'OUEST DE BÉTHUNE.

NUMÉROS inscrits sur la carte	DÉSIGNATION des PUITS ET SONDAGES.	NOMS DES SOCIÉTÉS qui les ont exécutés.	Année de l'exécution.	ÉPAISSEUR des morts-terrains.	PROFONDEUR totale atteinte.	RÉSULTATS OBTENUS. Principales particularités qu'ont présentées les travaux.
				mètres.	mètres.	
268	Sondage d'Annezin..........	Cie de Béthune.....	1850	184.21	229.56	Veine de houille maigre , puis calcaire avec dégagement de gaz sulfureux.
269	» de Vendin.........	Cie de Vendin......	1854	198. »	210.25	1° Veine de $0^m 50$ à 206^m ; 2° veine de $0^m 92$ à 208^m.
270	» d'Oblinghem.......	»	1854	201. »	248.80	Exécuté par Kind. Terrain houiller.
271	» d'Annezin	»	1855	190.40	245. »	Terrain houiller.
272	» de Chocques	»	1855	200.86	227.87	D°
273	» de Gonnehem	»	1855	189.51	192.02	Calcaire carbonifère.
279	Fosse N° 0 à Chocques	»	1856		20.53	Abandonnée dans les sables mouvants.
280	» 1 à Annezin.......	»	1857	175. »	380. »	Entre en exploitation en 1861.
281	» 2 »	»	1873	193. »	335. »	Niveau passé par le système Kind-Chaudron.
850	Sondage d'Haverskerque.....	Cie Daquin	1854	208.76		Calcaire carbonifère.

Inscrits sur la carte	DÉSIGNATION des PUITS ET SONDAGES.	NOMS DES SOCIÉTÉS qui les ont exécutés.	Année de l'exécution.	ÉPAISSEUR des morts-terrains.	PROFONDEUR totale atteinte.	RÉSULTATS OBTENUS. — Principales particularités qu'ont présentées les travaux.
				mètres.	mètres	
9	Sondage de Busnes	Dellisse-Engrand				Terrain dévonien.
26	» d'Ecquedecques	Cie de Ferfay	1852	192. "		Calcaire.
4	» de Saint-Hilaire	Ste du Duc de Guines	1780		77. "	Couche bleue noirâtre exhalant une odeur sulfureuse.
4	» de Norrent Fontes	Cie d'Auchy-au-Bois	1852	169.48	171.45	Calcaire carbonifère.
2	» de Molinghem	Sté de Ste-Isbergues	1856		200. "	Calcaire dur, fétide, à 135m.
48						
3	» de Moulin-Comte	Sté de Ste-Isbergues	1857		245. "	Calcaire.
6	» de Liettres	Podevin et Cie		127. "	132.08	Calcaire carbonifère.
2	» de Serny	»	1855	180.30	181.30	Calcaire.
6	» d'Enguinegatte	Cie de La Lys			212. "	Résultats indéterminés. Argiles et schistes à 166m 70.
8	» d'Enquin	»		161. "	162.22	Calcaire.
1	» d'Enguinegatte	Cie d'Auchy-au-Bois	1873			
2	» Lebreton No 5	Soc. de la Morinie	1860		176. "	Conglomérats de silex.
5	» de Delette-Coyecques	Cie de La Lys		128. "	153.20	Terrain dévonien.
0	» de Coyecques	Lucas Championnier.		78.40	86. "	Schistes dévoniens rouges et gris.
4	» de Delette	D'Hérambault				Calcaire dévonien.
5	» » No 2	»			135. "	Do
6	» » No 3	»			122. "	Do
5	» de Rudometz	Cie d'Auchy-au-Bois	1852	130. "	156. "	Graviers, cailloux, sable. Eau jaillissante.
0	» de Clarques	Société d'Aire		195. "	213. "	Terrain dévonien.
4	» de Rebecq	Sté de Ste-Isbergues			200. "	Do

Puits et sondages. — La demande de la houille en 1854, les prix élevés qu'atteignirent les combustibles, et les bénéfices qui résultèrent de cet état de choses pour les houillères existantes, furent un puissant encouragement à l'entreprise de nouvelles recherches.

Le Gouvernement en instituant les premières concessions du nouveau bassin du Pas-de-Calais, adopta le principe très rationnel de la division par tranches transversales, du nord au sud, comprenant toute la largeur présumée de la formation houillière, de manière à ce que chaque concession renfermât les gisements de houille grasse, demi-grasse et maigre.

Mais les limites de la formation houillère n'étaient pas alors suffisamment définies, et de nombreuses recherches exécutées au nord des concessions existantes vinrent montrer que les gisements houillers s'étendaient beaucoup au-delà des limites présumées. C'est à la suite de ces explorations que furent instituées au nord du bassin de 1857 à 1860, ainsi qu'il a été dit précédemment les nouvelles concessions de :

Vendin.............	1,166 hectares.
Ostricourt..........	2,300 »
Meurchin	1,626 »
Carvin	1,150 »
Annœullin	920 »
Et plus tard de Douvrin	700 »
Ensemble........	7,862 hectares.

L'établissement de ces nouvelles concessions ne se réalisa pas sans de vives réclamations des Compagnies anciennes qui revendiquèrent, à titre d'extension de leurs concessions les nouvelles portions de terrain houiller découvertes par les Compagnies nouvelles, en invoquant le principe de la division par tranches. L'intérêt public, l'équité et la justice commandaient au contraire de donner satisfaction aux droits très respectables des nouveaux inventeurs.

D'un autre côté, une foule de sociétés concurrentes vierent entreprendre des recherches sur les terrains déjà fouillés, ou en dehors, et c'est le résumé historique de ces sociétés qui fait l'objet de ce paragraphe.

Déjà, à la page 158 de ce volume, se trouvent les détails relα-

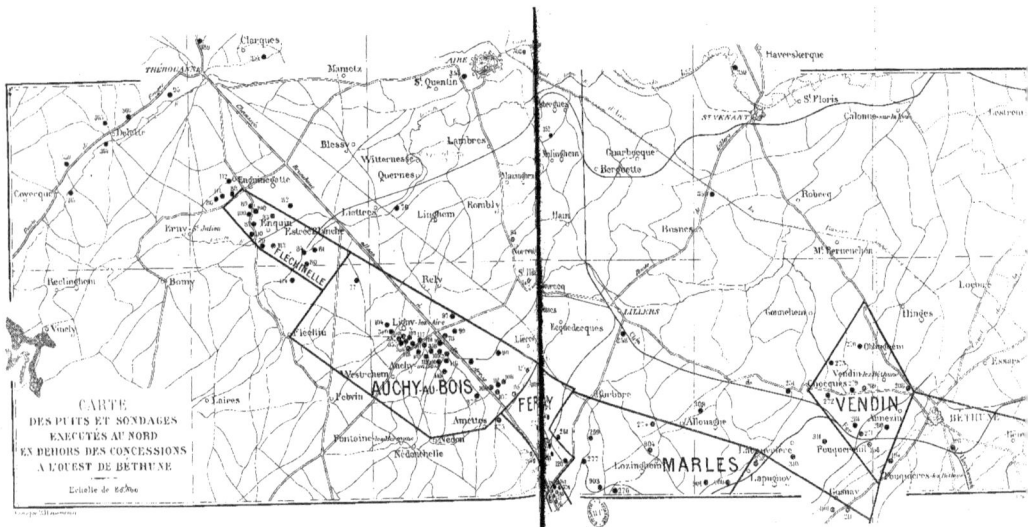

CARTE
DES PUITS ET SONDAGES
EXÉCUTÉS AU NORD
EN DEHORS DES CONCESSIONS
A L'OUEST DE BÉTHUNE

Échelle de 80,000

tifs à la Compagnie de Libercourt qui s'était établie sur les terrains explorés par la Compagnie Douaisienne.

Société la Parisienne. — Une société à la tête de laquelle était M. d'Héricourt vint en 1858 établir trois sondages au nord des recherches faites par les Compagnies d'Ostricourt et de Libercourt. Le premier n° 347 fut installé à la Neuville, et rencontra à 165 m. 49 des argiles ferrugineuses, puis à 166 m. 61 des schistes noirâtres paraissant appartenir au terrain houiller. Il traversa ensuite des alternances de grés et de schistes jusqu'à 189 m. 20, profondeur à laquelle il fut abandonné.

Le deuxième n° 348 fut ouvert à Mérignies, et rencontra le calcaire, d'après la déclaration du chef sondeur.

Le troisième n° 349, était installé à 300 mètres au nord du clocher d'Avelin. Il atteignit à 100 mètres le calcaire dans lequel il pénétra de 3 m. 50.

Société du canton de Seclin. — Cette société, à la tête de laquelle se trouvait un sieur Lamblin, exécuta deux sondages, n°ˢ 297 et 298, en 1857, à Camphin, au nord de Carvin. Tous deux furent arrêtés dans le calcaire, le premier à 131 mètres, le deuxième à 160 mètres.

La Société de Seclin avait dès le 28 décembre 1857 fait opposition à la demande de concession de la Compagnie de Meurchin. En 1858, le 19 octobre, c'était contre la demande de concession de la Compagnie Douaisienne qu'elle formait opposition.

Société d'Auchy-lez-la-Bassée. — Cette société, qui s'était formée à Béthune le 27 juillet 1859, avait pour objet la recherche de la houille dans les départements du Nord et du Pas-de-Calais.

Elle avait pris la dénomination de société d'*Auchy-lez-la-Bassée*.

Son capital était fixé à 50.000 fr. représenté par 50 actions de 1.000 fr. Chaque action étant elle-même divisible en deux coupures de 500 fr.

En outre de ces 50 actions, il était créé 36 parts libérées dont 30 étaient attribuées aux fondateurs, en compensation de leurs apports, indications des points de recherches, prises de possession et soins donnés aux travaux de trois sondages en cours d'exécution, savoir :

1° Un sondage (N° 379), sur Haisnes, à la profondeur de 145 m.
2°   »   (N° 380), sur Douvrin ,   »   120 m.
3°   »   (N° 381) sur Violaines , commencé.

6 parts libérées étaient réservées pour rémunérer des personnes rendant des services.

Les dépenses faites à la date du 27 juillet 1859 s'élevaient à 20.000 fr.

Les fondateurs souscrivirent 10 actions de 1,000 fr. de la nouvelle société, qui devait être définitivement constituée après la souscription de 30 actions.

La société était administrée par un directeur-gérant.

Après la découverte de la houille constatée par M. l'Ingénieur des Mines du département, une assemblée générale devait être convoquée pour former une société d'exploitation, dans laquelle chaque action de la société de recherches entrerait pour 20 actions libérées de 500 fr., ce qui aurait constitué un apport de 860.000 fr.

La société d'Auchy-lez-la-Bassée exécuta trois sondages au nord des concessions de Lens et de Bully-Grenay, savoir :

1° N° 379, *Sondage de Haisnes*, près de la fosse de Douvrin et au nord. 1859. Terrain houiller à 144 m. 04. Profondeur totale 206 m. 05. Ne rencontra qu'une *passée* de charbon de 0 m. 15. Les assises traversées par ce sondage doivent être considérées comme appartenant à la partie inférieure et généralement stérile de la formation houillère.

2° N° 380, *Sondage de Douvrin*, près le canal, au sud-est de La Bassée, 1859. Profondeur totale 139 m. 65. Ne dépassa pas le *tourtia* et fut abandonné par suite d'éboulements.

3° N° 381, *Sondage de Violaines*, 1859. Fut abandonné dans les *dièves* à la profondeur de 97 m. 35.

La Société d'Auchy-lez-la-Bassée entra en liquidation en 1860, et céda à la Compagnie d'Houdain, le sondage d'Haisnes, n° 379 où elle avait trouvé le terrain houiller.

Société d'Amettes. — La Société d'Amettes qui avait

exécuté sans succès diverses recherches au midi de Ferfay, les abandonna en 1858, et vint établir deux sondages au nord de la concession de Lens, l'un à Douvrin, n° 373 et l'autre à Haisnes, n° 372, au centre des travaux de la Compagnie d'Houdain. Tous deux rencontrèrent le terrain houiller. Celui de Douvrin à 147 m. 70, fut poursuivi jusqu'à 223 mètres et découvrit deux couches de houille, une de 0 m. 46 à 219 m. 85, l'autre de 0 m. 29 à 222 m. 30.

Le sondage d'Haisnes fut abandonné à 168 mètres dans le terrain houiller qu'il avait rencontré à 141 m. 55.

La Société d'Amettes entra ensuite en liquidation judiciaire. Le sieur Lancial chargé de cette liquidation réclama en mai 1863 au Conseil de préfecture une indemnité de 30.000 fr. de la Compagnie de Douvrin, motivée sur l'utilité de ses sondages de Douvrin et de Haisnes pour l'obtention de la concession de cette dernière Compagnie.

Le Conseil de préfecture repoussa cette demande.

Compagnie du Nord. — Une Société dite *du Nord*, établit en 1856 un sondage n° 370 à Givenchy-lez-la-Bassée au nord de la concession de Bully-Grenay. Ce sondage fut suspendu à la suite d'accidents survenus, dit-on, au tubage, et qui auraient empêché d'y vérifier la nature des roches. Le rapport administratif dont sont extraits les renseignements ci-dessus, ajoute : « Nous ne parlerons pas de *prétendue source de charbon* qu'on » avait voulu y faire constater au moment de l'abandon du » forage. »

Après l'abandon de son premier forage de Givenchy, la Compagnie du Nord reporta ses recherches plus au sud, sur le canal d'Aire à La Bassée, n° 371. Elle n'aboutit sur ce nouveau point qu'à la rencontre du calcaire négatif à 159 mètres dans lequel le sondage fut abandonné à 169 mètres. C'était ajoute le rapport de l'Ingénieur des Mines « la condamnation la plus formelle des » espérances qu'on s'était plu à entretenir sur les produits mer- » veilleux du puits artésien de Givenchy. »

Société des Dunes. — La Société des Dunes s'était formée à Béthune. Elle entreprit un premier sondage à Locon N° près et au Nord de Béthune. Elle le poussa jusqu'à .....

La base du tourtia y fut rencontrée à 220 m. La sonde pénétra ensuite dans des alternances de schistes argileux et de grès, ne présentant pas de caractères bien déterminés, et dans les débris desquels on retrouvait des fragments de calcaire fétide. Les schistes eux-mêmes étaient sensiblement calcarifères.

La Société transporta ensuite son équipage de sonde à Beuvry, au Nord de la concession de Noeux, Nº   . Là encore elle échoua à la rencontre du calcaire de transition, dont on obtint des fragments caractéristiques entre les niveaux de 161 et de 164 m.

De Beuvry la Compagnie se transporta à Essars, Nº   , et là encore elle atteignit la même formation d'après ce qu'on put juger des échantillons recueillis à la profondeur de 190 m.

(Extraits des rapports de M. Sens).

En novembre 1858, la Société des Dunes abandonna complètement ses recherches, et mit en vente son matériel de sondage d'Essars, qui fut adjugé au prix de 1.657 fr. 75.

Société du Couchant de Lumbres. — Cette Société avait établi son plan d'opération de recherches sur les communes de Bouvelinghem, Alquines, Hauttoquin et Escœuilles.

En 1857, elle ouvrit un sondage à Bouvelinghem.

Société de Labeuvrière. — Par acte du 9 avril 1857, déposé chez Mᵉ Calonne, Notaire à Béthune, une Société s'était formé pour la recherche de la houille sur les territoires de Labeuvrière et de Lapugnoy (Pas-de-Calais).

M. Lenglin-Menu, négociant à Arras, avait commencé des recherches aux dits lieux, et il faisait apport de ses droits à la Société qui prenait la dénomination de *Compagnie de Labeuvrière*.

Le capital était fixé à 40,000 fr., représenté par 160 actions de 250 fr.

Les Statuts portaient que la Société serait administrée par un gérant, sous la surveillance d'un Conseil d'administration, et dont les actes seraient soumis aux assemblées générales des actionnaires.

Si les recherches étaient infructueuses, l'Assemblée générale pouvait prononcer la dissolution de la Société, et les actionnaires qui voudraient continuer les travaux, auraient le droit de retenir l'actif de la Société sur estimation.

M. Lenglin-Menu devait recevoir à titre gratuit le cinquième dans les découvertes et bénéfices qui pourraient en résulter, ainsi que dans l'actif de la Société. En cas d'insuccès des recherches, il n'aurait aucune rémunération.

Toutefois, il devait lui être remboursé dans tous les cas 2.500 fr. montant des dépenses par lui faites, au 31 décembre 1856, aux sondages de Labeuvrière et de Lapugnoy. Enfin il devait lui être payé 1.000 fr. par semestre pour la location du matériel des sondages qu'il apportait à la Société.

La Compagnie de Labeuvrière s'était proposé d'étudier les terrains situés au Nord de la commune de Bruay. Elle installa trois sondages :

1° A Lapugnoy, ou elle échoua, comme il était facile de le prévoir ;

2° A Labeuvrière ;

3° A Fouquières-lez-Béthune.

Ces deux derniers sondages paraissent avoir été immédiatement arrêtés, car dès le mois de mars 1858, on annonçait que la Société était en liquidation.

Les sieurs d'Hérambault et Compagnie. — Les sieurs d'Hérambault, Pollet, et de Saint-Paul, avaient exécuté trois sondages à Delette dans la vallée de La Lys. Ces sondages rencontrèrent tous le calcaire dévonien, le 1er N° 364, ..., le 2° N° 365 à 135 m., le 3e N° 366 à 122 m.

En 1856, ils ouvrirent deux nouveaux sondages, l'un sur la commune de Wisernes qui fut suspendu à 101 m., après avoir traversé, au-dessous du tourtia, 4 m. 50 de schiste bleuâtre et 2 m. 50 d'un calcaire compact; l'autre sur la commune de Dohem, au hameau de Maisnil, qui fut arrêté à 140 m. après avoir recoupé, au-dessous du tourtia, 8 m. de schistes dévoniens gris et rouges.

Société de Sainte-Isbergues. — Cette Société a exécuté 4 sondages, savoir :

N° 352 à Molinghem près Aire, abandonné en 1857 à 200 m.

« Au niveau de 135 m. on y découpa un échantillon de calcaire

» dur, compact, de couleur gris foncé et d'odeur fétide, qui fut
» jugé appartenir aux terrains de transition. » (1).

N° 353 à Moulin-Comte, près Aire. Ce sondage « recoupa de
» 118 m. à 245 m. des couches calcaires assez comparables aux
» têtes des bancs de marbre du Boulonnais, » (2).

N° 354 à Rebecq, près Thérouanne. Poussé à 200 m. Terrain
dévonien.

N° 800 à Morbecques, sur la route départementale d'Hazebrouck
à Aire. Commencé en 1858, ce sondage était encore dans les
terrains tertiaires à la profondeur de 120 m.

Fut poussé à 290 m. et ne sortit pas des schistes gris-bleuâtres,
très fissiles, semblables à ceux rencontrés dans les sondages
d'Haverskerke, N° 350 et de Racquinghem, N° 514.

Société de Racquinghem. — L'Écho du Pas-de-Calais du
26 mars 1858 rapporte, d'après le compte-rendu de M. Sens que
« la Société de Racquinghem continue péniblement à 270 m.
» environ l'enfoncement de son forage du Pont Asquin, N° 514.
» Aucun changement ne se manifeste dans la nature des terrains
» recoupés. Ce ne sont comme auparavant que des schistes com-
» pactes d'un gris bleuâtre qui ont plutôt l'apparence de schistes
» dévoniens que de schistes houillers. Il est difficile toutefois
» d'acquérir aujourd'hui une certitude absolue sur leurs carac-
» tères négatifs. Le diamètre du trou de sonde est fort réduit,
» et l'on ne saurait par suite découper un échantillon assez im-
» portant pour y rechercher efficacement quelques traces de
» fossiles. »

La Société de Racquinghem fut fondée par M. Ch. Petit de
Ricamez.

Le sondage du Pont d'Asquin, au Sud d'Eblinghem, fut abandonné le 16 mars 1858 à 286 m. 27 dans le terrain dévonien.

Société du Pas-de-Calais. — Dans son rapport au Conseil
général pour la session de 1859, M. Sens dit que la Société du
Pas-de-Calais a entrepris trois sondages, 2 à Labeuvrière et 1 à
Ousnay. Mais on ne connaît pas les résultats de ces sondages.

(1) Rapport de M. Sens au Conseil général du Pas-de-Calais, session de 1858.
(2)   Id.   id.

Crespel-Dellisse et Compagnie. — Un rapport de M. Sens, publié par l'*Écho du Pas-de-Calais*, le 25 mars 1858, contient les renseignements suivants :

« Les sieurs Crespel-Dellisse et Compagnie, après avoir aban-
« donné les forages de Delette et d'Ouve-Verquin, à la rencontre des schistes dévoniens, ont exécuté deux nouvelles recherches :

1° Sur le territoire de Thérouanne (hameau de Nielle), au lieu dit la « *Longue-Borne* On y a trouvé, au-dessous du tourtia, à 177 m.,
« un terrain de sables et de graviers ; puis, à 190 m., des argiles
« plus ou moins chargées de matières noires charbonneuses qui
« nous ont paru être des débris de lignite ; enfin, à 205 m., des
« fragments de calcaire fétide. Le sondage atteint 211 m. de
« profondeur sans variation aucune dans la nature des derniers
« terrains traversés. On a vraisemblablement atteint une forma-
« tion inférieure à celle du terrain houiller.

« 2° Au territoire d'Enguinegatte, à proximité du forage de la
« Lys-Supérieure. Le tourtia y a été traversé à 165 m. et la sonde
« bat aujourd'hui, à 172 m., sur un terrain dur dont on extrait par
« le lavage, des fragments de calcaire puant. Sur ce point comme
« sur tous les autres, on se trouverait donc encore en dehors du
« terrain houiller. »

Société de Setques. — Le 27 août 1855, M. Lamborot s'était associé avec six autres personnes pour la continuation d'un sondage qu'il avait commencé à Setques, près Saint-Omer, le 24 mars précédent. Le capital de la Société était de 24,000 fr. divisé en 24 parts de 1,000 fr. avec faculté d'appeler 1,000 fr. en plus par part et de porter ainsi le capital à 48,000 fr.

Trois sondages furent exécutés :

N° 508. 1° au Sud du village de Setques ; arrêté dans le calcaire carbonifère à 112 m. Il donna de l'eau jaillissante que l'on utilisa pour l'irrigation d'une prairie.

N° 509. 2° au Nord de Setques ; profondeur 91 m. Il donna également de l'eau jaillissante lorsqu'il atteignit la base du tourtia. Cette eau, pendant plusieurs jours, coulait noire, et dé-posait dans le ruisseau voisin beaucoup de débris de houille, de lignite et de bois fossile. Il fut arrêté dans une roche brune, à cassure conchoïde, que M. Lamborot croit être une dolomie.

N° 510. 3° au Nord de Lumbres ; profondeur 129 m. Pénétra de 20 à 30 m. dans le même terrain que le 2me sondage de Setques. Ce terrain était très dur à forer ; cependant il se gonflait, s'éboulait et rendait le travail très difficile.

Au commencement de 1858, ces trois sondages étaient arrêtés. MM. Lamborot et consorts voulant continuer leurs recherches essayèrent de constituer une nouvelle Société dans laquelle ils apportaient leurs travaux et leurs droits d'invention.

L'acte porte la date du 17 mars 1858.

Le capital était fixé à 100,000 fr., représenté par 100 parts de 1,000 fr. dont 31 libérées étaient attribuées à MM. Lamborot et consorts pour leur apport.

Il paraît qu'il ne fut pas donné suite à ce projet de nouvelle Société.

Société d'Arques. — Une première Société s'était formée pour rechercher la houille au lieu dit le *Cœur Joyeux*, sur la route impériale n° 43 de Saint-Omer à Aire. Elle y entreprit un sondage qu'elle abandonna vers le milieu de l'année 1856. A la fin de la même année, elle s'établissait à Mulhove, N° 801, sur le territoire d'Arques, à 400 ou 500 m. du sondage du Haut-Arques.

Les ressources de cette Société étant épuisées, le sondage de Mulhove fut suspendu ; mais la Société, composée d'actionnaires de Béthune, de Lille et de Saint-Omer, se reconstitua suivant un acte déposé chez Me Calonne, notaire à Béthune, le 9 janvier 1858.

Le capital social était fixé à 13,000 fr. représenté par 26 actions de 500 fr.

En outre, les fondateurs on actionnaires de l'ancienne Société s'attribuaient pour apport de leurs travaux précédents, 87 et 3/10 actions de 500 fr. libérées.

Les administrateurs avaient la faculté d'emprunter 7,000 fr. sur le matériel appartenant à la Société.

La nouvelle Société reprit le sondage de Mulhove le 23 novembre 1858 et le poussa jusqu'à 290 m. 77, profondeur à laquelle il fut abandonné dans des schistes d'apparence ardoisière.

La Société d'Arques entre en liquidation en 1860.

Les sieurs Fanien et Compagnie. — D'après un rapport de M. Sens du 31 juillet 1858, les sieurs Fanien et Compagnie avaient entrepris l'exploration des terrains situés au Nord des communes de Marles et de Ferfay. Leur 1er sondage d'Hurionville n'aboutit qu'à la rencontre du calcaire siliceux très probablement inférieur au terrain houiller.

Leur 2me recherche à Burbure n'a pas plus de succès ; ils y ont atteint une formation de schistes gris, bleuâtres et verdâtres, au milieu desquels nous avons pu retrouver, à la profondeur de 195 m., des fragments de spirifère et de productus. On aurait donc rencontré sur ce point les couches dévoniennes dont on a jadis constaté l'existence à Lillers.

Les sieurs Podevin et Compagnie ont continué l'étude de la section qu'ils avaient précédemment entreprise au S,-O. des affleurements dévoniens de Fouxolles.

Des trois recherches qu'ils avaient échelonnées à 500 m. de distance l'une de l'autre, au territoire de Rebecques, sur le chemin de grande communication n° 49, les deux premières, à l'Est, ont rencontré le calcaire de transition. Le troisième a été arrêtée à la profondeur de 47 m., après avoir traversé une alternance de grès et de schistes sur une hauteur de 20 m.

Un quatrième sondage placé au Nord de Rebecques n'a pas été plus heureux. Il a trouvé au niveau de 30 m. le calcaire ancien dans lequel on a pénétré de 2 m. 50.

De nouvelles positions ont été prises vers le Midi : l'une à Surques, l'autre à Escœuilles Des deux côtés on a échoué à la rencontre des terrains dévoniens caractérisés par une succession de grès blancs et de schistes rouges. Sur le premier point on les a atteint immédiatement au-dessous d'une couche superficielle de minerai de fer, et ils ont été suivis sur 18 m. d'épaisseur. Sur le second point, on ne les a rencontrés qu'à 58 m. 50 et on y a pénétré jusqu'à la profondeur de 64 m. (1,)

_____

(1) Rapport de M. Sens au Conseil général en 1858.

RECHERCHES AU MIDI DU BASSIN.

PUITS ET SONDAGES EXÉCUTÉS AU MIDI DES CONCESSIONS ET A L'OUEST DE DOUAI.

N° inscrits sur la carte	DÉSIGNATION des PUITS ET SONDAGES.	NOMS DES SOCIÉTÉS qui les ont exécutés.	Année de l'exécution.	ÉPAISSEUR des morts-terrains.	PROFONDEUR totale atteinte.	RÉSULTATS OBTENUS. Principales particularités qu'ont présentées les travaux.
				mètres.	mètres.	
87	Sond. de la Porte d'Esquerchin.	Soc. La Roubaisienne.	1866	251. »	253. »	Calcaire.
86	» sur Douai	Cⁱᵉ du M. de l'Escarp.	1860		288. »	N'est pas sorti du calcaire.
88	» de Cuincy	Cⁱᵉ du Couc. d'Aniche	1869		130. »	Arrêté dans les bleus.
65	» de Lambres		1867		60. »	Suspendu dans la craie.
89	» 1° de Lambres........	Cⁱᵉ du M. de l'Escarp.	1854		55. »	Dᵒ
88	» 2° »	Cⁱᵉ du Couc. d'Aniche	1876			Simulacre de recherches.
84	Fosse N° 1 de Courcelles	Cⁱᵉ du M. de l'Escarp.	1861	141. »	408. »	Traverse 99ᵐ de calcaire avant le terrain houiller.
82	Sondage de Courcelles......	Dellisse–Engrand...	1857	140. »	»	Schistes argileux noirs, puis grès quartzeux bleuâtres à 146ᵐ.
67	1ᵉʳ sondage »	Cⁱᵉ du M. de l'Escarp.	1858	144.30	234. »	Négatif d'après les Ingénieurs des mines ; 32ᵐ de terrain houiller d'après Lebreton.
68	4ᵉ » »	»	1860	138.60	283.50	Terrain dévonien, quoique Lebreton prétende y avoir trouvé le terrain houiller.
85	Fosse N° 2 de Courcelles	Lebreton..........	1866		23.95	Abandonné dans la craie.
90	Sondage de Flers-Ouest	Cⁱᵉ de l'Escarpelle ..	1850	141. »		Calcaire.
62	Fosse d'Esquerchin	Cⁱᵉ Willaume-Turner	1752		165. »	Reprise en 1887. Terrain dévonien incliné à 35° vers le Sud.
57	» »	Cⁱᵉ d'Esquerchin....	1837		165. »	Reprise de la fosse de Willaume-Turner.
33	1ᵉʳ sondage Salmon	Salmon............	1873		176.11	Abandonné à la suite d'accident.
34	2° » »	»	1875	150. »	598.47	N'est pas sorti du terrain dévonien.
38	Sondage de Cuincy	Cⁱᵉ de Courcelles ...	1875	198. »	473.50	Dᵒ dᵒ
39	» de Beaumont......	» ...	1875	143. »	450. »	Terrain houiller après 307ᵐ de calcaire, schistes et grès dévoniens.
02	» »	Cⁱᵉ Béthunoise		137. »		Terrain dévonien.
12	» d'Hénin-Liétard (S.-E.)	Cⁱᵉ de Courrières ...		180.50	132.70	Dᵒ
31	» d'Hénin-Liétard.....	Société Leclercq ...		148. »	200. »	Dᵒ
37	» »	» Béthunoise	1858		180. »	Dᵒ

NUMÉROS inscrits sur la carte	DÉSIGNATION des PUITS ET SONDAGES.	NOMS DES SOCIÉTÉS qui les ont exécutés.	Année de l'exécution.	ÉPAISSEUR des morts-terrains.	PROFONDEUR totale atteinte.	RÉSULTATS OBTENUS. — Principales particularités qu'ont présentées les travaux.
				mètres.	mètres.	
186	Sondage d'Hénin-Liétard	Société Calonne	1858		187. »	Terrain schisto-calcaire.
135	» de Drocourt......	Cⁱᵉ de Drocourt	1875	129. »	507.65	Terrain houiller à 361ᵐ 75, 9 couches de houille à 30 %\, de matières volatiles, inclinées à 30°.
924	Fosse de Drocourt	»	1880	126.50	353.50	Terrain houiller à 291ᵐ 50. Il a traversé 2 veines.
130	Sondage de Bertricourt......	Cⁱᵉ de Méricourt....	1858	139. »	295. »	Schistes et grès verts, rouges et bleus.
128	» de Rouvroy........	Société de Rouvroy .	1855			
131	» d'Acheville.......	Cⁱᵉ de Méricourt....				Schistes rouges dévoniens.
260	» de Méricourt (Sud)..	Cⁱᵉ de Courrières ...				Schistes dévoniens.
134	» » » ..	Cⁱᵉ de Drocourt.....	1874	150.50	515.75	Terrain houiller à 441ᵐ 50, un peu de charbon.
129	» » (Nord) .	Cⁱᵉ de Méricourt....	1859	142.60		Schistes dévoniens.
140	» » » ..	Cⁱᵉ de Liévin	1877	141. »		Terrain houiller à 349ᵐ ; 2 veines de houille à 38 %\, de matières volatiles.
133	» de Vimy	Cⁱᵉ de Drocourt ..	1873	151. »	258.50	Terrain dévonien.
49	» d'Avion	Cⁱᵉ de Lens.......	1859	112.72	123.42	Schistes dévoniens rouges, grès bleuâtres et verdâtres.
56	» Nº 3 de Liévin	Cⁱᵉ de Liévin.......	1858	126. »	212. »	Schistes calcarifères jusqu'à 170ᵐ 70, puis terrain houiller avec filet de houille.
360	» d'Avion	Cⁱᵉ d'Arras	1856	132. »		Calcaire, puis schistes rouges.
48	» »	Cⁱᵉ de Lens.......	1859	134. »	160. »	Terrain dévonien.
47	» »	»	1858	122. »	144. »	Dᵒ
45	» sur Eleu..........	»	1857	187. »	180. »	2 couches de houille.
40	Fosse d'Eleu..............	»	1859			Abandonnée à 21ᵐ.
53	» Nᵒˢ 3 et 4 de Liévin ...	Cⁱᵉ de Liévin.......	1872	150. »	430. »	Creusées par le système Kind-Chaudron. Entrent en exploitation en 1876.
54	Sond. Nº 1 de Liévin	»	1858		124. »	Abandonnée dans la craie par suite d'accident.
55	» 5 »	»	1858	129. »	234. »	Terrain dévonien.
46	Sond. du Bois de Liévin.....	Cⁱᵉ de Lens.......	1858	146. »	201. »	Négatif. Calcaire.
513	» au Sud de Liévin	Soc. Renzé-Decosier.	1836	120. »		Calcaire dévonien.
60	» de Curency	MM. Mathieu . , ...	1847			Terrain dévonien.

DÉSIGNATION des PUITS ET SONDAGES.	NOMS DES SOCIÉTÉS qui les ont exécutés.	Année de l'exécution.	ÉPAISSEUR des morts-terrains.	PROFONDEUR totale atteinte.	RÉSULTATS OBTENUS. — Principales particularités qu'ont présentées les travaux.
			mètres.	mètres.	
Sond. Nº 4 de Liévin	Cie de Liévin.......	1858	125. »	183. »	Schistes calcarifères jusqu'à 141ᵐ 60 , puis terrain houiller et 3 veines.
Fosses Nᵒˢ 1 et 5 de Liévin ..	»	....	1858	137. »	430. »	Nº 1 entre en exploitation en 1860 ; Nº 2 foncée par le procédé Kind-Chaudron en 1875.
Sondage sur Liévin.........	Cie de Lens	1857	132.07	168.99	4 couches de houille.
» d'Angres	Cie d'Auchy-au-Bois.		137.60	149.60	Grès verdâtres.
» à Liévin......... .	Cie de Lens........	1860	195. »	263. »	Résultat douteux.
» »	Cie de Béthune.....	1858	140.60	180.50	Terrain houiller.
» Nº 2 à Liévin	Cie de Liévin.......	1858	123.50	189.40	Schistes bleus dévoniens , puis terrain houiller et petite veine à 134ᵐ 70 , inclinée à 65°
» à Liévin..........	Société d'Aix.......	1860			Schistes rouges dévoniens.
Fosse Nº 2 d'Aix	»	....	1859			Achetée par la Compagnie de Liévin en 1868.
Sondage d'Angres-Liévin	»	....	1858	123.65	160.05	Schistes rouges dévoniens.
» sur Liévin	Cie de Béthune.....	»		135.50	Terrain houiller.
» »	Société d'Aix.......	1859	122.20	146.49	2 veinules de houille.
» d'Aix-Noulettes.....	Cie de Lens........	1851	139. »	147. »	Calcaire.
» de Liévin.........	Société d'Aix.......	1859	128.50	140. »	1 veinule de houille à 128ᵐ 50.
» »	Cie de Lens........	1851	138.60	147.70	Schistes calcaires.
» d'Aix	Cie de Liévin.......		155. »		Terrain dévonien, puis terrain houiller à 305ᵐ, 2 veines de houille.
» à Bully..........	Société d'Aix.......	1859			Schistes rouges dévoniens.
» d'Aix	Cie d'Arras		181.13	169.56	Grès et sables dévoniens.
» de Bully..........	Société La Française.	1859			Schistes rouges et verts dévoniens.
» à Aix	»	.	1859			Dº dº
» d'Aix-Noulettes	Cie de Béthune.....	1872	148.60	486. »	Terrain dévonien jusqu'à 407ᵐ 48 , puis terrain houiller et 3 couches de houille.
» » Nº 1.	»	....		145.75	149.75	Quartzo-schisteux , psammites dévoniens.
» de Boyeffles.......	»				Schistes rouges dévoniens.
» »	Cie de Vicoigne-Nœux	1868	151.60	153.87	Schistes rouges dévoniens.

COURRIERES
LENS
LIEVIN
BULLY-GRENAY
Aix-
en-Gohelle
Chemin
LENS
Noyelles
sous-Lens
Hulluch
Lemvette
Salla
Liévin
Avion
Bénin
Montigny en Gohelle
Billy-Montigny
HENIN-LIETARD

Douvrin
Noyelle-Godault
Courcelles
lez-Lens
Auby
DOURGES
COURCELLES
lez-Lens
ESCARPELLE
Flers
Lauwin
Planque
Roost
Warendin

Ablain
St Nazaire
Souchez
Givenchy
en-Gohelle
Rouvroy
Drocourt
Beaumont
DROCOURT
Auberchicourt
Bois-Bernard
Cuincy
Esquerchin
DOUAI

Carency
Villers
au-Bois
Vimy
Fresnoy
Farbus
Thélus
Villerval
Bailleul
Sire Berthoult
Neuvireuil
Izel-
lez-Esquerchin
Quiery la Motte
Roclincourt
Lambres
Courcheletes
ANICHE
Corbehem
Brebières
Fenin
Gœulxin

PAS - DE - CALAIS
DEPART
DU
Fresnes
lez-Montauban
FOYKO
Binche-St Vaast
Gouy sous-Bellonne

Rochicourt
Gavelle

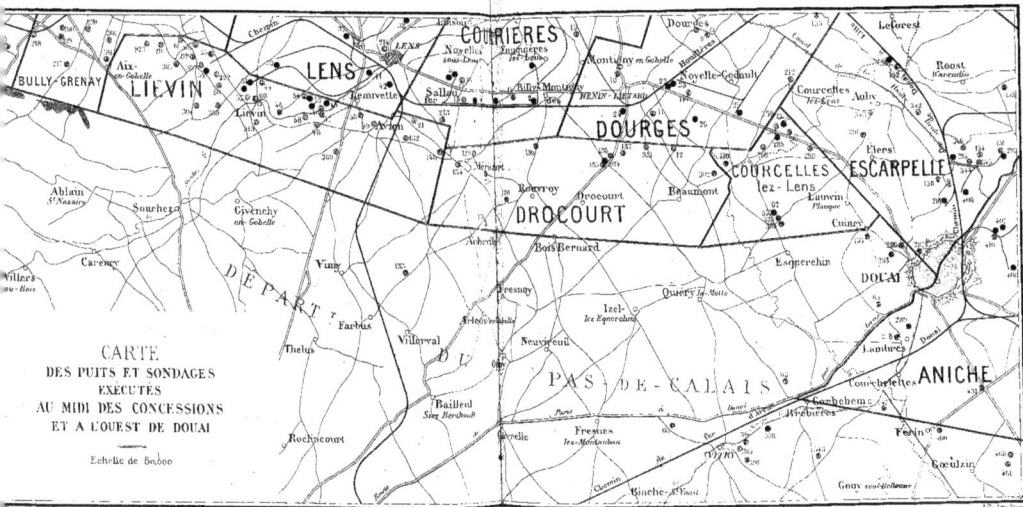

CARTE
DES PUITS ET SONDAGES
EXÉCUTÉS
AU MIDI DES CONCESSIONS
ET A L'OUEST DE DOUAI

Echelle de 80,000

Les mêmes motifs qui avaient engagé les explorateurs à faire des recherches au Nord des concessions établies, les engagèrent à entreprendre de nombreuses recherches au Midi de ces concessions. Voici quelques détails sur les principales de ces recherches.

Société d'Erny St-Julien. — Cette Société exécute en 1859 et 1860, deux sondages au Sud de la concession de Fléchinelle.

1° A Fléchinelle N° 113, commune d'Enquin, abandonné à 91 m. à la suite d'accidents.

2° A Cuhem, commune de Flèchin, N° 114 ; a été poussé à 180 m. dans des psammites bleuâtres.

Société la Modeste de Westrehem. — Exécute de 1858 à 1860, deux sondages près d'Auchy-au-Bois, pour disputer à la Compagnie de ce nom un lambeau de terrain houiller existant en dehors de la limite méridionale de sa concession. Le premier de ces sondages, à Ligny-lez-Aire, fut arrêté à 211 mètres dans une formation de silex noir avec phtanites.

Le second ne paraît pas avoir été poussé au delà de la craie.

Société l'Éclaireur du Pas-de-Calais. — Cette Société disputait à la Compagnie d'Auchy-au-Bois un lambeau de la zone houillère située en dehors de la limite méridionale de la concession de ce nom.

Elle exécuta en 1859 et 1860, 7 sondages de 100 à 450 m. au Sud de la limite de la concession d'Auchy-au-Bois. Deux de ces sondages N° 117 et 358, situés à 105 m. de cette limite, rencontrèrent le terrain houiller et une couche de houille. Les autres furent abandonnés dans des schistes argileux, et des calcaires dévoniens.

La Société l'Éclaireur ouvrit même pour prendre position, un puits qu'elle poussa à 50 m. de profondeur, et construisit presqu'entièrement un bâtiment d'extraction.

Ces travaux ne lui profitérent pas ; et la Compagnie d'Auchy-au-Bois obtint par décret du 23 avril 1863, le lambeau de terrain houiller reconnu, à titre d'extension de sa concession sur 47 hectares.

Le Moniteur Universel du 4 février 1861, contenait une annonce du Conseil d'Administration de la Société houillére l'Éclaireur du Pas-de-Calais convoquant les actionnaires en réunion générale à Auchy-au-Bois pour le 19 du même mois de février, ayant pour objet :

1º La délivrance des titres de fondation et de roulement aux actionnaires au courant de leurs dixièmes échus ;

2º La fixation des actions de roulement à émettre, et leur taux d'émission ;

3º L'approbation des comptes jusqu'au 2 janvier dernier ;

4º La bénédiction de la fosse, etc.

Le Conseil d'Administration annonçait en même temps qu'il avait en outre décidé l'appel d'un dixième sur le montant des actions souscrites le 10 juillet 1860.

La Société l'Éclaireur, après le décret d'extension de la concession d'Auchy-au-Bois, qui ne statuait du reste que sur une petite partie des terrains qu'elle avait sollicitée, persista dans sa demande en concession, qui fut soumise à toutes les formalités ordinaires. Mais cette demande fut repousée.

Société d'Amettes. — Cette Société sous la direction du sieur Chartier-Lahure, avait entrepris en 1856 des recherches au Sud de la concession de Ferfay.

1º A Ferfay, où un sondage Nº 347 fut abandonné à 158 m. 76 après avoir traversé 28 m. de calcaire, que le sieur Chartier prétendait être de magnifique terrain houiller.

2º A Amettes, où un Sondage Nº 376 fut arrêté à 190 m. 34 après avoir traversé 46 m. d'un terrain qui rendait au lavage une grande quantité de fragments quartzeux à vives arrêtes, que le sieur Chartier prétendait être du grès houiller, mais qui a été reconnu appartenir aux quartzites dévoniens.

3º A Cauchy-à-la-Tour. Ce sondage Nº 378 rencontre le calcaire fétide à 137 m. 30 ; il est abandonné à 169 m. sans qu'on ait remarqué aucue variation daus la nature de cette roche négative.

4º A la Cacuhiette, commune d'Amettes. Un sondage Nº 375 ouvert à 40 m. au Sud de la concession de Ferfay, atteint la base du terrain crétacé à 93 m. A 104 m., les échantillons recueillis renfermaient une forte proportion de fragments calcaires ; fut poussé à 141 m.

5° A Amettes , dans le ravin de la vallée de Rougemont. Sondage N° 377. Ce sondage abandonné en 1850 fut repris en 1860, et ne sortit pas des grès psammitiques verdâtres dévoniens (1).

Société de Cauchy-à-la-Tour. — Le 6 juin 1856, se formait à Lillers une Société de recherches au capital de 48,000 fr. représenté par 40 actions de 1,200 fr. Des appels de fonds successifs élevèrent les versements de chaque action à 2,400 fr. formant un capital de 96,000 fr.

Cette Société exécuta divers sondages au midi de la concession de Marles, dont 3 à Cauchy-à-la Tour trouvèrent la houille, après avoir traversé une certaine épaisseur de calcaire carbonifère. Ce sont ces sondages qui pour la première fois démontrèrent qu'au Sud du Bassin du Pas-de-Calais, par suite d'une circonstance toute particulière, le terrain houiller était recouvert par des terrains de formation plus ancienne, circonstance que l'on vérifia plus tard sur une foule de points de la lizière Nord , et que l'on explique par une grande faille de glissement.

A la suites de ces découvertes, la Société de recherches se transforma en 1859 en Société d'exploitation au capital de 1 et 1/2 millions divisé en 3,000 actions de 500 fr., dont 1,092 libérées furent attribuées aux fondateurs pour leur apport.

Elle demanda une concession et ouvrit une fosse dont le percement s'effectua avec beaucoup de facilité, et qui entra en exploitation à la fin de 1862.

M. Evrard étudia en 1857 les terrains au Sud des concessions de Bruay et de Marles. Il exécuta :

1° Un sondage N°   sur Maisnil-lez-Ruits , qui trouva les terrains dévoniens nettement caractérisés par des argiles rouges et des grès blanchâtres ;

2° Un sondage N°   sur Camblain-Chatelain, qui rencontra le calcaire de transition.

3° Un sondage N° 369 sur Cauchy-à-la-Tour N° 2, qui retrouva le même calcaire négatif.

En dehors de la voie suivie par les autres explorateurs,

(1) Rapport de M. Sens à la session du Conseil général du Pas-de-Calais de 1858.

M. Evrard supposait au Bassin houiller une direction générale de l'Est à l'Ouest, telle qu'elle est accusée par un des éléments bien connus de Douai à Béthune. Selon ses idées, le bassin aurait eté coupé en écharpe par un soulèvement S. E. N. O., soulèvement dont la ligne d'affleurements dévoniens de Beugin, Pernes, Febvin, représenterait approximativement l'axe. Il devrait exister, d'après cela, à l'Ouest de cet axe, une zone symétrique de celle reconnue à l'Est, et M. Evrard s'est porté à la rencontre de cette zone fort hypothétique par une série de sondages échelonnés de l'Est à l'Ouest, depuis Houdain jusqu'à la mer.

Aucun de ces sondages n'a confirmé jusqu'à présent les espérances de M. Evrard.

A Ourton, on a atteint la base de la craie à 83 m. et on a traversé jusqu'à 96 m. des argiles schisteuses dévoniennes avec enpreintes de spirifers caractéristiques.

A Tangry, on a recoupé des schistes rouges appartenant à la même formation.

A Anvin on a atteint des grès verdâtres qu'il faut sans doute rapporter encore au même système.

A Wambercourt on s'est arrêté dans un terrain de schistes ardoisiers bleus très tendres.

A Aubin-St-Vaast on a rencontré des calcaires anciens vraisemblablement carbonifères.

A Campagne, le travail a été suspendu avant d'avoir dépassé les morts terrains.

A l'Epine enfin, on est tombé sur la formation jurassique, et on n'a pas jugé à propos de continuer les recherches. (1)

M. Evrard fit aussi en 1858 et 1859 une étude des terrains au Sud de la concession de Nœux.

Il ouvrit trois sondages :

1° A Gauchin-Legal sur la route de grande communication N° 65, à 1 kilomètre Nord-Ouest du clocher, qui atteignit la base de la craie à 45 m. et fut abandonné à 46 m. dans les schistes rouges dévoniens.

2° A Olhain, à 1 kilomètre N. E. du clocher de Gauchin, qui fut suspendu à 25 m. 25 dans les mêmes terrains que le précédent.

(1) Rapport de M. Sens au Conseil général en 1858.

3° A Tincques, qui échoua également à la rencontre des terrains négatifs.

Société de la Chaussée Brunehaut. — Cette Société a
exécuté en 1859 deux sondages :

1° Un à Camblain-Chatelain, N°   , à 100 m. au Sud de la
concession de Marles ; a rencontré la base de la craie à 78 m.,
et, dit-elle, le terrain houiller et même la houille ;

2° Un à Calonne-Ricouart, N°   , également à 100 m. de la
concession de Marles, a trouvé le calcaire à 78 m.

Compagnie de Liévin. — En 1877, la Compagnie de Lens
redoutant de voir exécuter au Sud de sa concession des recherches fructueuses, semblables à celles exécutées au Nord, ouvrit
un premier sondage à Liévin qui découvrit la houille.

En 1858, M. Defernes, associé avec M. Courtin et d'autres,
entreprenait également à Liévin deux sondages ; l'un dut être
abandonné à 124 m. dans la craie, mais le second découvrit la
houille.

Une lutte s'engagea entre les deux Compagnies rivales qui
ouvrirent de nombreux sondages et trois fosses, et demandèrent
chacune et concurremment la concession des terrains sur
lesquels elles avaient effectué leurs recherches.

D'autres concurrents vinrent aussi s'établir sur ces mêmes
terrains, les Compagnies de Béthune, d'Auchy-au-Bois et les
Sociétés d'Aix et d'Arras.

MM. Courtin et Consorts avaient constitués une Société de
recherches dit *Compagnie de Lens-Midi*, comprenant 23 parts
et demie, sur chacune desquelles il avait été versé en juin 1860,
22,500 fr., qui servirent à l'exécution de nombreux sondages,
et à l'ouverture en 1858 d'une fosse, qui entra en exploitation
en 1860.

Des dépenses importantes avaient été faites sur Liévin au 31
décembre 1860, savoir :

Par la Compagnie de Lens........	405,351 f. 39
Par la Compagnie de Lens-Midi...	628,246 64
Par la Société d'Aix	472,760 71
Ensemble	1,506,858 f. 74

Ce n'est qu'en 1862, qu'il fut accordé :

1° A la Compagnie de Lens, une extension de concession de 51 hectares.

2° A la Compagnie de Lens-Midi, une concession, sous le nom de concession de Liévin de 761 hectares.

Société d'Aix. — M. Calonne avait exécuté divers sondages au Sud du bassin, lorsqu'il forma en 1879, à Béthune, une Société pour la continuation de ses recherches, qui exécuta trois sondages, sur Angres-Liévin, où elle découvrit plusieurs couches de houille. Après ces découvertes la Société se transforma en Société d'exploitation sous le nom de *Société houillère d'Aix* au capital de 2,500,000 fr., divisé en 5,000 actions de 500 fr. Elle ouvrit le 1er octobre 1859, une fosse à 100 m au Sud de la concession de Grenay, fit opposition aux demandes de concession des Compagnies de Lens et de Liévin, et demanda une concession de 763 hectares.

L'instruction des demandes de ces diverses Compagnies fut complètement défavorable à la Société d'Aix, qui n'obtint aucune partie des terrains à concéder.

La Société d'Arras avait été fondée par MM. Minart, gérant de la caisse Artésienne, Masclef de Béthune, et autres pour chercher du charbon au sud de la concession de Lens. Les actions firent un moment 350 fr. de prime (1).

Elle exécuta 2 sondages : le 1er, en 1855, N° 360, à Avion, lieu dit *La Coulotte,* sur la route de Lens à Arras, ll rencontra le calcaire à 132 m., puis des schistes rouges.

Le 2e, à Aix, N° 361, atteignit les grès et sables dévoniens à 131 m. 13, dans lesquels il fut poussé jusqu'à 169 m. 56.

Société la Française. — Cette Société exécuta en 1859, 2 sondages au Sud de la concession de Bully-Grenay.

Le 1er, N° 299, sur le chemin de Bouvigny à Bully, rencontra des schistes rouges et verts.

Le 2e, N° 300, à Aix, trouva les mêmes terrains.

(1) Procès de Bruay.

Son but était d'obtenir la concession au midi de Bully-Grenay, de terrains dans lesquels elle présumait l'existence du terrain houiller.

Société de Rouvroy. — Une Société, à la tête de laquelle se trouvait comme administrateur M. Tamboise, s'était formée le 1er mars 1855, et avait entrepris un sondage, No 128 sur le territoire de Rouvroy, à peu de distance de la limite Sud de la concession de Courrières.

Cette Société ayant épuisé son capital, avait créé à nouveau 44 coupons de 250 fr., représentant chacun 1/4 d'action; puis ensuite.

51 coupons de 100 fr. représentant chacun 1/10 d'action.

Les sommes produites par cette double émission de coupons, n'avaient pas suffi aux dépenses du sondage de Rouvroy. Aussi le 24 octobre 1856, la Société, se reconstituait et créait 44 nouveaux coupons de 250 fr., de sorte qu'aux termes des actes du 1er mars 1855 et de l'acte du 24 octobre 1856, la Société de Rouvroy se composait :

Primitivement de 11 actions de 1,000 francs.

1° De 44 actions de 1,000 francs.

2° De 44 quarts d'actions.

3° De 50 dixièmes d'action.

4° De 44 quarts d'actions.

Soit en totalité de 82 actions et 1/10, jouissant toutes des mêmes droits.

Société de Méricourt. — Cette Société entreprit en 1857, un sondage au Midi de la concession de Courrières, à Méricourt, No 129 ; elle y rencontra les schistes dévoniens.

Un 2e sondage, No 130, fut commencé en 1858, à Bertincourt, commune de Rouvroy. En dessous du tourtia, à 139 m., il recoupa sur 96 m. de hauteur, jusqu'à la profondeur de 235 m., à laquelle il fut abandonné, une succession d'argiles et de grès rougeâtres, verdâtres et bleuâtres, qu'à leur faciès extérieur, M. Sens et M. de Koninck, rapportent un système dévonien.

Deux autres sondages furent ouverts ; l'un No 132, à Avion, rencontra de terrain dévonien à 140 m. et fut poussé jusqu'à

280 m.; l'autre N° 131, à Acheville, ne sortit pas non plus des schistes rouges dévoniens.

Société Leclercq. — En...... exécute un sondage, N° 351, au Sud d'Hénin-Liétard, près de la limite de la concession de Dourges. Ce sondage rencontra le terrain dévonien à 148 m., et y fut poursuivi jusqu'à 200 m.

Société Calonne. — Le sieur Calonne ouvrait en 1858, un sondage, N° 136, au Sud de la concession de Dourges, sur le territoire d'Hénin-Liétard. Il le poussa jusqu'à 187 m., dans un terrain schisto-calcaire, appartenant à la formation dévonienne.

Une Compagnie rivale de Béthune avait établi un sondage à 500 m. du précédent sur la route d'Arras à Hénin-Liétard. Le sieur Calonne, acquit en 1859, le droit de continuer ce sondage N° 137, qui fut poussé à 180 m., et ne sortit pas du terrain dévonien.

En 1860, la Société Calonne disputait un lambeau de la zone houillère, à la Compagnie d'Auchy-au-Bois, au midi de la concession de cette dernière, et y exécutait un seul sondage. Mais elle fut évincée, et la Compagnie d'Auchy obtint par décret du 23 avril 1863, une extension de sa concession sur 47 hectares.

La Société Calonne, exécuta aussi un sondage, N° 301, à Ligny-lez-Aire.

Compagnie Béthunoise. — Cette Compagnie avait établi en 1856, un sondage, N° 137, au midi de la concession de Dourges, le long de la route d'Arras à Hénin-Liétard.

En 1859, ainsi qu'il a été dit précédemment la Société Calonne, acquit le droit de continuer ce sondage, qui fut poussé à 180 m. et ne sortit pas du terrain dévonien.

Cette Société parait avoir entrepris un autre sondage, N° 302, à Beaumont, où elle trouva le terrain dévonien à 137 m.

Le sieur **Dellisse-Engrand** entreprit au commencement de 1857 la reconnaissance d'une petite portion de forme triangulaire qui se trouve comprise entre la limite méridionale de la concession de l'Escarpelle et la limite orientale de la concession de Dourges.

Un premier sondage N° 282 fut placé vers le centre de ce triangle, à l'intersection de la route impériale N° 43 de Béthune à Douai avec le chemin qui conduit d'Equerchin à Courcelles. On y trouva au-dessous du tourtia, à 140ᵐ, des schistes argileux noirs auxquels succédèrent à 143ᵐ des grès quatzeux blanchâtres (1).

Société du Midi de l'Escarpelle. — Le sieur Lebreton qui avait exécuté, comme entrepreneur le sondage Dellisse-Engrand, contesta le caractère négatif attribué à ce sondage, et prétendit qu'on l'avait arrêté avant d'avoir dépassé les morts terrains.

Il vint à la fin de 1858 installer de nouveaux sondages à Courcelles, et forma le 27 avril 1859 une *Société dite du Midi de l'Escarpelle* au capial de 23,000 fr. divisé en 230 actions de 100 fr.

Cette Société exécute 2 sondages ; l'un, N° 266, rencontre le terrain houiller à 144ᵐ30 et la houille à 173ᵐ, le 19 avril 1860; l'autre, N° 267, aurait d'après Lebreton atteint le terrain houiller ; mais les ingénieurs des mines ont toujours considéré ce sondage comme négatif.

(1) Rapport de M. Sens au Conseil général en 1858.

RÉSULTATS DE L'EXPLOITATION.

Production de 1855 à 1860.

NOMS des COMPAGNIES HOUILLÈRES.	1856.	1857.	1858.	1859.	1860.	PÉRIODE de 1856 à 1860
	Tonn.	Tonn.	Tonn.	Tonn.	Tonn.	Tonn.
Dourges	16.263	40.344	32.876	29.069	26.049	144.60
Courrières	22.675	73.028	80.259	73.498	70.166	319.62
Lens...............	62.021	72.546	74.370	75.539	99.897	384.37
Bully-Grenay	33.736	33.982	35.379	52.531	69.234	224.86
Nœux.....:.........:..	65.276	93.348	102.327	85.641	85.345	431.93
Bruay...............	27.038	44.389	51.772	52.866	41.597	217.60
Marles	»	•	31.730	51.428	56.355	139.51
Ferfay	31.842	36.429	42.418	38.814	37.680	187.18
Auchy-au-Bois	»	»	»	2.539	2.073	4.61
Fléchinelle	»	»	1.196	2.000	5.100	8.29
Ostricourt	»	»	»	2.395	6.990	9.38
Meurchin	»	»	»	4.512	38.708	43.22
Carvin	»	»	»	16.659	30.532	47.19
Annœullin........ ...	»	»	»	»	8.342	8.24
Liévin...............	»	»	»	»	4.068	4.06
Hardinghen	16.677	14.904	6.660	14.697	15.912	68.83
Ensemble.......	275.528	408.970	458.987	502.188	598.048	2.243.79

L'exploitation du nouveau bassin débute par Courrières en 1851, et ne fournit pendant cette année que 4,672 tonnes, qui

ajoutées aux 18,917 tonnes du bassin du Boulonnais donnent
seulement 23,589 tonnes.

Les années suivantes, la production se développe faiblement,
et n'atteint pendant la période 1851-1855 que..   405.015 tonnes.

Dans la période 1856-1860, cette production
s'élève déjà à.................................. 2.243.721 tonnes.

Augmentation........... 1.838.706 tonnes.

En 1855, on comptait 5 houillères en exploitation qui four-
nissaient 161,000 tonnes.

En 1860, il y en a 16 en activité, et leur production atteint
près de 600,000 tonnes.

Ouvriers. — Salaires.

Années.	NOMBRE D'OUVRIERS	PRODUCTION PAR OUVRIER.	SALAIRES.		
			TOTAL.	Par ouvrier.	Par tonne.
		Tonn.	Fr.	Fr.	Fr.
1856	3.337	82	1.896.826	571	6.89
1857	3.926	104	2.523.770	642	6.17
1858	4.406	104	3.169.411	719	6.90
1859	4.222	119	3.133.686	742	6.24
1860	5.766	106	4.103.854	711	6.86
Moyenne..	4.331	104	2.965.500	684	6.50

Le nombre d'ouvriers employés par les houillères du nouveau
bassin n'était que 1,060 dans la période 1851-1855. Il est de 4,306
dans la période 1856-1860; il a donc quadruplé.

La production par ouvrier est passée de 76 tonnes à 104
tonnes.

Le montant des salaires payés qui n'était dans la première
période que de 600,000 fr. a atteint dans la seconde près de 3
millions.

Le salaire annuel de l'ouvrier est monté de 557 fr. à 682, en augmentation de 23 %.

Le salaire servant de base à la journée des mineurs est porté en 1855 de 2 fr. 50 à 2 fr. 75.

La main-d'œuvre entre dans le prix de revient pour 6 fr. 54 de 1856 à 1860; quoiqu'inférieure à celle de 1851-55, 7 fr. 89, elle est encore très élevée, de même que la production de l'ouvrier est très faible, par suite des nombreux travaux préparatoires qui s'exécutent pendant ces deux périodes.

Nombre de fosses. — Depuis la découverte du nouveau bassin, à partir de 1850 jusqu'en 1860, il y a été percé :

24 fosses	qui sont en exploitation, plus 1 dans le Boulonnais...			25
1 »	qui est en percement, plus.. 1	d⁰	...	2
2 »	qui sont inactives, plus.... 2	d⁰	...	4
1 »	qui a été perdue	....		1
28		**4**		**32**

Les 25 fosses en exploitation en 1860 n'ont produit en moyenne que 23,922 tonnes.

Concessions établies à la fin de 1860. — Aux 9 concessions existant à la fin de 1855 et présentant une superficie de... 36.624 hectares.

Viennent s'ajouter dans la période qui nous occupe.

L'extension de la concession de Nœux (Décret du 30 décembre 1857), sur........... 1.451 —

L'établissement de 6 nouvelles concessions, savoir :

De Fléchinelle	(Décret du 31 août 1851)...		376	—
De Vendin	(Id.	du 6 mai 1857).....	1.166	—
D'Ostricourt	(Id.	du 19 déc. 1860)...	2.300	—
De Meurchin	(Id.	id.)...	1.626	—
De Carvin	(Id.	id.)...	1.150	—
D'Annœulin	(Id.	id.)...	920	—

45.613 hectares.

En 10 ans, de 1850 à 1860, les explorations avaient démontré
l'existence de la formation houillère sur 45,613 hectares dans le
département du Pas-de-Calais, c'est-à-dire sur une superficie
dépassant celle connue dans le département du Nord.

Prix de vente des houilles. — Malgré l'augmentation de
production du nouveau bassin, les prix de vente, restent très
élevés, comme du reste dans le bassin du Nord, pendant la
période de 1855-1860, ainsi qu'on en jugera par le tableau ci-
dessous, extrait des publications de l'Administration des mines,
donnant la valeur des houilles extraites et leur prix de vente.

Années.	Valeur de la production.	Prix moyen de vente.
1856............	4,713,105 f............	17 f. 13
1857............	6,636,538 »	16 22
1858............	7,376,103 »	16 07
1859............	7,982,162 »	15 90
1860............	8,897,697 »	14 87
Moyenne	7,121,121 f............	15 f. 87

Dans la période 1850-1855, la valeur moyenne de la production
n'était que de 1,194,349 fr. et le prix moyen de vente que de
14 fr. 74.

Ces prix de vente élevés, les bénéfices que retirèrent les
houillères en exploitation, exercèrent une influence considérable
sur l'opinion publique, et on vit se reproduire de 1855 à 1860 la
fièvre de recherches qui avait régné de 1837 à 1840.

**Consommation de houille du département du Pas-
de-Calais**.

1856................	598,370 tonnes
1857................	685,550 »
1858................	697,240 »
1859................	546,473 »
1860................	511,610 »
Moyenne	597,848 tonnes.

Cette consommation se décompose par nature d'emploi de la manière suivante :

	1856	1857	1858	1859	1850
Mines et carrières	21,530	22,450	27,772		36,350
Usines minéralogiques, manufactures et usines à gaz.	366,440	393.410	440.340		306,580
Industrie des transports	6,000	8,900	11,350		3,530
Economie domestique	197,520	206,430	216,010		165,150
Total............	598,370	635,550	697,240	546,473	511.610

Machines. — Les Mines de houille du Pas-de-Calais employent successivement :

En 1856...	28 machines à vapeur de la force de ...	1,071 chevaux.
» 1857...	49 » » » ...	1,806 »
» 1858...	67 » » » ...	2,470 »
» 1859...	70 » » » ...	»
» 1860...	70 » » » ...	2,493 »
Moyenne .	57 machines à vapeur.	

En 1851, il n'existait sur les Mines que 7 machines à vapeur de la force de 146 chevaux.

En 1860, il en existait 70 de la force de 2.493 chevaux.

La comparaison de ces chiffres montre bien le développement extraordinaire qu'ont pris les travaux pendant ces 10 années.

Capitaux engagés. — Le capital engagé dans les 12 Sociétés houillères existant en 1855 dans le nouveau Bassin était de 38.431.000, d'après le prix moyen de vente des 30.437 actions qui composaient ces Sociétés.

De 1855 à 1860, il se créa 5 Sociétés houillères nouvelles, et dans cette dernière année on compta 17 Sociétés d'exploitation, ayant émis 54.669 actions, non compris d'inombrables Sociétés de recherches. D'après la valeur des actions, le capital engagé dans les Mines du Pas-de Calais, s'élève déjà en 1860 à 68.748·700 francs

Le tableau ci-dessous donne le prix moyen de vente des actions houillères de 1856 à 1860.

NOMS des COMPAGNIES HOUILLÈRES.	1856.	1857.	1858.	1859.	1860.	PRIX MOYEN de 1856 à 1860.	NOMBRE D'ACTIONS.
Dourges	1.500	1.500	2.000	2.500	2.500	2.000	1.800
Courrières	1.800	2.000	2.500	3.000	3.500	2.560	2.000
Lens................	1.500	1.500	2.000	2.000	2.000	1.800	3.000
Bully-Grenay........	416	416	400	333	416	396	11.700
Nœux-Vicoigne	4.400	4.400	4.400	4.400	4.400	4.400	4.000
Bruay...............	1.500	1.500	1.500	1.800	1.800	1.620	3.000
Marles ....⟨ 70......	2.000	2.000	2.000	2.500	2.500	2.200	800
(30......	1.500	1.500	1.500	1.500	1.500	1.500	400
Ferfay	2.000	2.000	2.350	2.300	2.000	2.160	2.181
Auchy-au-Bois	500	500	500	500	600	520	4.000
Fléchinelle	500	500	400	400	300	420	3.267
Vendin..............	1.000	1.200	575	865	1.300	990	2.713
Ostricourt	250	250	250	275	250	255	6.000
Meurchin............	»	1.000	1.000	1.000	1 000	1.000	2.000
Carvin..............	»	500	500	500	500	500	4.000
Annœullin...........	»	»	1.000	1.000	1.000	1.000	1.682
Cauchy-à-la-Tour......	»	»	»	500	500	500	1.619
Hardinghen	3.000	3.000	3.000	3.000	3.000	3.000	507
Ensemble.......	21.866	23.766	25.875	28.373	29.066	26.821	54.669

Dividendes. — Les prix élevés des houilles permettent à quelques unes des Compagnies de distribuer des dividendes, malgré le faible chiffre de leur production, ainsi que le montre le tableau ci-dessous.

DIVIDENDES DISTRIBUÉS DE 1855 A 1860 :

NOMS des COMPAGNIES HOUILLÈRES.	1856.	1857.	1858.	1859.	1860.	PÉRIODE de 1855 à 1860.
	Fr.	Fr.	Fr.	Fr.	Fr.	Fr.
Courrières	»	150	150	150	150	600
Lens................	»	»	100	100	100	300
Bully-Grenay.........	»	»	»	»	10	10
Vicoigne-Nœux........	200	200	230	240	200	1.070
Bruay...............	»	30	40	50	50	170
Marles .... { 70 %...	»	»	»	»	»	»
30 %...	»	»	»	»	125	125
Ferfay	»	100	125	125	125	475
Hardinghen	100	»	100	»	»	200
Ensemble.......	300	480	745	665	760	2.950

Le dividende total distribué en 1860 est de 1.989.625 fr. (Vicoigne compris), correspondant à un intérêt de 2,89 % sur le capital de 68.748.700 fr. alors représenté par la valeur des actions émises.

Redevances. — Les Mines du Pas-de-Calais ont payé les redevances proportionnelles reprises au tableau ci-dessous, ces redevances établies au taux de 5 % permettent d'apprécier les bénéfices correspondants réalisés par ces Mines.

Redevances proportionnelles.			Bénéfices correspondants.		
1855......	27,001 f.	=	540,020 f. Par tonne .	1 f. 96
1857......	28,755 »	=	576,040 »	» . 1 40
1858.... .	78,350 »	=	1,567,000 »	» . 3 41
1859.... .		=		
1860......	72,470 »	=	1,449,400 »	» . 2 42

Chemin de fer des houillères. — La découverte de gisements houillers considérables dans le Pas-de-Calais imposait au Gouvernement la création de voies de transport permettant l'écoulement des produits de leur exploitation. Aussi dès le 26 juin 1857, un Décret Impérial concédait à la Compagnie du chemin de fer du Nord un chemin de fer, dit *Ligne des houillères,* partant d'Arras et passant par Lens, Béthune et Lillers pour aboutir à Hazebrouck. Un embranchement se détachant de Lens rejoignait à Carvin la ligne de Douai à Lille, en passant par Hénin-Liétard. Un délai de 5 ans était accordé à la Compagnie du Nord pour l'exécution de ces nouvelles lignes, qui furent en effet livrées à la circulation dans le courant de 1862.

Dès le 20 novembre 1857, les Compagnies houillères demandaient que la Compagnie du Nord fut tenue d'exécuter, non-seulement les voies principales de la ligne des houillères, « mais » encore les voies de raccordement nécessaires aux fosses du » Pas-de-Calais, pour amener les produits de leur extraction à » la ligne principale. »

Leur demande n'ayant pas été accueillie, toutes se mirent en mesure de relier leurs sièges d'extraction à la grande ligne, par des embranchements ferrés pour lesquels elles obtinrent des Décrets respectifs d'autorisation.

En même temps la Compagnie du Nord facilitait la création de ces embranchements en prêtant aux Compagnies houillères un concours efficace d'abord en se chargeant de l'exécution des travaux, puis en leur faisant l'avance des dépenses de ces travaux remboursable en 10 annuités, en capital et intérêts à 5 %.

La création de la ligne des houillères et des embranchements qui y reliaient les fosses était un fait capital pour le développement de l'exploitation du nouveau Bassin. Jusqu'à l'ouverture de cette ligne, l'extraction de la houille restait limitée aux débouchés de la consommation locale venant s'approvisionner par voitures aux fosses, et à ceux des expéditions par le canal de La Deûle et d'Aire à La Bassée, où les charbons n'arrivaient que grevés de frais considérables de transport par tombereau. Ces moyens étaient complétement insuffisants pour écouler une production annuelle qui allaient atteindre bientôt 1 million de tonnes.

Canaux. — Par les traités de commerce de 1860 le Gouver-

nement avait réduit de 1 fr. 50 à 1 fr. par tonne le droit d'entrée
en France des houilles étrangères. Cette réduction était préjudi-
ciable sur tout aux houillères du Nord, qui, par leur situation,
ont le plus à lutter contre les houilles Belges et Anglaises.

Dans le but d'atténuer cette mesure, le Gouvernement racheta
le canal d'Aire à La Bassée concédé à une Compagnie qui préle-
vait des tarifs de navigation exhorbitants. En même temps, il
réduisait à 1/4 de centime par kilomètre les droits de navigation
sur tous les canaux du Nord qui jusqu'alors se percevaient à
raison de 1 centime par tonne de houille. Ce rachat du canal
d'Aire, la réduction des droits de navigation amenèrent plus tard
la Compagnie du chemin de fer du Nord, pour soutenir la concurrence des canaux, à abaisser très notablement les tarifs de
transport des houilles pour les longs parcours. Ces tarifs qui
étaient pour Paris de 10 fr. par tonne, furent abaissés à 7 fr. 80.

Bassin du Boulonnais.— La Mine d'Hardinghem, fournit,
de 1855 à 1860, 68.850 tonnes de houille, soit en moyenne 13.770
tonnes par an. Son prix de revient est élevé ; mais elle vend cher
la faible quantité de houille qu'elle produit ; elle réalise quelques
bénéfices, et distribue en 1856 et en 1858 deux dividendes de
100 fr. par action.

La fosse Providence atteint le terrain houiller en 1859 et y
traverse 2 couches importantes.

Dans la concession de Ferques tout travail est suspendu.

D'après le rapport de M. Sens au Conseil général, session de
1858, *M. Promper*, directeur des Mines de Dourges, s'était
proposé en 1857 de rechercher le prolongement du Bassin d'Hardinghem vers l'Ouest, au-delà de la route impériale N° 1.

Il avait établi un forage sur le territoire de Bazinghem au lieu
dit *le Bail*, qu'il poussa à 104 m. A partir de la surface il traversa
58 m. 50 de terrain jurassique , puis pénétra dans des couches de
calcaire à empreintes de spirifères, térébratules et encrines au
milieu desquels il fut suspendu.

Le même rapport cite une *Société du Levant de Fiennes et
d'Hardinghem* comme ayant poussé un sondage à Hermelinghem
à 135 m. Ce sondage aurait traversé 88 m. d'un calcaire dur,
compacte, à teinte rougeâtre, rappelant par ses caractères exté-

rieurs et ses fossiles les marbres dévoniens de Ferques. En
dessous on a trouvé un schiste argileux de couleurs variées.

Bassin du Nord. — Pendant la période 1855-1860, la production du bassin du Nord reste stationnaire, entre 1.500.000 et
1.600.000 tonnes.

Les Bassins du Nord de la France qui produisaient en 1855............	1.776.981 tonnes.
En produisent en 1860...........	2.123.683
Augmentation......	346.702 tonn. ou 20 %.

Les prix de vente moyen des houillères du Nord sont élevés
dans les 4 dernières années, 15 fr. 85 en 1856, 16,22 en 1857 ; ils
s'abaissent ensuite successivement, et tombent à 12 fr. environ
en 1860.

Les Compagnies réalisent des bénéfices importants, et augmentent leurs dividendes, tout en creusant de nouveaux puits et en
améliorant leurs conditions d'établissement et celles de leur
matériel.

Les recherches sont délaissées dans le Nord, tandis qu'elles
sont très nombreuses dans le Pas-de-Calais, comme le montrent
les détails donnés dans ce chapitre.

La Société *de Marchiennes* qui s'est réorganisée en 1856,
exécute 2 sondages à Raches et au Pont de Lallaing, qui décou-
vrent la houille. Mais à bout de ressources elle vend son matériel
et cède en 1859 tous ses droits à un actionnaire pour la minime
somme de 1.100 fr.

Une Société, dite *de Saint-Amand*, formée à Béthune en
1855, fait une recherche dans la forêt de St-Amand.

La fosse du *Moulin de Lesquin*, creusée en 1782, est reprise.
Mais on n'y trouve que le calcaire de Tournay, et au commencement de 1859, après des dépenses assez considérables, la
Société qui a fait la reprise de cette fosse entre en liquidation et
met en vente publique son matériel.

A Halluin, près la frontière Belge, un sondage exécuté en
1858, rencontre quelques veinules charbonneuses qu'on croit
d'abord appartenir à la formation houillère, mais qui appartiennent en réalité au terrain dévonien.

XL.

1860-1865.

———————   .

———————

Production. — On trouvera dans le tableau ci-contre les quantités de houille extraites par chacune des Compagnies houillères du Pas-de-Calais, de 1861 à 1865.

NOMS des COMPAGNIES HOUILLÈRES.	1861.	1862.	1863.	1864.	1865.	PÉRIODE de 1861 à 1865.
	Tonnes.	Tonnes.	Tonnes.	Tonnes.	Tonnes.	Tonnes.
Dourges	47.268	59.723	75.668	87.162	94.757	364.578
Courrières	75.206	109.349	139.420	180.122	202.944	707.041
Lens................	159.429	198.880	213.774	235.715	261.867	1.069.665
Bully-Grenay	100.364	163.127	139.622	156.460	185.962	745.535
Nœux	86.246	116.078	149.673	155.542	167.043	674.582
Bruay	59.086	61.571	83.040	80.421	81.556	365.674
Marles	67.057	64.674	70.225	61.568	62.487	326.011
Ferfay	38.388	39.466	46.667	49.492	61.391	235.404
Cauchy-à-la-Tour	1.447	7.614	16.893	17.775	19.308	63.037
Auchy-au-Bois	9.173	17.683	15.405	27.107	32.087	101.455
Fléchinelle	9.108	5.637	6.425	9.196	8.645	39.011
Vendin	810	7.520	23.000	33.560	29.716	94.606
Ostricourt	16.539	22.400	28.962	24.748	24.174	116.823
Meurchin.............	40.650	44.605	55.378	55.320	68.399	264.352
Carvin	40.795	65.680	67.096	68.907	66.765	309.243
Annœullin	10.512	14.220	23.000	19.324	»	67.056
Douvrin.............	1.500	3.572	3.785	3.785	5.405	18.047
Liévin...............	18.798	25.365	13.091	20.457	22.943	100.649
Aix-Noulettes........	5.681	12.606	»	»	»	18.287
Hardinghen	21.006	18.468	20.457	18.837	2.047	80.815
Ensemble.......	809.053	1.058.238	1.191.581	1.305.498	1.397.496	5.761.860

L'extraction du bassin tout entier qui n'avait été en totalité que de 2,243,721 tonnes dans la période 1856-1860, s'élève à 5 millions 761,866 tonnes dans la période 1861-1865. Elle s'est accrue de plus de 3 millions 1/2 de tonnes, ou de 150 %.

A partir de 1861, le chemin de fer des houillères est mis en exploitation ; les embranchements reliant les puits à cette ligne et aux canaux sont terminés et les houilles du Pas-de-Calais, trouvent des débouchés nouveaux qu'elles n'avaient pu avoir jusqu'alors.

Dourges qui ne produisait que 26,000 tonnes en 1860, en produit 95,000 en 1865.

Courrières voit son extraction passer de 70,000 tonnes à 203,000.

A *Lens*, l'extraction qui n'atteignait pas 100,000 tonnes en 1860, arrive à 262,000 en 1865.

Bully-Grenay accroit sa production dans une proportion moindre et fournit 186,000 tonnes en 1865.

Nœux progresse de 85.000 tonnes à 167,000.

Bruay, de 41,000 tonnes à 81,000.

Marles, de 56,000 tonnes à 62,000.

Ferfay, de 38,000 tonnes à 61,000.

Meurchin, de 39,000 tonnes à 68,000.

Carvin, de 30,000 tonnes à 67,000.

Vendin, Ostricourt, Liévin qui ne produisaient que peu ou point en 1860, arrivent à fournir en 1865, respectivement 30,000, 24,000 et 22,000 tonnes.

Nombre de fosses en exploitation.

En 1861.....	25 fosses.	Production par fosse.....		32,362 tonnes.
» 1862.....	27 »	»	.....	39,194 »
» 1863.....	27 »	»	.....	44,132 »
» 1864.....	30 »	»	.....	43,516 »
» 1865.....	30 »	»	.....	46,583 »
Moyenne	28 fosses.	Production par fosse.....		41,157 tonnes.

En 1860, il y avait 25 fosses en exploitation dans le bassin du Pas-de-Calais, et leur production moyenne était 24,000 tonnes.

En 1865, on compte 30 fosses en activité, et leur production s'élève à 46,000 tonnes. Elle a doublé à peu près.

Ouvriers. Salaires.

ANNÉES.	NOMBRE D'OUVRIERS			PRODUCTION PAR OUVRIER		SALAIRES		
	du fond.	du jour.	Total.	du fond.	des 2 catégories	Totaux.	par ouvrier.	par tonne.
				Tonnes.	Tonnes.	Fr.	Fr.	Fr.
1861	5.469	1.485	6.954	148	116	4.287.648	609	5.23
1862	6.550	1.448	7.998	161	132	5.924.319	740	5.59
1863	7.076	1.560	8.636	168	137	7.215.738	835	6.05
1864	7.141	2.232	9.373	182	139	7.698.971	821	5.89
1865	7.654	2.029	9.683	182	144	8.337.252	861	5.97
Moyenne.	6.778	1.751	8.529	170	135	6.682.785	783	5.80

De 4,731 dans la période 1855-1860, le nombre des ouvriers s'est élevé à 8,529 dans la période 1860-1865. Il a doublé.

La production par ouvrier s'est accrue; elle est passée de 104 tonnes à 135 tonnes.

Le montant des salaires payés, qui n'était dans la première période que de 2,095,000 fr., atteint 6,683,000 fr. dans la seconde, et le salaire annuel de l'ouvrier passe de 684 fr. à 783 fr., en augmentation de près de 25 %.

Par contre, la main d'œuvre n'entre plus, en 1860-1865 que pour 5 fr. 80 par tonne extraite, tandis qu'en 1855-1860, elle entrait pour 6 fr. 60.

Machines. — Les Mines du Pas-de-Calais ont employé successivement :

En 1861...	74 machines à vapeur de..............	2,779 chevaux.
» 1862...	84 « »	3,282 »
» 1863...	94 » »	3,688 »
» 1864...	98 » »	3,855 »
» 1865...	106 » »	4,374 »
Moyenne .	91 machines à vapeur de.............	3,595 chevaux.

L'ouverture de nouveaux puits, l'organisation de moyens plus puissants d'exploitation, amènent une augmentation notable du nombre des machines et de leur force.

Ainsi, en 1861, on compte seulement 74 machines de la force de 2,779 chevaux.

En 1865, il y en a 106, de la force de 4,374 chevaux.

Prix de revient. — D'après les états arrêtés pour l'établissement des redevances, les dépenses totales des houillères, exploitation et travaux de premier établissement se sont élevées :

En 1862	à 12,852,181 francs,	ou	12 f. 14 par tonne.		
» 1863	» 13,931,040	»	» »	11	69 »
» 1864	» 14,217,659	»	» »	10	89 »
» 1865	» 15,084,561	»	» »	10	79 »
Moyenne.	14,021,360 francs,	ou	11 f. 82 par tonne.		

Ces prix sont élevés ; mais il faut observer que la plupart des houillères sont encore en création, et qu'elles exécutent des travaux importants de premier établissement.

Prix de vente. — Les publications du ministère des travaux publics fixent la valeur de la production des houillères du Pas-de-Calais pour :

Pour 1861	à 11,418,067 francs,	ou	14 f. 11 la tonne.		
» 1862	» 14,060,982	»	» »	13	29 »
» 1863	» 14,694,801	»	» »	12	33 »
» 1864	» 15,773,348	»	» »	12	08 »
» 1865	» 16,851,656	»	» »	12	04 »
Moyenne...	14,169,571 francs,	ou	12 f. 68 la tonne.		

Avec le développement de l'exploitation, non-seulement du bassin houiller du Pas-de-Calais, mais aussi du bassin du Nord, les prix de vente vont en s'abaissant d'année en année. Ainsi, de 14 fr. 11 en 1861, ce prix tombe à 12 fr. 04 en 1865.

Le prix de vente qui était en moyenne de 15 fr. 87 dans la période 1855-1860, descend à 12 fr. 63 dans la période 1861-1865, en diminution de 3 fr. 24 ou de 21 %.

Prix de vente des actions houillères. — Trois nouvelles Sociétés sont venues s'ajouter à celles existant en 1860, celles de Douvrin, Liévin et Aix. Il y a en circulation 74,762 actions au lieu de 54,669. La valeur de ces actions s'est accrue généralement, ainsi que le montre le tableau ci-dessous, du prix moyen de vente à la Bourse de Lille.

Le capital représenté par ces actions, qui était en 1860 de 68,748,700 fr. atteint en 1865 le chiffre de 75,555,300 fr.

NOMS des COMPAGNIES HOUILLÈRES.	1861.	1862.	1863.	1864.	1865.	PRIX MOYEN de 1861 à 1865.	NOMBRE D'ACTIONS.
	Fr.	Fr.	Fr.	Fr.	Fr.	Fr.	
Dourges.............	3.000	2.400	2.400	3.000	3.000	2.760	1.800
Courrières...........	5.300	5.000	4.900	4.900	4.900	5.000	2.000
Lens................	2.900	3.100	3.200	3.500	4.000	3.340	3.000
Bully-Grenay	540	500	500	500	500	508	16.200
Nœux-Vicoigne	4.800	4.500	4.400	4.300	4.200	4.440	4.000
Bruay...............	1.800	1.500	1.000	1.000	1.000	1.260	3.000
Marles .... 70 %...	3.000	3.500	4.000	5.000	6.000	4.300	800
Marles .... 30 %...	2.000	2.200	2.500	2.700	3.000	2.480	400
Ferfay	1.600	1.500	1.300	1.100	1.000	1.300	2.000
Cauchy-à-la-Tour......	250	100	100	50	50	110	2.248
Auchy-au-Bois	600	500	400	300	200	400	4.000
Fléchinelle	300	200	200	200	200	220	4.900
Vendin..............	600	600	500	500	500	540	2.713
Ostricourt	300	300	250	250	250	270	6.000
Meurchin.............	1.000	1.020	1.030	960	960	994	2.000
Carvin...............	650	500	500	600	700	590	4.000
Annœullin	400	170	300	175	100	229	5.518
Douvrin.............	300	200	125	100	50	155	4.340
Liévin...............	»	700	700	600	600	650	2.916
Aix-Noulettes	300	200	200	100	50	170	2.420
Hardinghen	1.000	1 000	1.000	1.000	1.000	1.000	507
Totaux	31.640	29.690	29.505	30.835	32.260	30.716	74.762

Dividendes, — Avec le développement de l'extraction, les bénéfices des houillères augmentent, mais dans une proportion restreinte toutefois par la diminution du prix de vente des houilles. En 1860, 7 Compagnies sur 18 répartissaient 1,989,625 fr. de dividendes ou un intérêt de 2,89 % du capital représenté par les actions.

En 1865, il y a 8 Compagnies sur 20 existant, qui distribuent en dividendes : 3,200,900 fr. ou 4,2 % d'intérêt sur les 75,551.300 fr. représentant la valeur des actions alors émises.

DIVIDENDES DE 1861 A 1865.

NOMS des COMPAGNIES HOUILLÈRES.	1861.	1862.	1863.	1864.	1865.	PÉRIODE de 1861 à 1865.	NOMBRE D'ACTIONS.
	Fr.	Fr.	Fr.	Fr.	Fr.	Fr.	
Dourges............	60 »	70 »	80 »	90 »	120 »	420 »	1.800
Courrières..........	200 »	200 »	200 »	250 »	400 »	1.250 »	2.000
Lens...............	150 »	150 »	150 »	175 »	250 »	875 »	3.000
Bully-Grenay........	40 »	21 66	21 70	21 70	25 »	129 96	16.200
Nœux-Vicoigne.......	200 »	200 »	200 »	200 »	200 »	1.000 »	4.000
Bruay	»	40 »	50 »	50 »	50 »	190 »	3.000
Marles .... { 70 %...	»	»	»	»	»	»	800
{ 30 %...	150 »	150 »	»	25 »	»	325 »	400
Ferfay	»	»	»	»	»	»	2.000
Cauchy-à-la-Tour	»	»	»	»	»	»	2.248
Auchy-au-Bois........	»	»	»	»	»	»	4.000
Fléchinelle	»	»	»	»	»	»	4.900
Vendin.......	»	»	»	»	»	»	2.713
Ostricourt	»	»	»	»	»	»	6.000
Meurchin............	»	55 »	»	»	30 »	85 »	2.000
Carvin	»	»	»	25 »	25 »	50 »	4.000
Annœullin...........	»	»	»	»	»	»	5.518
Douvrin	»	»	»	»	»	»	4.340
Liévin	»	»	»	»	»	»	2.916
Aix-Noulettes........	»	»	»	»	»	»	2.420
Hardinghen	»	»	»	»	»	»	507
Ensemble.......	800 »	886 66	701 70	836 70	1.100 »	4.324 96	74.762

Consommation de houille du département du Pas-de-Calais.

En 1861 .... 569,640 tonnes.
» 1862 .... 622,920 »
» 1863 .... 652,440 »
» 1864 .... 728,970 »
» 1865 .... 885,400 »

Moyenne .... 691,872 tonnes.

Concessions établies à la fin de 1865. — Aux 15 concessions existant à la fin de 1860 et d'une superficie de 45,613 hect. sont venus s'ajouter de 1860 à 1865 :

L'extension de la concession de Lens (15 septembre 1862) ...   51 hectares.
»   »   d'Auchy-au-Bois (23 avril 1863).   47   »
»   »   de Fléchinelle (16 juillet 1863)..   157   »
»   »   de Meurchin (18 mars 1863)....   138   »

493 hectares.

et les 3 concessions nouvelles

De Douvrin (18 mars 1863)............................   700 hectares.
De Cauchy-à-la-Tour (21 mai 1864).....................   278   »
De Liévin (15 septembre 1862).........................   761   »

1,739   »

Ensemble 18 concessions ....   47,745 hectares.

Principales particularités qui se sont présentées dans les houillères. — La Compagnie de Dourges a deux fosses en extraction et double sa production qui passe de 47,000 tonnes en 1861 à 95,000 tonnes en 1865. Elle distribue 60 fr. de dividende en 1861 et 120 fr. en 1862. Ses actions se vendent 3,000 fr.

Courrières, avec 3 fosses en exploitation, porte son extraction de 70,000 tonnes à 200,000 tonnes. Son dividende est de 150 fr. en 1861 et de 400 fr, en 1865. Ses actions se vendent 3,000 fr. en 1861 et 5,000 fr. en 1865. Le nombre de ses ouvriers qui n'était que de 610 dans la première année, s'élève à 1,084 dans la deuxième, et leur production annuelle passe de 114 tonnes à 188.

Le salaire journalier des ouvriers du fond ne dépasse pas 2 fr. 74 en 1864.

Lens, après avoir exécuté de nombreux sondages au Midi de sa concession, ouvre 2 fosses à Liévin et à Éleu. Elle ne tarde pas à abandonner cette dernière, mais elle poursuit activement le creusement de celle de Liévin, qui entre en exploitation en 1860. Les terrains sur lesquels avait été constatée la formation houillère étaient disputés à la Compagnie de Lens par la Compagnie de Liévin : celle-ci obtint une concession importante et la Compagnie de Lens une extension de 51 hectares seulement.

La production de la Compagnie de Lens, qui était de 100,000 tonnes en 1861, s'élève à 260,000 tonnes en 1865, à la suite de la mise en exploitation de la fosse n° 3 de Liévin, et d'une nouvelle fosse n° 4, ouverte en 1862. Son personnel passe de 667 ouvriers en 1860, à 1,376 en 1865, et la production annuelle, par ouvrier, de 150 à 190 tonnes. Pour les loger, elle a construit déjà 480 maisons.

Malgré un prix de vente assez bas, 11 fr. 50, la Compagnie de Lens réalise des bénéfices importants qui lui permettent de consacrer près de 3 millions à l'exécution de travaux de premier établissement, et de distribuer chaque année des dividendes qui s'élèvent à 100 fr. en 1860 et à 250 fr. en 1865. La valeur de ses actions s'élève de 2,000 fr. à 5,000 fr.

Bully-Grenay a trois fosses en exploitation, et en ouvre une quatrième en 1865. Son extraction, qui était de 100,000 tonnes en 1860, s'élève à 185,000 en 1865. Les débouchés qui lui manquaient s'étendent à partir de 1862 par la création d'un chemin de fer reliant ses fosses au canal de La Bassée, à Violaines, qui fut en 1863 apporté pour plus de 2 millions à une Société qui le prolongea jusqu'à Béthune et jusqu'à Lille. En même temps la Compagnie fait des essais de fabrication de coke et de briquettes, qui ne donnent que de faibles résultats. Elle s'associe à deux entreprises de recherches dans le Boulonnais, qui échouent. Elle entame avec la Compagnie de Bruay des pourparlers pour l'association des deux entreprises ; M. l'Inspecteur général Gruner consulté, donne son approbation au projet d'association qui attribue une valeur de 100 à Béthune contre 41,5 à Bruay. Cette dernière Compagnie rejeta la combinaison proposée.

Les actions sont divisées en sixièmes en 1863 ; 16,200 sont en circulation. Les sixièmes, d'une valeur de 540 fr. en 1861, tombent à 500 fr. en 1865. Ils reçoivent 10 fr. de dividende en 1860, et 75 fr. en 1865.

A la fin de cette année, il avait été dépensé plus de 8 millions et demi, dont 1 million 1/2 obtenus par des emprunts.

La Compagnie occupait alors 1,091 ouvriers, produisant chacun 170 tonnes, et dont le salaire annuel était de 828 fr. Elle possédait environ 300 maisons.

Nœux, avec 2 fosses en exploitation produisait, en 1860, 85,000 tonnes. En 1865, il produit le double, 167,000 tonnes, grâce aux débouchés que lui procure la liaison de ses fosses, par des embranchements, au chemin de fer des houillères et au canal. Une 3me fosse est commencée en 1862. Le personnel est porté de 600 à 1,700 ouvriers ; le nombre de maisons construites par la Compagnie pour les loger qui n'était que de 218 en 1858, atteint 474 en 1867. L'extraction se fait dans de bonnes conditions, et les houilles de qualité supérieure se vendent 14 ou 15 fr. La Compagnie réalise des bénéfices importants qui lui permettent d'effectuer des dépenses considérables en travaux de premier établissement, et de répartir chaque année 200 fr. de dividendes à ses 4,000 actions, qui sont recherchées aux prix de 4,000 à 4,500 fr.

Toutefois, la Compagnie d'Anzin avait fait à la Compagnie de Vicoigne des avances dont elle demanda le remboursement, et on dut recourir à un emprunt de 1,600,000 fr. en obligations

Bruay possède deux fosses, dont l'une tombée sur des terrains bouleversés est improductive. Sa fosse n° 1 est riche et fournit 45.000 tonnes en 1860 et 81.000 tonnes en 1865. La Compagnie avait dépensé près de trois millions et demi en 1862, et devait alors plus de 1.300.000 fr., dont moitié à divers créanciers et moitié à la Compagnie du Nord pour l'exécution de l'embranchement de 7 kilomètres reliant ses fosses à la gare de Fouquereuil.

Aussi en 1863, entame-t-elle des pourparlers avec la Compagnie de Bully-Grenay pour se fusionner avec cette dernière Ce projet n'ayant pas abouti, la Compagnie tenta un emprunt en obligations qui ne put être réalisé qu'en partie. Un nouvel emprunt de 600.000 fr. en 1865 fut plus heureux.

Les actions qui valaient 1800 fr. en 1859, tombent à 1.000 fr. et même au-dessous en 1863. Cependant, la Compagnie distribuait en 1860 un dividende de 48 fr., en obligations, il est vrai, puis de 50 fr. de 1863 à 1866.

Marles, avec un seul puits produit de 55.000 à 70.000 tonnes par an. Un second puits est ouvert en 1862 ; le passage du niveau y est facile, mais la rencontre d'un banc de grès houiller fournit une assez grande quantité d'eau, et ce puits ne peut être mis en extraction qu'en 1865.

L'exploitation, grâce à des prix de vente très élevés, 16 fr. 37, donne des bénéfices assez importants qui sont portés en compte aux actionnaires de la sociéte des 70 % comme versements sur leurs parts ; mais les actionnaires de la société des 30 % reçoivent de 125 à 150 fr. de dividende par chaque 1/400 de 1860 à 1862. En 1863 et 1865, ils ne partagent aucun revenu, et seulement 25 fr. en 1864.

La valeur des 800 parts 70 % était de 3.000 fr. en 1861 et de 6.000 en 1865. Les 400 parts du 30 % se vendent 2.000 fr. en 1861 et 3.000 fr. en 1865.

La Compagnie de Marles fait exécuter par la Compagnie du Nord un embranchement reliant ses fosses à la gare de Chocques.

Le mètre carré de veine fournit en 1864 et 1865 de 835 à 972 kil. L'ouvrier mineur produit dans sa journée de 1.470 à 1.540 kil., pour un salaire de 3 fr. 75.

Ferfay, pendant cette période, n'a que 2.181 actions de 1.000 fr. émises. Elle possède 2 fosses, dont une à peu près improductive, et un chemin de fer de 6 kilomètres qui les relie à la gare de Lillers et au canal d'Aire à La Bassée. Sa production varie de 38.000 à 61.000 tonnes.

La Compagnie ne distribue pas de dividende. Elle emprunte, en 1864, 546·000 fr. Ses actions qui valaient 2.000 fr. en 1860 tombent à 1.000 fr. en 1865. Ses houilles se vendent 13 fr. la tonne. Elle occupe environ 500 ouvriers, dont la production annuelle est faible, de 77 à 93 tonnes : c'est dire que son prix de revient est élevé.

Auchy-au-Bois, avec sa fosse n° 1, qui avait atteint le

calcaire à 201 mètres et n'exploitait guère qu'une seule veine,
dite *Maréchale*, ne fournit que 15.000 à 25.000 tonnes par an.
Une seconde fosse est ouverte à l'ouest en 1862 ; elle ne rencontre
que des terrains irréguliers. Cependant un chemin de fer long et
coûteux avait été exécuté, et le capital de la Compagnie comme
le produit d'un emprunt de plus de 1 million, étaient épuisés,
lorsqu'en 1865, l'Assemblée générale décida l'émission de
1.000 actions nouvelles de 500 fr. auxquelles était attaché
un intérêt de 40 fr. ou de 8 %.

Fléchinelle, rejoint sa fosse au chemin de fer et au canal par
un embranchement de 14 kilomètres, qui coûte 1.200.000 fr. ;
c'est une dépense énorme en égard à la faiblesse de son extraction
annuelle qui ne dépasse pas 8.000 tonnes. Aussi la Compagnie
est-elle obligée de recourir aux emprunts, qui atteignent, dès
1862, 1.239.000 fr. Ses actions de 500 fr. ne se vendent déjà en
1861 que 300 fr.

Vendin n'avait qu'une fosse à la fin de 1861, et avait dépensé
plus de deux millions. Sa production est de 7.000 tonnes en 1862,
et de 30.000 tonnes en 1865. Sa situation financière est mauvaise,
et l'on a du recourir aux emprunts. Cependant, les actions tom-
bées à 575 fr. en 1858 remontent après la rencontre du terrain
houiller à 865, puis à 1.300 fr.

Ostricourt extrait annuellement de 16.000 à 29.000 tonnes.
On y abandonne la fosse n° 1 dont le gisement est improductif,
pour reporter toutes les ressources sur la fosse n° 2 commencée
en 1860. La compagnie avait dépensé près de deux millions,
fournis par les actionnaires. Ses actions qui ont versé 325 fr.,
tombent à 300 fr. en 1861, et à un taux plus bas, les années suivantes.

Meurchin est plus heureux dans sa fosse n° 1 qui fournit
de 40.000 à 68.000 tonnes par an, et réalise des bénéfices qui lui
permettent de distribuer un dividende de 55 fr. à chacune de ses
2.000 actions de 1.000 fr. et d'ouvrir une deuxième fosse en
1864.

Carvin réussit. Sa production annuelle varie de 41.000 à
67.000 tonnes. Il construit un chemin de fer reliant ses fosses à

la gare de Libercourt, et qui est mis en activité en 1864. Il ouvre une deuxième fosse en 1861. Non seulement la Compagnie peut faire face à des dépenses de premier établissement importantes, mais elle peut distribuer trois dividendes de 25 et 30 fr. à chacune de ses 4.000 actions.

Annœullin n'a qu'une fosse très pauvre. Son exploitation dans deux petites veines fournit de 1860 à 1864, 75.000 tonnes en tout seulement. Ses ressources sont épuisées ; les travaux d'Annœullin ont atteint le calcaire qui donne beaucoup d'eau, et ses travaux en Belgique lui ont fait dépenser en pure perte un million. La Compagnie s'est procuré par l'émission de ses actions et par des emprunts, trois millions et demi qui ont été engloutis sans aucun résultat, et en 1866, elle abandonne tout, et entre en liquidation. La vente de l'établissement produit 120.000 fr. qui ne couvrent qu'une faible partie des dettes.

Douvrin, après bien des incidents, obtient en 1863 une concession de 700 hectares, en même temps que Meurchin une extension de 138 hectares. La fosse de Douvrin commence à extraire en 1861, mais de faibles quantités, 12.642 tonnes en tout, de 1861 à 1865.

La souscription des actions s'opère avec beaucoup de difficultés, et à l'aide de procédés peu avouables, et ne procure que des sommes insuffisantes pour couvrir les dépenses. Les actions de 500 fr. sont cotées à la Bourse de Lille à 75 fr. en 1863.

Cauchy-à-la-Tour obtient le 21 mai 1864 une concession de 278 hectares. Sa fosse, entrée en exploitation en 1861, ne produit encore que 19.000 tonnes en 1865. Les actions de cette Compagnie ne trouvèrent qu'un petit nombre de preneurs. Elle dut recourir aux emprunts pour payer ses dépenses.

Liévin. — Un décret du 15 septembre 1862 lui accorde une concession de 761 hectares, et Lens n'obtient qu'une extension de 51 hectares. Les autres demandes en concession des Compagnies de Béthune et d'Aix sont rejetées.

Le 1er décembre 1862, la Société de recherches de Liévin se transforme en Société d'exploitation au capital de 2.916.000 fr., représenté par 2.916 actions de 1.000 fr. Il avait été dépensé alors 915.770 fr. 02.

La fosse n° 1 entre en exploitation en 1860. Elle ne rencontre d'abord qu'un gîte accidenté, et ne fournit annuellement que 20.000 tonnes environ. Elle ne couvre pas ses frais d'exploitation. Aussi les actions de la Compagnie tombent à 600 fr. en 1864, et on a recours aux emprunts,

La Société d'Aix extrait de sa fosse 18.000 tonnes pendant les années 1861 et 1862, mais le décret du 15 septembre 1862, qui a institué la concession de Liévin lui interdit la continuation de ses travaux. Après de longs débats devant les tribunaux, intervient entre la Société d'Aix et la Société de Liévin une convention par laquelle cette dernière reprend la fosse de la première moyennant une indemnité de 237.977 fr. 94, qui jointe au prix de vente de terrain et de maisons font rentrer dans la caisse de la Société d'Aix une somme de 300.000 fr. bien insuffisante pour la couvrir de ses dépenses qui s'élevaient à 1.120.000 fr.

La Compagnie du Midi de l'Escarpelle, constituée par le sieur Lebreton, exécute deux nouveaux sondages, qui rencontrent le terrain négatif, et commence une fosse. Mais à la suite de discussions entre les actionnaires et le sieur Lebreton, celui-ci est destitué de ses fonctions de directeur, et il fonde en 1863 une nouvelle Société dite du *Couchant d'Aniche*.

Recherches diverses. — La fièvre des recherches de la période 1855-1860 a pris fin. Il ne se crée plus guère d'entreprises nouvelles à partir de 1860.

Société de la Morinie, fondée par le même Lebreton le 2 août 1860, au capital de trois millions.

Exécute 4 sondages à Enquin et Enguinegatte, n°s 109, 110, 111 et 112, près de Fléchinelle, dont l'un atteint le terrain houiller, et les trois autres le calcaire ou des conglomérats de silex.

Prend position par l'ouverture d'une fosse qui est suspendue à quelques mètres de profondeur.

Le 16 juillet 1863, un décret accorde à la Compagnie de Fléchinelle une extension de concession sur une partie du terrain explorée par le sieur Lebreton. La Société de la Morinie abandonne alors ses travaux, et on n'entend plus parler de cette société qui ne fut cependant ni dissoute, ni liquidée.

Le 21 octobre 1863, nouvelle société fondée par le sieur Lebreton, au capital de 4 millions ayant pour objet la recherche de la houille au territoire d'Enquin, dans le même périmètre pour lequel il avait constitué en 1860 la Société de la Morinie.

Comme spécimen de l'organisation des nombreuses sociétés fondées par la sieur Lebreton, sociétés qui trouvaient toujours un certain nombre d'actionnaires, nous donnons ci-dessous l'analyse des statuts de la société de 1863 (1).

STATUTS.

Le soussigné Abel Lebreton-Dulier, ingénieur civil des Mines, voulant appeler les capitaux nécessaires à des recherches et à l'exploitation de la houille, etc., a réglé ainsi qu'il suit les statuts d'une société, etc.

Objet : recherche et exploitation de la houille sur les terroirs de Westrehem, Ligny-lez-Aire, Febvin, Fléchin, Enquin et Erny-St-Julien.

Par suite de la souscription des 500 actions de fondateur, la société se trouve définitivement constituée.

Apports du sieur Lebreton :

Études, priorité résultant de pétition en date du 28 octobre 1863, etc.

Capital : 4 millions, représentés par 4 000 actions de 1.000 fr.

1re série de 500 actions, n° 1 à 500, dites de fondateur, émises au taux nominal de 1.000 fr. et au taux d'émission de 125 fr. libérées.

2e série. dites demi-fondatrices, 500 actions, n° 501 à 1 000, au taux nominal de 1.000 fr. et au taux d'émission de 250 fr.

Le Conseil d'Administration déterminera le nombre, les époques et la taux d'émission des autres séries.

Droit de préférence réservée aux premiers souscripteurs.

En compensation de ces apports, il est attribué à M. Lebreton-Dulier, inventeur de la découverte et fondateur de la Compagnie, 7 % des bénéfices nets.

(1) Voir également Tome II, page 218, les coupes imaginaires, planche XXXIV, de la formation houillère qui accompagnaient les prospectus de ces Sociétés, et rendaient très saisissables pour les actionnaires leurs espérances dans le succès de ces Sociétés.

Actions n°   1 à 1.000 au porteur ;
Actions n° 1001 à 4.000 nominatives.

Entreprend à forfait les 6 sondages en activité , moyennant 48.000 fr., soit 8.000 fr par sondage jusqu'au tourtia.

Ces 6 sondages sont ceux de Westrehem, Ligny-lez-Aire, Febvin, Fléchin, Enquin, Erny-St-Julien.

M. Lebreton a seul la direction des travaux jusqu'à ce que la première veine exploitable soit traversée par l'avaleresse, sous la surveillance d'un Conseil composé de trois membres désignés par lui.

Conseil d'Admininistration de 7 membres, duquel M. Lebreton fait partie de droit. — Sa gestion ne pourra avoir son effet qu'après la traversée de la première veine dans l'avaleresse.

Sont nommés par l'Assemblée générale, sauf M. Lebreton. — Renouvelés par 1/6 tous les ans.

Assemblée générale, 21 octobre 1863.

Dans une circulaire adressée au sieur Lebreton, le 5 décembre 1865, deux membres du Conseil de surveillance de la Société donnaient les détails ci-dessous sur les travaux exécutés.

Sondage n° 1, Enquin, terrain rencontré sous le tourtia démontre la présence de la houille, suspendu.

N° 2, au hameau de Tiremande (Ligny), terrain variant de nature, difficile à la sonde, suspendu. On s'est reporté plus au sud, plus près de Ligny. N° 4 marche bien, atteindra bientôt le tourtia.

N° 3, à Enguinegatte, a dépassé 100 mètres aujourd'hui.

N° 5, à Nielles-lez-Thérouanne, en travaux préparatoires.

N° 6, son point n'est pas encore fixé.

Il a été détaché de la souche 256 actions, 1re série à 125 fr. = 32.000 fr. Dépenses faites 38.304 fr. 60.

L'Étoile du Nord. — Un sondage pour rechercher la houille à Halluin , au midi de Menin , près la frontière belge , avait été exécuté en 1838. Il traversa 121 mètres de terrains tertiaires avant d'atteindre la craie , terrain dans lequel il fut abandonné à 127m45.

Ce sondage fut repris en 1856-57, et continué pour rechercher

Pl. XLVI.

COUPE SOUTERRAINE DE DOUAI A MENIN D'APRÈS LA CARTE GÉOLOGIQUE DE Mr. MEUGY,

Ingénieur en Chef des Mines et d'après les Sondages exécutés postérieurement à ce travail pour servir

aux recherches du Bassin houiller présumé dans la Flandre occid.le (Belgique).

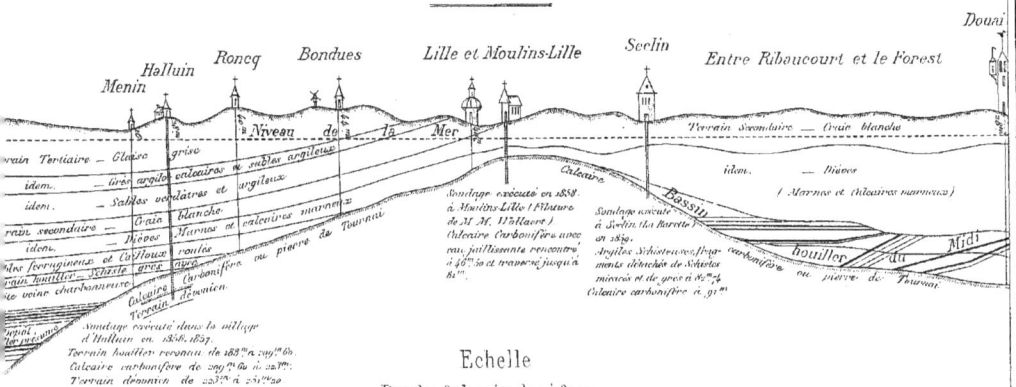

Douai

Seclin

Lille et Moulins-Lille

Bondues

Roncq

Halluin

Menin

Entre Ribaucourt et le Forest

Niveau de la Mer

Terrain Secondaire — Craie blanche

rain Tertiaire — Glaise grise

idem. — Grès argilo calcaires et sables argileux

idem. — Sables vosgiens et argileux

idem. — Pierre

(Marnes et calcaires marneux)

rain secondaire — Craie blanche

— Dièves Marnes et calcaires marneux

Calcaire

Bassin

houiller

Midi

du

ou pierre de Tournai

ox ferrugineux et Caïlloux roulés

rain houiller — Schiste grès avec

Carbonifère ou pierre de Tournai

te veine charbonneuse

Calcaire

Carbonifère

Terrain dévonien

Sondage exécuté en 1858

à Moulins-Lille (Filature

de M.M. Wallaert)

Calcaire Carbonifère avec

eau jaillissante rencontré

à 46m.50 et traversé jusqu'à

81m.

Sondage exécuté

à Seclin (les Barette)

en 1859.

Argiles Schisteuses, frag-

ments détachés de Schistes

micacés et de grès à 85m.4

Calcaire carbonifère à 91m.

Sondage exécuté dans le village

d'Halluin en 1856, 1857.

Terrain houiller reconnu de 188m.n.env.le 60

Calcaire carbonifère de 204m.80 à 227m.

Terrain dévonien de 227m. à 251m.80

Echelle

Pour les Ordonnées de 1 à 8000

Pour les Abscisses de 1 à 320000

é par R. Hausermann.

Lille. Imp. Danel

la houille, et d'après M. Meugy, il rencontra les diverses couches dont la désignation suit :

Base du tourtia .... à		166 m. 48	
Sables plus ou moins ferrugineux............	21 m. 52		
Schistes gris foncé , micacé , avec fentes remplies de gros sables et de glaises, sans fossiles.	17	40	
Grès micacé avec petite veine charbonneuse...	4	20 à	205 40
Calcaire bleu et gris......................	13	40 à	209 60
Schistes gris, rouges, bleus, etc.............	28	20 à	223 "
Profondeur totale		251 m. 20	

La rencontre à 205 mètres des grés micacés avec veines charbonneuses fit croire que l'on était dans du terrain houiller. Mais M. Delanoue fit observer que le terrain dévonien peut contenir des veinules de charbon, et que vraisemblablement le sondage d'Halluin n'avait ramené que des roches dévoniennes.

Le sondage fut continué jusqu'à 259^{m}20 et les derniers terrains qu'il traversa sont considérés par les géologues comme appartenant à la formation silurienne.

Cependant le 28 décembre 1859, une société, s'appuyant, disait son fondateur, De Baralle, sur la prétendue constatation du terrain houiller à Halluin, et sur l'opinion d'ingénieurs les plus compétents, se constituait au capital de 100,000 fr. « pour arriver » à la découverte des gisements de charbon qui doivent exister » au Nord de la frontière de France. »

Cette Société prenait la dénomination de l'*Étoile du Nord*.

Son but était la recherche de la houille dans les cantons de Menin et de Wervicq (Flandre occidentale).

Le capital de 100,000 fr. était représenté par 100 actions de 1,000 fr.

Il était en outre créé 20 actions, dites de fondation, et libérées, qui étaient attribuées au sieur De Baralle et aux 4 administrateurs.

La Société ne fut toutefois définitivement constituée que le 5 février 1861, après la constatation par une assemblée générale de la souscription des 100 actions payantes.

Le prospectus annonçant la formation de la Société l'*Étoile du Nord* était accompagnée d'une coupe assez originale montrant la probabilité de l'existence au nord du bassin connu d'un nouveau bassin, reposant comme le premier sur la formation de calcaire carbonifère.

La planche   donne la réduction de cette coupe.

Un sondage fut commencé à Menin le 13 mai 1861. Il traversa 172ᵐ20 de morts-terrains et atteignit un banc de grès dur micacé ayant, d'après le rapport d'ingénieurs, toutes les apparences du terrain houiller. Le sondage était parvenu le 15 janvier 1862 à 306ᵐ46 ; de nombreuses carottes avaient été ramenées, et furent soumises à l'examen d'une commission de 6 ingénieurs des mines. Trois de ces ingénieurs déclarent que les échantillons ramenés appartiennent au terrain houiller ; trois autres les rapportent au terrain ardoisier, et conseillent l'abandon du sondage, qui fut en effet arrêté à 308 mètres.

A la date du 10 mars 1862, le bilan de la Société se résumait ainsi :

ACTIF. —	Sommes encaissées sur les appels de fonds....	64,800 f.	‹
	Versements en retard......................	5,200	»
	Montant de 3 versements à appeler	30,000	»
		100,000 f.	»

PASSIF.—	Montant des dépenses faites.................	64,392 f. 21
	Reste disponible	35,607 75
		100,000 f.	»

L'Assemblée générale du 10 mars 1862, à laquelle furent communiqués les renseignements ci-dessus, décida à l'unanimité l'entreprise d'un 2ᵉ sondage. Fut-il exécuté ? quels résultats donna-t-il ? Les renseignements manquent pour répondre à ces questions.

Bassin du Boulonnais. — A la fin de 1864, les travaux d'exploitation de la fosse Providence d'Hardinghem, amènent un décollage du terrain houiller avec le calcaire, et les eaux abondantes contenues dans ce dernier terrain, inondent le puits, comme cela avait eu lieu en 1852 à la fosse la Renaissance.

La situation de la Compagnie, qui avait vécu jusqu'alors sur une extraction annuelle de 15,000 à 20,000 tonnes, devient des plus critiques. Toute exploitation était arrêtée ; on n'avait plus d'argent, et il fallut recourir à des emprunts très onéreux, pour reprendre les fosses inondées, conformément au programme arrêté par une Commission d'ingénieurs, MM. Callon, de Bracquemont et Cabany, qui estimaient les dépenses à faire en 3 ans à 754,600 fr.

Ferques était tout à fait abandonné.

Cependant en 1862, deux sociétés se formaient pour rechercher le prolongement du bassin du Pas-de-Calais dans le Boulonnais, et la Compagnie de Bully-Grenay prit un intérêt de 8 parts de 2,000 fr. dans chacune de ces sociétés.

L'une établit un sondage à Boursin, l'autre un sondage à Wimereux.

Mais la nature des terrains traversés fit voir qu'il ne serait possible de creuser des fosses sur ces points qu'en surmontant les plus grandes difficultés, et au prix de dépenses excessives que le prix des houilles serait incapable de rémunérer.

Ces entreprises se liquidèrent (1).

Bassin du Nord. — Malgré le développement que prennent les houillères du Pas-de-Calais, celles du Nord augmentent leur production, et la portent de 1,600,000 tonnes qu'elle était en 1860 à 1,850,000 tonnes en 1865.

Mais les prix de vente des houilles qui étaient élevés en 1860, 15 fr. la tonne, descendent à un taux très bas, 11 fr. 20 en 1864, et 11 fr. 80 en 1865.

Anzin voit son extraction augmenter de 200,000 tonnes, Aniche de 100,000 tonnes. La première de ces Compagnies commence à fabriquer du coke et des briquettes, et en 1865, elle produit 100,000 tonnes de coke et 65,000 tonnes de briquettes ; mais ses dividendes se réduisent de 15,000 fr. à 12,000 et 13,000 fr. par denier.

Aniche entre dans la même voie qu'Anzin, mais en amenant des industriels à établir sur ses fosses des fabriques de coke et de briquettes auxquelles elle vend ses charbons. Ses dividendes fléchissent également et tombent à 3,200 fr. par denier.

(1) Rapport du Conseil d'administration de la Compagnie de Béthune aux actionnaires de la Compagnie. 1873.

Les autres concessions n'augmentent que très faiblement leur extraction.

Les recherches sont peu actives, M. Mathieu exécute en 1861, un sondage entre Blanc-Misseron et Crépin, qui rencontre le calcaire à 107 mètres et y est poursuivi jusqu'à 304 mètres.

Marly cherche à reconstituer une Société, mais ne trouve pas à placer ses actions.

M. Gonnet qui avait racheté pour 1,000 fr. les travaux de Marchiennes, forme une Société qui exécute des sondages à Lallaing et à Raches, et les poursuit à 332 et 360 mètres.

Elle y rencontre deux petites couches de houille, demande une concession qui lui est refusée, et se dissout en 1864, après avoir dépensé plus de 70,000 fr.

En 1862, un sondage est exécuté à Banteux, près Cambrai. Il rencontre des argiles noires, rougissant au feu, et que l'on peut confondre avec des schistes houillers. Mais il est reconnu que ces argiles appartiennent au grès vert.

Un sondage est fait à Gœulzin en 1860, par le sieur Legrand, un autre à Monchecourt par le sieur Mathieu. Ils ne donnent pas de résultats.

XLI.

1865-1870.

Production de 1865 à 1870. — Fosses en exploitation. — Ouvriers. Salaires. — Prix de revient. — Prix de vente. — Consommation du Pas-de-Calais. — Prix de vente des actions houillères. — Dividendes. — Particularités qui se sont présentées dans chaque houillère. — Société La Roubaisienne. — Bassin du Boulonnais. — Bassin du Nord.

Production de 1865 à 1870. — Le tableau ci-contre donne la production de chacune des houillères du bassin pendant les années 1865 à 1870 :

PRODUCTION DE 1865 A 1870.

NOMS des COMPAGNIES HOUILLÈRES.	1866.	1867.	1868.	1869.	1870.	PÉRIODE de 1866 à 1870.
	Tonnes.	Tonnes.	Tonnes.	Tonnes.	Tonnes.	Tonnes.
Dourges..............	108.388	115.574	108.064	108.818	107.458	548.302
Courrières	230.587	227.669	279.173	316.904	309.972	1.364.305
Lens................	348.641	356.435	381.317	402.457	408.234	1.897.084
Bully-Grenay	173.459	164.700	194.052	199.370	227.951	959.532
Nœux..............	192.888	179.703	205.555	248.528	236.955	1.063.629
Bruay..............	81.452	96.633	96.620	114.196	141.812	533.713
Marles..............	84.830	99.619	119.815	134.115	136.595	574.974
Ferfay	79.512	72.934	70.077	74.181	89.300	386.004
Auchy-au-Bois	41.988	44.789	20.558	16.354	19.819	143.508
Fléchinelle	4.832	8.006	18.905	25.100	32.380	89.223
Cauchy-à-la-Tour	18.424	9.349	4.860	6.730	"	39.363
Vendin	26.871	32.967	38.204	36.518	50.543	185.103
Ostricourt	14.477	17.434	19.726	21.623	12.870	86.130
Meurchin............	69.979	49.253	51.471	57.612	59.221	287.536
Carvin	76.156	75.420	75.607	76.904	84.927	389.014
Douvrin.............	23.575	20.738	12.358	11.434	5.285	73.390
Liévin	27.833	34.638	37.051	67.761	75.987	243.270
Hardinghen	6.906	2.101	1.805	8.130	4.873	23.815
Totaux.........	1.613.798	1.607.962	1.735.218	1.926.735	2.004.182	8.887.895

Dans la période quinquennale précédente, l'extraction était restée comprise entre 800,000 et 1,400,000 tonnes.

Dans la période 1866-1870, elle varie de 1,610,000 à 2,000,000 tonnes, réalisant une augmentation sur la période précédente de 54 %.

Fosses en exploitation.

En 1866.....	31	Production par fosse....		53,568 tonnes.
« 1867.....	31	» »	....	53,572 »
» 1868.....	31	» »	....	57,247 »
» 1869.....	34	» »	....	57,887 »
» 1870.....	38	» »	....	54.115 »
Moyenne	33	» »	....	55,278 tonnes.

Dans cette période, le nombre des fosses en exploitation est en moyenne de 33. Il n'était dans la période 1860-1865 que de 28. Augmentation : 5 fosses.

La production par fosse, qui n'était que de 41,000 tonnes dans cette dernière période. passe à 55,000 tonnes dans la période 1865-1870. Augmentation : 14,000 tonnes ou 34 %.

En résumé, de 1851 à 1860, il a été ouvert dans le bassin du Pas-de-Calais............. .... 28 fosses,

Et de 1860 à 1869................................. 15 »

Ensemble............ 43 fosses.

Ouvriers. Salaires.

ANNÉES.	NOMBRE D'OUVRIERS.			PRODUCTION PAR OUVRIER		SALAIRES		
	du fond.	du jour.	Total	du fond.	des 2 catégor.	Totaux.	par ouvrier.	par tonne.
				Tonnes	Tonnes.	Fr.	Fr.	Fr.
1866	8.117	2 240	10.357	198	155	9.676.175	934	5.99
1867	9.206	2.370	11.576	174	139	10.835.283	936	6.73
1868	9.404	2.589	11.993	184	144	10.767.688	827	6.46
1869	9.760	1.700	11.046	197	167	10.143.134	878	5.26
1870	9.710	2.251	11.961	204	167	10.544.325	881	5.26
Moyenne.	9.039	2 247	11.286	192	157	10.394.721	921	5.85

En comptant 308 jours de travail par an , on obtient pour le salaire journalier moyen de l'ouvrier des Mines , tant au jour qu'au fond :

En 1866	3 fr. 05
» 1867	3 04
» 1868	3 02
» 1869	2 87
» 1870	2 86
Moyenne	2 fr. 97

En 1867 , le salaire moyen journalier était

Pour l'ouvrier du fond	3 fr. 225	et par an	994 fr.
» » jour	2 382	»	714 »

Dans la période 1860-1865, le nombre moyen d'ouvriers occupés était de 8,270.

Il est de 11,403 dans la période 1865-1870. Augmentation : 3,133, ou 38 %.

La production moyenne de l'ouvrier était en 1860-1865 , de 139 tonnes. Elle atteint 157 tonnes en 1865-1870. Augmentation : 18 tonnes ou 12 %.

Le salaire moyen annuel dans la première période n'était que de 843 fr. Il s'élève dans la seconde période à 921 fr. Augmentation : 78 fr., ou 9 %.

Il y a lieu de remarquer que le prix régulateur de la journée ou servant de base à la fixation de la tonne , fut porté , en 1866, de 2 fr. 50 à 2 fr. 75 , c'est-à-dire augmenté de 0 fr. 25 ou de 10 %.

Enfin, la main-d'œuvre qui entrait pour 6 fr. 05 dans le prix de revient de la tonne de houille en 1860-1865 , n'y figure plus que pour 5 fr. 85 en 1865-1870.

Prix de revient — Les dépenses totales des houillères du bassin se sont élevées

En 1866 à	17,151,480 fr.,	soit à	10 fr. 32 par tonne.
» 1867 à	19,302,680 ,	»	11 62 »
» 1869 à	17,908,929 ,	»	9 15 »
Moyenne	18,121,030 fr.,	soit à	10 fr. 28 par tonne.

Dans la période 1862-1865, le prix de revient s'élevait à 11 f. 32. Il a subi dans les 3 années 1866, 1867 et 1869, une diminution de 1 fr. 02, ou de 9 %.

Dans les dépenses totales des houillères, figurent les dépenses en travaux neufs ou de premier établissement. Ces dépenses sont considérables, ainsi elles ont monté

En 1868 à......	4,000,000 fr., soit par tonne............	2 fr 25
» 1869 à......	3,250,000 , «	1 65
» 1870 à......	3,000,000 , «	1 46
Moyenne........	3,416,666 fr., soit par tonne..........	1 fr. 76

Les années reprises ci-dessus sont les seules pour lesquelles on possède des éléments de dépenses précis, tels qu'ils sont fournis par les rapports des ingénieurs des mines.

Prix de vente des houilles. — Les prix de vente des houilles qui étaient descendus à 12 fr. environ dans les trois dernières années 1863-1865, se relèvent vivement en 1866-1867, pour redescendre les années suivantes, ainsi que le constatent les chiffres ci-dessous, donnant la valeur de la production des houillères du Pas-de-Calais, d'après les résumés des travaux statistiques de l'administration des Mines.

1866..........	21,890,810 fr., soit par tonne...........	13 fr. 56
1867..........	24,312,852 , »	15 12
1868..........	22,331,466 , «	12 87
1869..........	22,962,039 , «	11 92
1870..........	23,768,182 , «	11 86
Moyenne	23,053,070 fr , soit par tonne...........	12 fr. 97

Le prix moyen de vente était :

En 1855-1860 de	15 fr. 87
» 1860-1865 »	12 63
Il est en 1865-1870 »	12 97

Consommation de houille du département du Pas-de-Calais.

En 1866	964,710 tonnes.
» 1867	965,650 »
» 1868	1,008,230 »
» 1869	850,910 »
» 1870	1,119.990 »
Moyenne...........	981,898 tonnes.

Voici la provenance de ces houilles en 1870 :

Bassin du Pas-de-Calais et du Nord . . . .   955,919 tonnes.
  »   d'Hardinghen . . . .   471 »
  »   de Belgique . . . .   45,940 »
  »   d'Angleterre . . . .   117,660 »

                Total . . . .   1,119,990 tonnes.

La consommation se répartit ainsi dans cette même année 1870 :

Usines . . . .   638,000 tonnes.
Mines . . . .   150,430 »
Chemin de fer . . . .   23,830 »
Chauffage domestique .   307,730 »

        Total . . . .   1,119,990 tonnes.

Prix de vente des actions houillères. — Comme pour les périodes précédentes, nous donnons ci-dessous les prix de vente moyen annuel des actions des Compagnies houillères de 1865 à 1870 :

NOMS des COMPAGNIES HOUILLÈRES.	1866.	1867.	1868.	1869.	1870.	PRIX MOYEN de 1867 à 1870.	NOMBRE D'ACTIONS.
	Fr	Fr.	Fr.	Fr.	Fr.	Fr.	
Dourges	3.000	3.500	3 800	3.800	3.800	3.580	1.800
Courrières	5.500	7.000	10.500	10.500	10.500	8.800	2.000
Lens	5.000	6.600	8.400	8.500	9.000	7.500	3 000
Bully-Grenay	400	400	382	400	425	400	16.200
Nœux-Vicoigne	4.100	4.600	4.800	5.200	5.600	4.860	4.000
Bruay	1.000	1.200	1.225	1.800	2.800	1.600	3.000
Marles . . . . { 70 % . . .	6.000	6 000	6.189	6.189	14.000	7.670	800
{ 30 % . . .	3.000	3.000	3.000	3.000	11.000	5.200	400
Ferfay	900	1.400	900	900	900	1.000	2.181
Cauchy-à-la-Tour							2.248
Auchy-au-Bois	125	125	75	75	75	95	4.954
Fléchinelle	50	50	50	50	50	50	3.267
Vendin	600	600	600	600	600	600	2.713
Ostricourt	200	100	80	80	80	108	6.000
Meurchin	950	950	950	950	950	950	3.000
Carvin	1.000	1.000	1.080	1.000	900	996	3.945
Douvrin	75	75	20	20	20	42	3.570
Liévin	600	600	730	730	1.500	832	2.916
Hardinghen					500		507
Courcelles	125	125	125	175	300	170	1.200
Ensemble	32.627	37.327	42.908	43.971	66.001	44.167	67.701

Le capital représenté par les actions des Compagnies houillères était, en 1860, de........................ 68,648,700 fr.
    » 1865, de... 75,555,300
Il est en 1870, de........................ 126,338,648
en très grande augmentation sur les années précédentes.

Dividendes. — Dix Compagnies sur 20 distribuent des dividendes pendant cette période ainsi qu'il est établi dans le
tableau ci-dessous.

NOMS des COMPAGNIES HOUILLÈRES.	1866.	1867.	1868.	1869.	1870.	PÉRIODE de 1866 à 1870.	NOMBRE D'ACTIONS.
	Fr.	Fr.	Fr.	Fr.	Fr.	Fr.	
Dourges	200	250	200	200	200	1.050	1.800
Courrières	500	600	400	400	400	2.300	2.000
Lens.............	325	350	350	330	300	1.655	3.000
Bully-Grenay	25	25	25	25	25	125	16.200
Nœux-Vicoigne	225	250	250	250	150	1.125	4.000
Bruay	50	60	70	80	85	345	3.000
Marles.... { 70 % ...	»	229	253	278	294	1.054	800
{ 30 % ...	325	415	415	280	205	1.640	400
Ferfay	»	50	50	25	25	150	2.181
Cauchy-à-la-Tour.....	»	»	»	»	»	»	2.248
Auchy-au-Bois	»	»	»	»	»	»	4.954
Fléchinelle	»	»	»	»	»	»	3.267
Vendin	»	»	»	»	»	»	2.713
Ostricourt	»	»	»	»	»	»	6.000
Meurchin.	100	80	»	40	50	270	3.000
Carvin	40	20	40	»	»	100	3.945
Douvrin.............	»	»	»	»	»	»	3.570
Liévin...............	»	»	»	»	»	»	2.916
Hardinghen..........	»	»	»	»	»	»	507
Courcelles	»	»	»	»	»	»	1.200
Ensemble........	1.790	2.329	2.053	1.908	1.734	9.814	67.701

L'importance de ces dividendes est en 1870 de 3,759,525 fr. en augmentation de 558,625 fr. sur celle des dividendes de 1865.

On a vu précédemment que le capital représenté par la valeur des actions des 20 houillères existant en 1870 était de 126 millions de francs en chiffres rond. Le dividende total distribué pendant cette année correspond à moins de 3°/₀ de ce capital.

Particularités qui se sont présentées dans chaque houillère. — **Dourges** a deux fosses en exploitation qui produisent ensemble environ 100,000 tonnes par an.

Une 3ᵉ fosse est commencée en 1867, mais les travaux y sont suspendus pendant la guerue de 1870. Grâce à un prix de vente des houilles assez élevé (13 fr. 28 en 1869) la Compagnie réalise des bénéfices qui lui permettent de distribuer un dividende annuel de 200 à 250 fr. à chacune de ses 1,800 actions, dont la valeur vénale est de 3,800 fr.

Courrières. — Produit 200,000 tonnes en 1865 et 310,000 tonnes en 1870, avec 4 fosses. — L'exploitation est très fructueuse, et permet de distribuer des dividendes annuels de 400 à 600 fr. Ses actions qui valaient 5,000 fr. en 1865, atteignent 10,000 fr. en 1870.

Ses houilles se vendent de 15 à 17 fr. la tonne en 1866 et 1867, puis descendent à 13 fr. en 1868 et à 12 fr. 50 en 1870.

Son personnel est de 1,084 ouvriers en 1865, et de 1,411 en 1870. La production par ouvrier varie de 188 à 219 tonnes. Le salaire des mineurs n'est que de 3,15 à 3,70 fr.

Lens. — Avec 4 fosses en exploitation, et grandement outillées voit sa production passer de 260,000 tonnes en 1865 à 450,000 tonnes en 1870, et le nombre de ses ouvriers est porté de 1,400 à 2,100. La production annuelle de l'ouvrier de fond et de jour est d'environ 200 tonnes, son salaire moyen de 800 fr. — La Compagnie possède déjà 500 maisons, et a consacré plus de 7 millions à ses travaux.

Le prix moyen de vente des houilles reste compris entre 11.50 et 13 fr. 50. Mais le prix de revient est assez bas, les bénéfices sont importants et permettent de faire face aux dépenses des travaux neufs et de répartir chaque année un dividende de 300 à

350 fr. par action, dont la valeur s'élève de 4,000 fr. en 1865 à 9,000 fr. en 1870.

Bully-Grenay. — A une extraction de 200 à 230 mille tonnes. Distribue 25 fr. de dividende à chacun des 16,200 actions émises et dont le prix de vente reste fixe à 400 fr.

Achète en 1866 la concession d'Annœulin en participation pour moitié avec des créanciers de la Compagnie de Don, moyennant 120,000 fr.

En 1869 un incendie se produit par la chaudière d'une machine à vapeur établie à la fosse N° 1 pour une exploitation en vallée. Le directeur des travaux, M. Deladerrière, et 18 ouvriers sont asphixiés.

Une 4° fosse ouverte en 1865, entre en exploitation en 1869.

Un emprunt de 2,310,000 fr. est émis en 1868 par le placement de 7,770 obligation de 300 fr. rapportant 18 fr. d'intérêt, et remboursables en 40 ans.

Plus de 8 et 1/2 millions étaient engagés en 1866 dans l'entreprise.

En 1870, la Compagnie occupait 1,236 ouvriers, dont 992 au fond. La production était de 230 tonnes par ouvrier du fond et de 184 tonnes par ouvrier du fond et du jour. Le salaire du mineur proprement dit était de 4 fr. 42 par jour, et celui de l'ensemble des ouvriers du fond et du jour 937 fr. par an.

La Compagnie possédait alors 415 maisons.

Elle avait fondé une orphelinat pour favoriser le recrutement de son personnel ; cette institution ne répondit pas aux espérances qu'on en attendait.

Nœux. — Extrait annuellement de 180,000 à 250,000 tonnes et de sa concession de Vicoigne environ 110,000 tonnes. Ses actions se vendent de 4,000 à 5,500 fr., et reçoivent des dividendes variant de 125 à 250 fr.

En 1869, elle occupe 1,610 ouvriers produisant chacun 154 tonnes, et a 4 fosses en exploitation. Ses prix de vente sont élevés ; 14 fr. 50 en 1866, 17 fr. 25 en 1867 et redescendent à 12 fr. 80 en 1869.

Nœux possède déjà 424 maisons en 1867.

Bruay. — Sa production passe de 84,000 tonnes en 1866, à

142,000 tonnes en 1870. Ses actions montent de 1,000 à 1,600 fr.; et ses dividendes annuels de 50 à 85 fr.

Une 3ᵉ fosse est ouverte en 1866 ; elle n'entre en exploitation qu'en 1870.

Deux emprunts de 600,000 fr. chacun, en obligations, furent contractés en 1865 et en en 1867.

Les Capitaux engagés dans l'entreprise s'élevaient à la fin de 1868 à 4,645,000 fr., sur lesquels il était dû 1,235,000 fr.

Bruay occupait en 1869, 668 ouvriers produisant annuellement 171 tonnes, et gagnant un salaire moyen de 965 fr.

Marles. — Voit s'écrouler sa fosse Nᵒ 2 en 1866. (Voir pour les détails page 234, tome I.) La perte de cette fosse qui était en pleine production, était un véritable désastre. Cependant un 3ᵉ puits ouvert en 1862 vient remplacer heureusement le puits écroulé, et la production de la Compagnie qui n'était que de 62,000 tonnes en 1865, atteint en 1866, 85,000 tonnes, 120,000 en 1868, et 135,000 tonnes en 1869 et 1870.

La catastrophe de 1866 n'eut pas l'influence que l'on craignait sur la prospérité de la Compagnie de Marles. Ses bénéfices ne furent pas affectés, grâce au développement de l'extraction du puits Nᵒ 3, et aux prix élevés des houilles, 16 à 18 f. 50, la tonne La Société des 70% continua à répartir à ses actionnaires 5% d'intérêt sur les capitaux versés, et la Société des 30%, qui n'avait pas distribué de dividende en 1865, en répartit chacune des années 1866 à 1870, de 205 à 415 fr.

Ferfay. — Ouvre une 3ᵉ fosse en 1867. Elle entre en exploitation en 1870. Fait dans cette dernière année l'acquisition de la concession de Cauchy-à-la-Tour, et de la fosse qui porte depuis le Nᵒ 4.

Sa production qui était de 61,000 tonnes en 1865, varie de 80,000 à 90,000 tonnes de 1866 à 1870. Malgré des répartitions de dividendes de 25 à 50 fr. par action, sa situation financière n'est pas heureuse, car outre l'emprunt de 545,000 fr. de 1864, elle en contracte deux autres de chacun 1 million, l'un en 1867, l'autre en 1870.

Ses houilles se vendaient bien cependant (13 fr. 41 en 1869), mais son prix de revient était élevé, si l'on en juge par la production de ces ouvriers qui n'atteignait pas 100 tonnes par homme et par an.

Auchy-au-Bols. — Lutte contre des difficultés de travaux et son extraction avec 2 fosses qui était de 42,000 tonnes en 1866, tombe à 20,000 tonnes à partir de 1868, et ne donne que des pertes. Des émissions successives d'actions avec garantie d'intérêt de 5 % sont réalisées difficilement et procurent quelques ressources, mais insuffisantes pour soutenir l'entreprise. Au 31 mars 1867, il était dû plus de 2 millions, et on avait à peine 300,000 fr. d'actif pour faire face à cette énorme dette. Aussi l'assemblée générale décide-t-elle la liquidation de la Société, et sa transformation en une Société nouvelle. On ne se procure ainsi que des faibles ressources qui furent bien vite épuisées et dès 1870 on dut recourir aux emprunts de nouveau.

Fléchinelle. — Augmente difficilement sa production qui n'est encore, en 1866, que de 5,000 tonnes, et arrive cependant à 32,000 tonnes en 1870. La Société est obligée d'emprunter 400,000 fr. en 1868.

Vendin. — Voit son extraction monter de 27,000 tonnes en 1866 à 50,000 tonnes en 1870. Son prix de revient qui était en 1867 de 14 fr. 22, tombe à 9 fr. 05 en 1870 ; mais son prix de vente, qui était en 1867 de 15 fr. 85 s'abaisse à 10 fr. 73 en 1869 pour remonter à 12 fr. 18 en 1870. Dans cette dernière année la Société réalise un bénéfice de près de 150,000 fr. Toutefois les actions restent cotées à 600 fr. pendant toute cette période.

Ostricourt. — Maintient difficilement sa production entre 13,000 et 22,000 tonnes dans sa seule fosse N° 2. Ses dépenses s'élevaient en 1865 à 2 millions ; il ne lui restait que 390,000 fr. sur son capital, y compris 50 fr. à appeler sur ses 6,000 actions. Son prix de revient n'était pas trop élevé, 0,84 par hectolitre, mais son prix de vente était aussi très bas, 0,90. Ses actions se vendaient de 80 à 100 fr.

Meurchin. — A une extraction qui varie de 50,000 à 60,000 tonnes, avec une seule fosse. Sa fosse N° 2 atteint le calcaire et une source d'eau sulfureuse très-considérable qui inonde le puits et oblige de l'abandonner. Un 3e puits est commencé en 1869 ; il rencontre dès le commencement de très grandes difficultés.

La Société fait des bénéfices et distribue des dividendes variant de 40 à 100 fr. à chacune de ses 3,000 actions, dont la valeur vénale est de 950 fr. Le prix de revient est d'environ 9 fr. auquel il faut ajouter 0,60 environ pour travaux de 1ᵉʳ établissement Le prix de vente varie de 11 à 11 fr. 50.

Une fabrique de briquettes est établie à Meurchin par M. Couillard, qui passe avec la Société en marché de charbon à 8 fr. 50, marché très-onéreux pour cette dernière.

Carvin extrait de 75,000 à 85,000 tonnes. Ouvre en 1867 une 3ᵉ fosse qui entre en exploitation en 1870. Fait des bénéfices et distribue en 1866, 1867 et 1868 des dividendes de 30 à 40 fr. à chacune de ses 3,945 actions, qui se vendent de 950 à 1,080 fr.

Essaie, en 1867, un procédé d'agglomération de ses menus maigres avec du goudron, qui ne réussit pas et ne pouvait pas réussir économiquement.

Annœullin est acheté, en 1866, par la Compagnie de Béthune en compte à demi avec des créanciers pour 120.000 fr., et les travaux y sont abandonnés.

Douvrin extrait 10,000 à 20,000 tonnes par an, Sa situation financière est des plus précaires, et toutes les tentatives pour placer de nouvelles actions, échouent piteusement. Enfin, le 9 décembre 1869, les intérêts des obligations ne pouvant être payés, le tribunal de Béthune prononce la dissolution et la liquidation de la société.

Cauchy-à-la-Tour produit, en 1866, 18,000 tonnes; mais son extraction va en décroissant les années suivantes et tombe à 7,000 tonnes en 1869. Est achetée en 1870 par la Compagnie de Ferfay pour 101,000 fr., après plusieurs tentatives de vente sans résultat, à la suite de la dissolution de la Société prononcée par l'assemblée du 28 avril 1868.

La Compagnie de Cauchy-à-la-Tour avait dépensé 1,300,000 fr. La liquidation produisit 134,000 fr., de sorte que la perte subie par les actionnaires et les créanciers s'éleva à 1,166,000 fr.

Liévin exploite par sa fosse Nº 1 un gisement accidenté qui ne fournit encore en 1866 que 28,000 tonnes. Cette fosse approfondie atteint les belles couches de Lens, dont l'exploitation

donne 76,000 tonnes déjà en 1870. Cependant les grandes dépenses
des travaux de premier établissement absorbent et au-delà les
produits, et la Société est obligée de recourir aux emprunts.
Ses actions se vendent, en 1868, à 730 fr., et en 1870 à 1,500 fr.

Aix-Noulettes dont la demande en concession a été rejetée,
cède sa fosse à la Compagnie de Liévin pour 238.000 fr. La
liquidation de la Société fait rentrer dans sa caisse 300,000 fr.,
sur les 1,120,000 fr. dépensés. Perte, déduction faite de quelques
bénéfices réalisés sur la vente des charbons, environ 700,000 fr.

La Société du *Midi de l'Escarpelle* est dissoute en 1867, et le
liquidateur vend tous ses droits au sieur Lebreton pour 25,000 fr.
Elle avait dépensé près de 250,000 fr.

Le sieur Lebreton qui avait constitué la Société du *Couchant
d'Aniche* en 1863, reprend la fosse N° 1 du Midi de l'Escarpelle,
mais à la suite d'un procès avec ses associés, ceux-ci forment en
1869 une nouvelle Société dite de *Courcelles-les-Lens*. Elle
continua la fosse N° 1, et, comme on le verra plus loin, y
rencontra la houille, après y avoir traversé 90^m. de calcaire
carbonifère au-dessous du tourtia.

Société La Roubaisienne. — Dans la période 1865-1870,
les recherches sont complètement abandonnées dans le Pas-de-
Calais.

Un seul sondage N° 287 est exécuté en 1866 près de la porte
d'Esquerchin par une Société dite La Roubaisienne. Il rencontre
à 251^m le calcaire carbonifère dans lequel il est abandonné après
y avoir pénétré de 2^m seulement.

Bassin du Boulonnais. — La Compagnie d'Hardinghem
emprunte successivement 2 millions 1/2 pour remettre en état les
fosses Renaissance et Providence, conformément aux conseils
des ingénieurs consultés, et qui n'avaient évalué qu'à 750,000 fr.
la dépense à faire.

Les sacrifices que s'était imposée la Société furent insuffisants
encore, et à la fin de 1869, son passif s'élevait à plus de 3 millions,
dont 1,200,000 exigible immédiatement.

L'Assemblée générale du 30 mai 1870 se vit obligée de prononcer la dissolution de la Société. La concession d'Hardinghem fut
achetée par un syndicat d'actionnaires moyennant 550,000 fr.

Ainsi prit fin la Société d'Hardinghem qui avait dépensé plus de 5 millions. Les actionnaires qui avaient versé 3,000 fr. par chaque action, durent rapporter environ 6,000 fr. pour leur part de dettes.

La concession de *Ferques* est entièrement abandonnée.

Bassin du Nord.— A la fin de 1865, la demande des houilles est très active, et les prix de vente s'élèvent dans le courant de l'année 1866 de 3 fr. à 3 fr. 50 par tonne. Les industriels s'émeuvent; ils réclament la suppression des droit de douane sur les houilles, et une enquête. Celle-ci n'était pas terminée, que le développement des exploitations faisait baisser les prix à des taux excessivement bas.

Ce développement des exploitations amenait une hausse de salaires et une grève en octobre 1866. Le prix de la journée du mineur est porté de 2 fr 75 à 3 fr., et cette augmentation est maintenue lors de la baisse des houilles. Le Bassin du Nord produisait, en 1865, 2 millions de tonnes; il produit, en 1869, 2,600,000 tonnes. Cette augmentation de l'extraction provient presqu'en totalité de la Compagnie d'Anzin, et pour 40,000 tonnes de la Compagnie d'Aniche.

Les bénéfices des houillères du Nord sont importants dans cette période. Anzin distribue de 1867 à 1869, 15,000 à 18,000 fr. de dividende par denier, dont la valeur vénale est de 300,000 fr. Aniche distribue 4,800 à 5,600 fr. par denier, dont la valeur monte à 100,000 fr.

Douchy, dont le douzième de denier se vend de 2,600 à 3,200 fr. répartit des dividendes variant de 100 à 300 fr.

L'Escarpelle voit ses actions cotées 1,000 à 1,150 fr. et leur distribue 30 à 40 fr. de dividende. Cette Société emprunte 900,000 fr. pour le creusement de sa fosse N° 4, où elle rencontre des difficultés extraordinaires qu'elle ne parvient à surmonter qu'à l'aide du système Kind-Chaudron, dont elle fait la première application dans le Nord.

Rien de particulier n'est à signaler dans les autres concessions.

XLII.

1870-1875.

CRISE HOUILLÈRE.

Cause de la crise. — A la suite de la guerre franco-allemande de 1870-1871, et de la diminution de la production industrielle pendant sa durée, il se produisit un essor considérable dans toutes les branches de l'industrie, mais particulièrement dans l'industrie métallurgique. En France, les communications avaient été longtemps interrompues, les stocks de marchandises étaient partout épuisés, et il fallait satisfaire aux besoins de la consommation et en même temps reconstituer les approvisionnements.

L'Amérique à la même époque construisait 12,000 kilomètres de voies ferrés, et demandait à l'Angleterre et à toute l'Europe plus de 2 et 1/2 millions de tonnes de rails, et cette énorme exportation donnait lieu à un développement inouï de la métallurgie. Enfin une foule d'autres circonstances venaient provoquer un mouvement extraordinaire de toutes les branches de l'industrie.

Ses effets, hausse excessive du prix des houilles. — Une hausse considérable du prix des charbons en est la conséquence. Elle se produit d'abord en Angleterre où le charbon de Newcastle pour vapeur s'élève successivement (1).

Au	1er juillet	1871 à........................	12 f. 05	la tonne
»	1er janvier	1872 à........................	16	» »
»	1er juillet	1872 à........................	22 50	»
»	1er janvier	1873 à........................	31 25	»

pour redescendre :

Au	1er juillet	1873 à........................	29	» »
et au	1er janvier	1874 à........................	26	» »

En Belgique, la hausse des prix se fait sentir plus tardivement. Ainsi le tout-venant demi-gras de Charleroi se vend :

Le 1er janvier 1872	14 f.	»	la tonne.
» 1er juillet 1872........................	17	»	»
» 1er janvier 1873........................	32	»	»

pour redescendre :

Le 1er juillet 1873 à........................	29	»	»
» 1er janvier 1874 à........................	20	»	»

(1) Rapport de M. Ducarre, au nom de la Commission d'enquête parlementaire, sur l'état de l'industrie houillère en France, 1874.

A Sarrebruck , la houille de Louisenthal , 1ᵉʳ sorte se vend :

Le 1ᵉʳ juillet	1871	15 f.	»	la tonne.
» 1ᵉʳ janvier	1872	16	75	»
» 1ᵉʳ juillet	1872	19	»	»
» 1ᵉʳ janvier	1873	24	»	»
» 1ᵉʳ juillet	1873	27	»	»
» 1ᵉʳ janvier	1874	29	50	»

Dans les bassins du Nord et du Pas-de-Calais, la hausse des prix des houilles suit, mais bien plus tardivement, celle qui s'est produite en Angleterre, en Belgique et en Allemagne. Ainsi la houille tout venant, suivant les qualités, se vend dans ces bassins :

En juillet	1871	14 f.	»	à	15 f. 50 la tonne.
Le 1ᵉʳ janvier	1872	14	50	à	16	»	»
En août	1872	15	50	à	17	»	»
Le 1ᵉʳ janvier	1873	21	»	à	22	80	»
» 1ᵉʳ juillet	1873	25	»	à	27	»	»

Les prix descendent ensuite :

En février	1874 à	22 f.	»	à	24 f.	»
» mars	1874 »	20	»	à	22	»
» décembre	1875 »				18	»
» juin	1876 »				17	»
» janvier	1877 »				16	»
» mars	1877 »				15	»
» septembre	1877 »				14	»
» janvier	1878 »	13	50	à	14	»
» mars	1878 »	12	50	à	13	50

C'est en Angleterre que les prix des houilles commencent à hausser, à partir du milieu de l'année 1871. Cette hausse n'a lieu que 6 mois plus tard, à partir de janvier de 1872, en Belgique, et en Allemagne, et seulement à partir du milieu de 1872 dans le Nord de la France. Elle y est du reste beaucoup moins accentuée qu'à l'étranger, et les exploitants français ne se décident qu'avec timidité à suivre l'exemple des exploitants des autres pays.

Craintes des consommateurs. — Une vive émotion se produisit dans l'industrie, chez tous les peuples ; l'exhorbitance des prix atteints par une matière aussi indispensable que la houille, mettait les consommateurs dans une situation très difficile ; tous subissaient non seulement une aggravation considérable de dépenses, mais craignaient surtout de manquer de combustible.

En Angleterre, la patrie du libre-échange, on alla jusqu'à proposer de frapper d'un droit l'exportation du charbon. On croyait bien que cette matière étant un objet de première nécessité, son exportation ne serait pas arrêtée ; mais on faisait ressortir, en faveur de cette mesure, la considération « que c'était un » moyen d'augmenter les revenus de l'État *aux dépens des* » *manufacturiers étrangers* qui font concurrence aux marchés » anglais. »

En France, les députés des centres industriels demandèrent une enquête parlementaire « à l'effet de constater l'état de l'indus- » trie houillère et de rechercher les mesures à prendre pour » la mettre à même de pourvoir aux besoins de la consomma- tion (1). »

Bénéfices considérables des houillères. — L'industrie houillère atteignit partout une prospérité inouïe, et réalisa des bénéfices très considérables que, suivant l'habitude, on exagéra encore. Les actions des compagnies de mines s'élevèrent à des taux fabuleux, et plus elles montaient, plus le public tenait à en posséder. Ainsi à la Bourse de Lille, la foule assiégeait les portiques, et les agents de change ne pouvaient suffire à exécuter les ordres. La *houille* était devenue une idole. Les esprits les plus sages croyaient que les prix exceptionnels de vente des houilles se maintiendraient, sinon aux taux excessifs qu'ils avaient atteints, du moins qu'ils ne descendraient qu'à des chiffres très élevés et qui laisseraient encore aux exploitants des bénéfices très considérables.

C'était une profonde erreur. Les consommateurs avaient eux-

_____

(1) Rapport de M. Ducarre, au nom de la Commission d'enquête parlementaire, sur l'état de l'industr e houillère en France, 1874.

mêmes, en 1872 et 1873, fortement concouru à l'élévation exagérée des prix des houilles. Ne pouvant se procurer que difficilement cette matière indispensable à toutes les industries, craignant d'en manquer, ils adressaient leurs commandes en même temps à trois ou quatre houillères. Celles-ci ayant leurs carnets d'ordres surchargés, élevaient successivement leurs prix, pour écarter les acheteurs, lesquels acceptaient quand même, et certaines Compagnies refusèrent en novembre 1879 de traiter des marchés à 28 fr. la tonne, persuadées qu'elles étaient que les prix s'élèveraient à 30 et même 35 fr.— Au mois de mars suivant elles traitaient les mêmes marchés à 17 fr., tant la détente s'était produite, et tant on commençait à s'apercevoir que la houille ne manquait pas.

Quoi qu'il en soit, la crise houillère, si elle occasionna une lourde charge pour les consommateurs, et des pertes importantes à certains acheteurs d'actions à des taux excessifs, eut un résultat très favorable pour le développement de l'industrie houillère du Nord. Grâce aux bénéfices considérables réalisés, toutes les Compagnies houillères creusèrent de nouveaux puits, s'outillèrent fortement, et attirèrent dans leurs exploitations de nombreux ouvriers, par la construction de beaucoup de maisons. Elle fut la principale cause de l'augmentation dans la production dans les années suivantes, production qui pour les deux bassins du Nord et du Pas-de-Calais, est passée de 4,700,000 tonnes en 1870 à 10.000,000 en 1882.

Augmentation des salaires.—En même temps les ouvriers profitèrent largement des augmentations des prix des houilles et des bénéfices qui en résultèrent pour les exploitants.

Le prix servant de base à la tâche de l'ouvrier mineur qui n'était que de 3 fr. fut porté à 3 fr. 25 en juillet 1872, et à 3 fr. 50 en février 1873. Cette augmentation de 16,66 % dans les prix officiels de la main-d'œuvre fut bien dépassée dans la pratique; les ouvriers étaient rares et recherchés par toutes les houillères qui voulaient à tous prix augmenter leur production; leurs exigences étaient par suite très grandes, et les exploitants les subissaient par crainte de voir une partie de leur personnel passer dans les exploitations voisines.

A ce sujet je citerai les gains moyens des ouvriers mineurs proprement dits, travaillant à la tâche à l'abatage de la houille et au percement des galeries de l'exploitation des mines d'Aniche. Ces gains moyens, s'appliquant au travail d'environ 1,200 ouvriers mineurs pendant toute l'année, étaient en 1869, de 4 fr. par jour.

Ils s'élevèrent :

En 1872 à....................... 4 f. 92
» 1878 à....................... 5 89
» 1874 à....................... 6 07 maximum.

Ils descendirent ensuite :

En 1875 à....................... 5 f. 90
» 1876 à....................... 5 09
» 1877 à....................... 4 60
Etc., etc.

Ainsi de 1869 à 1874, le gain moyen de la journée du mineur passa de 4 fr. à 6 fr. 07, avec augmentation de 2 fr. 07 ou de plus de 50 %.

La dépense de main-d'œuvre par tonne de houille extraite subit une augmentation de 1 fr. 68 par tonne ; mais cette augmentation était peu de chose en comparaison de l'augmentation de plus de 6 fr. sur le prix moyen de vente des houilles.

Production. — Sous l'influence des hauts prix, et des demandes considérables, les exploitants font tous leurs efforts pour développer leur exploitation. La production du bassin du Pas-de-Calais passe de 2,200,000 tonnes en 1870 à 3,250,000 tonnes en 1875. Elle augmente en 5 ans, de plus de 1 million de tonnes ou de près de 50 %. Toutes les mines prennent part à cette augmentation, comme le montre le tableau ci-dessous.

PRODUCTION DE 1871 A 1875.

NOMS des COMPAGNIES HOUILLÈRES.	1871.	1872.	1873.	1874.	1875.	PÉRIODE de 1871 à 1875.
	Tonnes.	Tonnes.	Tonnes.	Tonnes.	Tonnes.	Tonnes.
Dourges..............	107.910	106.832	100.576	108.808	128.646	552.772
Courrières	289.117	353.580	376.621	375.563	435.805	1.830.686
Lens................	482.022	583.385	654.022	658.142	715.097	3.092.668
Bully-Grenay	220.520	206.807	235.795	249.046	288.676	1.200.344
Nœux................	280.920	383.221	437.125	418.409	427.924	1.947.599
Bruay................	148.106	225.049	210.562	233.489	259.688	1.076.894
Marles..............	152.349	240.003	251.243	211.802	231.596	1.086.993
Ferfay et Cauchy.....	126.232	165.747	181.645	153.456	167.966	795.046
Auchy-au-Bois	18.774	22.071	17.100	28.141	21.979	108.065
Fléchinelle	42.020	37.866	37.090	35.673	42.332	194.981
Vendin	43.519	47.882	45.347	35.443	35.049	207.240
Ostricourt	17.274	29.833	28.778	37.431	36.190	149.506
Meurchin............	61.324	70.076	89.076	82.991	79.815	383.282
Carvin	101.998	117.733	136.505	133.641	149.880	639.757
Douvrin	5.212	2.567	2.484	»	»	10.263
Liévin	90.950	127.015	146.787	158.982	158.921	682.655
Hardinghen	15.003	29.449	32.488	52.771	77.048	207.059
Ensemble........	2.203.250	2.749.116	2.983.244	2.973.788	3.257.519	14.166.910

Dourges et *Bully-Grenay* augmentent peu leur extraction ; mais *Courrières* qui ne fournissait que 290,000 tonnes en 1871, en fournit 436,000 en 1875 ; *Lens* élève son chiffre de 482,000 tonnes de 1871 à 715,000 tonnes en 1875, et *Nœux* de 280,000 à 428,000. *Bruay* et *Marles* réalisent un accroissement de 75 et de 50 %, etc., etc.

En 1874, les Mines du Pas-de-Calais produi-
saient : houilles grasses .... 2,680,501 t.
      »   maigres 293,287
                                                    _____
                                      Ensemble ...... 2,973,788 t.

Nombre de fosses. — En 1871, on comptait 38 fosses en activité.

Leur production moyenne était de...............				57,980 tonnes.	
En 1872....	40 fosses.	Production moyenne.		68,718	»
» 1873	40 »	»	»	74,580	»
» 1874 ...	40 »	»	»	74,344	»
» 1875 ...	43 »	»	»	81 438	»
	40	Moyenne.....		71,412 tonnes.	

Les chiffres ci-dessus montrent que la production par fosse s'accroit dans une très large mesure.

Cette production était en moyenne de.	41,157	tonnes en	1860-65	
»	»	55,278	»	» 1865-70
Elle est de	71,412	»	» 1870-75	

Le nombre des fosses en activité était de........	28 en 1860-65			
»	»	....	33 » 1865-70	
Il est de.....	....	40 » 1870-75		

De nombreuse fosses nouvelles sont ouvertes dans cette dernière période, ainsi que le constate le tableau ci-dessous :

Nombre de fosses.

NOMS des COMPAGNIES HOUILLÈRES	1874.			1875.		
	Fosses en activité.	Fosses en creuse-ment.	TOTAL.	Fosses en activité.	Fosses en creuse-ment.	TOTAL.
Dourges............	2	1	3	2	1	3
Courrières.........	4	2	6	4	2	6
Lens..............	4	1	5	4	1	5
Bully-Grenay	4	3	7	5	2	7
Nœux.............	4	1	5	5	»	5
Bruay	2	1	3	2	1	3
Marles	2	1	3	2	1	3
Ferfay et Cauchy...	4	»	4	4	»	4
Auchy-au-Bois	2	1	3	2	2	4
Fléchinelle	1	»	1	1	»	1
Liévin	2	1	3	3	»	3
Vendin	1	1	2	1	1	2
Meurchin..........	1	1	2	1	1	2
Carvin	3	»	3	3	»	3
Ostricourt	1	»	1	1	»	1
Douvrin..........	1	»	1	1	»	1
Hardinghen	2	»	2	2	»	2
Totaux......	40	14	54	43	12	55

Ouvriers. Salaires. -- Le tableau ci-dessous donne le nombre d'ouvriers employés dans les Mines du Pas-de-Calais, de 1871 à 1875. De 13,640 en 1871, il s'élève à 21,579 en 1875, en augmentation de 7,939 ou de près de 60 %. La production par ouvrier reste stationnaire, parce qu'une partie importante du personnel est occupée à la création de nouveaux puits et de nouveaux travaux.

Le chiffre des salaires payés double pendant cette période et s'élève de 12,7 millions à 23,4 millions. Le salaire annuel moyen de l'ouvrier qui n'était que de 932 fr. en 1871 monte à 1,111 fr. en 1873, et il figure dans le prix de revient de la tonne de houille extraite pour plus de 7 fr. en 1874 et 1875, à cause des travaux extraordinaires exécutés pendant ces deux années.

Ouvriers. Salaires.

ANNÉES.	NOMBRE D'OUVRIERS.			SALAIRES			PRODUCTION PAR OUVRIER	
	du fond.	du jour.	Total.	Totaux.	par ouvrier.	par tonne.	du fond.	des 2 catégor.
				Fr.	Fr.	Fr.	Tonnes.	Tonnes.
1871	11.056	2.584	13.640	12.640.835	932	5.77	199	161
1872	12.546	2.532	15.078	16.265.300	1.058	5.91	218	178
1873	14.686	3.286	17.972	19.982.307	1.111	6.69	206	166
1874	15.600	3.864	19.464	21.253.215	1.092	7.14	191	152
1875	17.351	4.228	21.579	23.372.406	1.086	7.19	187	151
Moyenne.	14.268	3.299	17.567	18.702.812	1.064	6.60	198	161

En comptant 308 jours de travail par an, on obtient pour le salaire moyen de l'ouvrier des mines, toutes catégories comprises :

En 1871... 2 f. 98
» 1872... 3 40 (3 f. 76 par ouvrier du fond et 1 f. 66 par ouvrier du jour).
» 1873... 3 60 (4 05   »   »   1 64   »   »).
» 1874... 3 54 (4 05   »   »   1 64   »   »).
» 1775... 3 52 (4 »   »   »   1 52   »   »).

Moyenne... 3 f. 41

Le tableau ci-contre donne les chiffres relatifs au personnel de chaque houillère.

Nombre d'ouvriers,
Production et salaire par ouvrier en 1872.

NOMS des HOUILLÈRES.	EXTRAC-TION.	OUVRIERS			PRODUCTION PAR OUVRIER		SALAIRES		
		du fond.	du jour.	TOTAL.	du fond.	des 2 catégo-ries.	TOTAUX.	par ouvrier.	par tonne.
	Ton.				Ton.	Ton.	Fr.	Fr.	F. C.
Dourges	106.832	503	82	585	212	182	607.393	1.038	5.67
Courrières	353.580	1.388	328	1.716	254	206	1.769.300	1.031	5.01
Lens.............	583.385	1.848	465	2.313	315	252	2.634.950	1.139	4.52
Bully-Grenay	206.807	1.096	203	1.299	188	159	1.482.407	1.170	7.15
Nœux.............	383.221	1.789	305	2.094	214	183	2.356.395	1.125	6.15
Bruay	225.049	784	172	956	287	235	1.073.176	1.122	4.76
Marles	240.003	1.090	301	1.391	220	172	1.379.024	992	5.74
Ferfay et Cauchy...	165.747	1.424	134	1.558	116	106	1.474.139	946	8.88
Auchy	22.071	240	64	304	91	72	300.491	988	13.65
Fléchinelle	37.866	258	52	310	146	122	364.647	1.176	9.64
Liévin	127.015	596	175	771	213	165	828.495	1.074	6.52
Vendin...........	47.882	263	36	299	182	159	308.446	1.028	6.45
Meurchin	70.076	300	108	408	233	171	445.775	1.092	6.36
Carvin	117.733	662	133	795	177	148	751.114	944	6.36
Ostricourt	29.833	109	39	148	266	196	153.870	1.039	5.30
Douvrin	2.567	16	7	23	—	—	20.140	—	—
Hardinghen	29.449	268	128	396	110	74	315.537	796	10.51
(1) Totaux	2.749.116	12.634	2.732	15.366	218	178	16.265.300	1.058	5.91

(1) Les chiffres des détails, extraits des rapports des Ingénieurs des mines, sont un peu différents des chiffres totaux tirés des résumés statistiques de l'administration des mines.

Accidents. — Voici, d'après les résumés statistiques de l'Administration des Mines, les accidents survenus dans les houillères du département du Pas-de-Calais, dans la période de 1870 à 1875.

ANNÉES.	NOMBRE D'OUVRIERS			NOMBRE D'ACCIDENTS.	NOMBRE D'OUVRIERS		SUR 1000 OUVRIERS il y a eu		SUR 000 OUVRIERS	
	à l'intérieur.	à l'extérieur.	TOTAL.		Tués.	Blessés.	Tués.	Blessés.	1 tué.	1 blessé.
1871	11.056	2.584	13.640	470	29	460	2.12	33.72	470	29
1872	12.546	2.532	15.078	645	27	671	1.79	44.50	558	22
1873	14.686	3.286	17.972	884	49 (1)	895	2.71	44.23	366	20
1874	15.600	3.864	19.464	907	42 (1)	904	2.15	46.45	463	21
1875	17.351	4.228	21.579	1.049	26	1.024	1.20	47.45	829	20
Moyenne	14.248	3.299	17.547	791	35	791	1.99	45.07	501	22

Pour apprécier la valeur des chiffres repris dans le tableau ci-dessus, il importe de les comparer à ceux fournis par les exploitations houillères des autres pays.

Ainsi, tandis que dans le Pas-de-Calais, les accidents produisent 1,99 victimes sur 1,000 ouvriers employés, ou 1 victime sur 501 ouvriers, la proportion est :

en France   de 2,09 sur 1,000 ou 1 sur 476 ouvriers.
en Angleterre de 2,18 » 1,000 ou 1 » 458 »
en Belgique   de 2,38 » 1,000 ou 1 » 419 »

Les accidents sont donc moins graves dans les houillères du Pas-de-Calais que dans celles des autres pays.

Toutefois ces accidents y sont plus fréquents que dans le

(1) Le nombre des ouvriers tués en 1873 et 1874 comprend 8 ouvriers qui ont perdu la vie dans des explosions de grisou en 1873, et 7 en 1874.

département du Nord, voisin. Dans ce dernier département on ne
compte que 1,49 ouvriers tués sur 1,000
        et 11,94   »   blessés   »

ou encore :

1 ouvrier tué   sur 666 ouvriers employés
1   »   blessé »   83   »

On voit donc que les accidents dans les houillères du Pas-de-
Calais causent beaucoup plus de victimes que dans celles du
Nord, 24 % de tués et 70 % de blessés de plus. La cause de cette
augmentation d'accidents doit, pensons nous, être attribuée à ce
que la population ouvrière du Pas-de-Calais, recrutée dans les
campagnes en grande partie, n'a pas encore suffisamment l'habitude des travaux souterrains, et ne prend pas toutes les précautions que prennent les ouvriers plus exercés de l'ancienne population minière du Nord.

Toutefois il est à remarquer que la proportion des victimes est
encore moins grande cependant dans le Pas-de-Calais

         de   5 % qu'en France,
            8   »   Angleterre,
        16   »   Belgique.

Prix de revient. — Pendant cette période, les prix de revient de l'exploitation augmentent dans une forte proportion,
à cause d'abord de la rareté de la main-d'œuvre et de l'élévation
des salaires, et ensuite par la vigoureuse impulsion qui est donnée
à la création de travaux neufs.

Les chiffres ci dessous, extraits des Etats des redevances,
donnent une idée exacte de ce que coûte la tonne de houille
rendue sur le carreau de la mine.

ANNÉES.	DÉPENSES d'exploitation		DÉPENSES de 1er établissement.		DÉPENSES totales.	
1873	31.815.329	10.66	7.367.534	2.47	39.182.863	13.13
1874	24.100.070	11.58	10.825.704	3.57	45.061.782	15.15
1875		11.61		3.54.		15.15
Moyenne		11.28		3.19		14.47

Les mêmes Etats des redevances fournissent les indications relatives à chacune des houillères reprises dans le tableau ci-dessus pour les années 1873 et 1874.

Prix de revient de chacune des concessions pendant les années 1873 et 1874.

NOMS des HOUILLÈRES.	ANNÉE 1873.			ANNÉE 1874.		
	Extraction.	Dépenses d'exploitation.	Prix de revient	Extraction.	Dépenses d'exploitation.	Prix de revient
Dourges............	100.576	1.035.812	10.29	108.808	1.239.329	11.39
Courrières........	376.521	3.675 939	9.76	375.563	4.118.192	10.96
Lens et Douvrin....	654.022	5 410.703	8.27	658.142	6.077.104	9.23
Bully-Grenay.......	235.795	2.963.609	12.57	249.046	3.383.430	13.58
Nœux......	437.125	4.552.930	10.41	418.409	4.443.430	10.62
Bruay............	210.562	2 197.299	10.44	233.489	2.791.749	11.95
Marles	251 243	2.668.331	10.62	211.802	2.584.948	12.20
Ferfay et Cauchy...	181.645	2.713.928	14.95	153.456	2.528.178	16.48
Auchy-au-Bois	17.100	419.787	24.54	28 141	701 552	24.93
Fléchinelle	37.090	544.030	14.43	35.673	535.874	15.02
Liévin............	146.787	1.777.345	12.10	158.982	1.977.607	12.44
Vendin	45.347	627.050	13.82	35.443	553.782	15.75
Meurchin.........	89.076	850.360	9.59	82.991	735.776	8.87
Carvin	136.505	1.297.855	9.50	133.641	1.433.311	10.72
Ostricourt	28.778	293.044	10.18	37.431	380.856	10.18
Douvrin..........	2.484	»	»	»	»	»
Hardinghen	32.488	783.308	24.10	52.771	951.010	18.02
Totaux......	2.983.244	31.815.329	10.66	2.973.788	34.436.078	11.58

Dépenses en travaux neufs. — D'après M. l'Ingénieur des mines Duporcq (1), il a été dépensé en travaux neufs dans le bassin du Pas-de-Calais :

En 1871........	2,800,000 fr
» 1872........	4,500,000
» 1873........	7,500,000
» 1874........	11,000,000
» 1875........	12,000 000
Ensemble.......	37,800,000 fr. ou 7,500,000 fr. par an.

Ces chiffres montrent que les exploitants ont consacré , pendant la période favorable de 1871-1875 , une forte partie de leurs bénéfices au développement de leur production.

Ces 37.800,000 fr. ainsi employés en travaux neufs correspondent à une dépense de 2 fr. 70 par tonne de houille extraite.

Prix de revient. — La valeur de la production des houillères du Pas-de-Calais a été successivement :

En 1871 de....	29,779,202 fr. et par tonne de....		13 f. 51
» 1872 »	38,267,988	» »	....	13 92
» 1873 »	57.047,378	» »	....	19 12
» 1874 »	51,982,292	» »	....	17 48
» 1875 »	55,686,371	» »	....	17 09
Ensemble......	232,768,231 fr. et par tonne de....		16 f. 43

En 1872 , les houilles étaient tellement demandées dans toute l'Europe , que les journaux annonçaient une vente de 250,000 tonnes à l'Angleterre par les houillères du Nord de la France.

Cette annonce , qui était sans doute le fait de quelque spécula-teur désireux de faire hausser le prix des houilles , était complé-tement fausse , et elle fut démentie par les exploitants.

Redevances et bénéfices. — On sait que les Mines paient à l'État une redevance proportionnelle de 5 % sur leur bénéfices ,

(1) Commission consultative des voies de transport du département du Pas-de-Calais. — Voies navigables. 1878.

et en outre une redevance fixe par tonne, plus 10 centimes addi-
tionnels pour frais de recouvrements. On peut donc déterminer
les bénéfices des houillères du bassin du Pas-de-Calais d'après les
redevances proportionnelles qu'elles ont payées. C'est d'après ces
données qu'on a établi le tableau ci-dessous :

ANNÉES.	REDEVANCES PAYÉES.			BÉNÉFICES calculés d'après la redevance proportionnelle.	
	Proportionnelle.	fixe et 10 cent. additionnels.	Ensemble.		
1871	123.992	18.124	142.116	2.479.840	1.12
1872	201.816	25 907	227.723	4.036.320	1.46
1873	331.980	28.923	360.903	6.639.600	2.22
1874	241.631	29.888	271.519	4.882.620	1.62
1875	249.883	30.789	280.672	4.997.660	1.53
Moyenne ..	229.860	26.726	256.586	4.597.200	1.62

Classement des houilles. — En 1871, la production des
Mines du Pas-de-Calais se classait de la manière suivante :

1º *Par grosseur* : Gros .... 80,445 tonnes ou 2,46 %
                    Tout-venant 3,062,583   »   94.02 »
                    Escaillage.......... 114,484   »   3,52 »

                    Ensemble....... 3,257,512 tonnes ou 100,00 %

2º *Par nature* : Houille grasse ...... 2,946,915 tonnes ou 90,47 %
                  Id. maigre 310,597   »   9,53 »

                  Ensemble....... 3,257,512 tonnes ou 100,000 %

Débouchés des Mines du Pas-de-Calais. — En 1874, les
houilles du Pas-de-Calais se sont écoulées, savoir :

Vente dans le Pas-de-Calais.............. 748,890 tonnes.
  »   »   Nord..................... 999,797 »
  »   » les autres départements....... 986,893 »
Consommation des mines .... 248,668 »

                  Total................. 2,984.248 tonnes

Consommation de houille du département du Pas-de-Calais.

En 1871	1,135,587	tonnes.
» 1872	1,305,984	»
» 1873	1,437,765	»
» 1874	1,229,581	»
» 1875	1,555,205	»
Moyenne..........	1,332,824	tonnes.

Cette consommation se répartit ainsi :

	1872		1873	
Mines	180,770	tonnes.	218,083	tonnes.
Usines................	737,529	»	376,615	»
Chemins de fer........	16,214	»	17,884	»
Chauffage domestique ...	371,471	»	325,284	»
	1,305,984	tonnes.	1,437,766	tonnes.

Prix moyen de vente des actions houillères.

NOMS des COMPAGNIES HOUILLÈRES.	1871.	1872.	1873.	1874.	1875.	PRIX MOYEN de 1871 à 1875.	NOMBRE D'ACTIONS.
	Fr	Fr.	Fr.	Fr.	Fr.	Fr.	
Dourges	3.800	4.200	4.200	13.448	17.407	8.411	1.800
Courrières	10.500	13.500	20.000	32.836	46.687	24.705	2.000
Lens	10.000	11.000	20.000	28.409	39.720	21.826	3.000
Bully-Grenay........	425	470	700	1.565	3.578	1.348	16.200
Vicoigne-Nœux	5.600	7.000	13.000	20.793	28.063	14.891	4.000
Bruay	3.000	3.750	7.000	9.470	14.324	7.509	3.000
Marles { 70 %...	10.000	14.000	14.000	25.000	42.000	21.000	800
Marles { 30 %...	10.000	14.000	14.000	28.062	31.162	18.445	400
Ferfay	900	1.100	3.000	2.700	3.956	2.331	3.000
Auchy-au-Bois	100	375	500	678	1.272	585	7.000
Fléchinelle..........	50	250	500	465	712	395	3.500
Liévin	1.600	2.550	5.000	7.391	12.935	5.895	2.916
Ostricourt	200	140	200	201	398	228	6.000
Carvin.............	900	900	1.500	2.180	3.121	1.720	3.945
Meurchin...........	950	1.000	2.200	2.180	3.087	1.873	3.000
Vendin	600	600	1.000	1.291	1.881	1.072	2.713
Hardinghen	500	500	500	739	1.307	709	3.000
Courcelles	300	500	1.000	600	1.200	720	1.500
Douvrin............	20	20	20	»	»	20	3.570
Annœullin...........	»	»	»	»	700	700	2.400
Totaux	59.445	75.855	108.520	172.958	253.510	134.383	73.744

La demande de la houille, la crainte de ne pouvoir s'en procurer et les hauts prix qu'atteint cette matière indispensable, provoquent une spéculation effrénée sur les actions des Compagnies houillères, et comme le montre le tableau ci-dessus, ces actions montent à des taux exagérés. Les prix des actions donnés dans ce tableau sont des moyennes des cours de toute l'année, et ces moyennes sont de beaucoup dépassées dans certains mois. Ainsi, il est vendu des actions de Courrières à 54,000 fr., de Lens à 44,000 fr., de Ferfay à 5,000 fr., etc.

A la Bourse de Lille, il se traite des affaires en valeurs houillères dont l'importance dépasse les limites de la vraisemblance. On cite certains jours où il s'en est fait pour plus de 4 millions.

Le capital représenté par la valeur des actions houillères était,
en 1870, de .... 136,338,648 fr.
Il atteint en 1876............................ 608,718,998

Augmentation...... 482,380,350 fr.

Il a presque quadruplé.

Dividende de 1870 à 1875.

NOMS des COMPAGNIES HOUILLÈRES.	1871.	1872.	1873.	1874.	1875.	PÉRIODE de 1871 à 1875.	NOMBRE D'ACTIONS.
	Fr.	Fr.	Fr.	Fr.	Fr.	Fr.	
Dourges	220	425	300	300	300	1.345	1.800
Courrières	400	1.590	1.600	1.750	1.700	6.850	2.000
Lens.................	500	800	1.000	1.000	1.000	4.300	3.000
Bully-Grenay	32.5	32	75	100	75	314.5	16.200
Nœux-Vicoigne	250	350	600	1.000	1.000	3.200	4.000
Bruay	140	280	350	350	350	1.470	3.000
Marles.... { 70 % ...	306	556	1.460	1.004	766	4.092	800
Marles.... { 30 % ...	365	725	1.750	1.150	960	4.950	400
Ferfay..............	»	»	»	»	»	»	3.000
Auchy-au-Bois	»	»	»	»	»	»	7.000
Fléchinelle	»	»	»	»	»	»	3.500
Vendin	25	30	40	40	20	155	2.713
Ostricourt	»	»	»	»	»	»	6.000
Meurchin.	25	50	125	75	75	350	3.000
Carvin	25	52	120	120	120	437	3.945
Douvrin.............	»	»	»	»	»	»	3.570
Liévin..............	»	»	100	125	125	350	2.916
Hardinghen..........	»	»	»	»	»	»	3.000
Courcelles	»	»	»	»	»	»	1.500
Annœullin..........	»	»	»	»	»	»	2.400
Ensemble........	2.288.5	4.600	7.520	7.014	6.391	27.813.5	73.744

En 1870, les dividendes répartis par les Compagnies houillères du Pas-de-Calais s'élevaient à 3,759,525 fr. pour un capital de 126 millions représenté par la valeur de leurs actions.

En 1875. les Compagnies distribuaient 25.294,910 fr. de dividende, alors que le capital représenté par la valeur de leurs actions était de 608 millions de francs, soit 2 1/2 0/0 seulement de ce capital.

Principales particularités qui se sont présentées dans chaque houillère.

Dourges n'augmente pas sa production, qui reste comprise entre 100,000 et 109,000 tonnes. La fosse N° 3, qui avait été suspendue pendant la guerre, est reprise en 1872; elle n'entre en exploitation qu'en 1877. Ses actions, cotées à 4,200 fr. en 1872, atteignent 21,800 fr. en août 1875, chiffre très exagéré pour un dividende de 300 fr., représentant moins de 1,4 %.

Le prix de vente de la houille, qui n'était que de 13 fr. 50 en 1872, monte à 22 fr. 31 en 1873, et est encore de 17 fr. 93 en 1876.

Le prix de revient varie de 10 fr. 30 à 11 fr. 30.

En juillet 1872, 500 ouvriers de Dourges se mettent en grève ; c'était le prélude de la grève qui éclata quelques jours après successivement à Courrières, puis à Anzin, à Aniches, etc., et amena des augmentations officielles de 16 % des salaires.

Courrières obtient en 1874 une extension de concession de 142 hectares, à la suite de l'exécution d'un sondage au sud. Il ouvre deux nouveaux puits : N° 5 en 1872 et N° 6 en 1875. Le creusement du premier présente des difficultés extraordinaires et oblige à recourir à une pompe de 1 mètre de diamètre.

L'extraction qui était, en 1870, de 310,000 tonnes, atteint 436,000 tonnes en 1875. Le personnel ouvrier passe de 1,525 à 2,266, et la production annuelle de l'ouvrier du fond arrive à 297 tonnes en 1875. Le salaire annuel moyen de l'ouvrier du fond et du jour, qui n'était que de 836 fr. en 1869, s'élève à 1,070 fr. en 1871 et 1,152 fr. en 1876.

Le prix de revient est de 10 à 11 fr. et le prix de vente varie de 13 fr. à 21 fr.

Les bénéfices réalisés sont considérables et permettent de faire face à de grands travaux de développement en même temps que de distribuer des dividendes annuels de 1,500 à 1,750 aux actions, dont le prix de vente s'élève de 10,500 fr. en 1871 à 52,000 fr. en mars 1875 ; prix, du reste, très exagéré, qui descend à 25,000 fr. à la fin de 1876.

Lens fait l'acquisition, en 1873, de la concession de Douvrin, moyennant le prix de 550,000 fr., et réorganise la fosse de ce nom qui est désignée sous le Nº 6. Elle ouvre une cinquième fosse en 1872 et l'installe sur des dimensions grandioses, en vue d'une extraction colossale. Le passage du niveau présente des difficultés excessives qui exigent, pour être surmontées, l'emploi de deux machines d'épuisement développant jusqu'à 1,000 chevaux.

L'extraction de Lens, qui était déjà de 408,000 tonnes en 1870, s'élève à 715,000 tonnes en 1875. Son personnel est dans cette dernière année de 3,713 ouvriers. La production d'un ouvrier du fond et du jour est, en moyenne, de près de 200 tonnes et son salaire de 1,050 fr. Ce nombreux personnel a été attiré par la création de beaucoup de maisons, dont le chiffre est déjà de 755 en 1872 et atteint 1,342 en 1877. Ces maisons figurent dans le bilan de la Compagnie pour près de 4 millions de francs en 1877.

Le prix de revient de Lens est inférieur à 9 50. Son prix de vente, qui était inférieur à 12 fr. en 1870, s'élève à plus de 17 fr. de 1873 à 1876,

La Compagnie a dépensé en frais de premier établissement plus de 17 millions en 1876 ; ces 17 millions ont été prélevés entièrement sur les bénéfices, qui ont été considérables à cause des conditions favorables du gisement. En même temps, des dividendes de 500 à 1,000 fr. sont distribués de 1870 à 1875 ; la valeur des actions suit une progression croissante et passe de 11,000 fr. en 1870 à 44,700 fr. en mars 1875. Mais ce dernier taux s'abaisse bientôt et tombe à 20,000 fr. en 1877.

Bully-Grenay ouvre successivement trois nouvelles fosses de 1873 à 1875 et consacre à ces travaux et à la construction de maisons des sommes considérables.

La Société émet, en 1874, 800 *sixièmes* d'actions à 2,100 fr. l'un, ce qui lui procure 1,680,000 fr. qui viennent s'ajouter à ses bénéfices pour les dépenses de ses travaux neufs.

Le bilan du 30 juin 1875 donnait un actif de 14 millions représentant les dépenses faites en travaux, et un passif de 3 millions, comprenant les emprunts ou obligations à rembourser à des créditeurs divers.

La production n'est encore que de 288,000 tonnes en 1875.

Les actions de Bully, qui n'étaient cotées qu'à 425 fr. en 1870, atteignent le prix excessif de 4,400 fr. en avril 1875 et valent encore 3,300 à la fin de la même année. Elles reçoivent un dividende de 32 fr. 50 en 1871 et en 1872 ; de 73 fr., en 1873 ; de 100 fr., en 1874 ; puis de 75 fr. en 1875, et de 45 fr. seulement en 1876.

Le prix de revient de l'exploitation est de 12,50 à 13,50 en 1873 et 1874, auquel il faut ajouter 4 à 7 fr. pour frais de travaux neufs.

Le prix de vente est de 17 fr. 50 en 1873 et de 20 fr. en 1874.

La Compagnie occupe, en 1875, 2,161 ouvriers dont le salaire annuel moyen est de 1,226 fr. Le mineur proprement dit gagne 5 fr. 54 par descente. Elle possède alors 867 maisons.

Nœux ouvre, en 1873, un nouveau siège d'extraction composé de deux puits, qui entre en exploitation en 1875. La production de Nœux et de Vicoigne qui n'était, en 1870, que de 350,000 tonnes, monte, en 1875, à 563,000 tonnes, dont 135,000 à Vicoigne et 418,000 à Nœux.

Le prix de revient d'exploitation est de 10 fr. 50 pour les années 1873 et 1874, non compris les dépenses en travaux neufs qui sont de 2 à 3 fr. par tonne extraite.

Le prix de vente qui était, en 1870, de 13 fr., monte à 20 fr. 7° en 1874.

Nœux occupait, en 1870, 1,578 ouvriers ; il en occupe 2,679 en 1875. La production par ouvrier du fond et du jour est de 150 à 160 tonnes.

Le salaire annuel moyen qui n'était, en 1869, que de 848 fr., s'élève à 1,352 fr. en 1873, et redescend à 1,005 fr. en 1875.

Les actions de Vicoigne-Nœux valaient 5,600 fr. en 1870 ; elles se vendent, en avril 1875, 31,500 fr., mais retombent à 15,000 fr. à la fin de 1876.

Les actions ne touchent que 150 fr. dividende en 1870 ; elles reçoivent 1,000 fr. en 1874 et 1875.

Bruay. — Son bilan, au 30 juin 1875, est :

Actif, 7,710,549 fr. 52 ; passif, 1,214,957 fr, 43. Capital net, 6,495,592 fr. 09, déduction faite des amortissements. La Société a réellement dépensé, d'après M. Marmottan, plus de 13 millions et demi. Dans cette somme est comprise pour 1,284,000 fr. d'établissement d'un grand rivage à Béthune et le chemin de fer qui y conduit.

La production est, en 1875, de 260,000 tonnes.

Le prix de vente moyen des houilles, qui était de 14 fr. 63 en 1869, s'élève à 21 fr. 15 en 1873, et est encore de 19 fr. 56 en 1875.

Le prix de revient d'exploitation varie de 10 fr. 50 à 12 fr. en 1873 et 1874, non compris les dépenses en travaux neufs qui s'élèvent de 3,75 à 5,50 par tonne.

La valeur des actions est de 2,800 fr. en 1870 ; elle atteint 17,000 fr. en mars 1875, pour redescendre à 8,800 fr. en juillet 1876.

Le dividende de ces actions, qui n'était que de 85 fr. en 1870, s'élève à 350 fr. pendant les années 1873 à 1875.

Marles, avec ses deux fosses, fournissait, en 1870, 136,000 tonnes ; en 1875, il produit 231,000 tonnes.

Un nouveau siège d'extraction, composé de deux puits, est entrepris, en 1873, par le système Kind-Chaudron, et en 1875, on ouvre, par le procédé ordinaire, un nouveau puits à côté du Nº 3, dont l'extraction est à son maximum. Les vingt parts primitives de la Société d'exploitation avaient versé, fin 1876, chacune 400,000 fr., soit 10,000 fr. par 1/800, qui se vendait, en 1872 et 1873, 14,000 fr. ; en 1874, 25,000 ; en 1875, 42,000, et en 1876, seulement 25,000.

Ce 1/800 recevait 294 fr. de dividende en 1870, 1,460 fr. en 1873 et 766 fr. en 1875.

La **Société des 30 %,** qui se compose de 400 parts, voit ses titres cotés 14,000 fr. en 1872 et 1873. Ils montent à 32,000 fr. en janvier 1875 et tombent à 17,000 fr. en 1876. Elle répartit 205 fr. de dividende en 1870, 1,750 fr. en 1873 et 960 fr. en 1875.

A la fin de cette dernière année, la Compagnie de Marles

avait dépensé 2,231,000 fr. pour l'établissement des chemins de
fer reliant ses fosses à la ligne du Nord.

Elle vendait ses charbons de 20 à 23 fr. de 1873 à 1875 ; son
prix de revient était alors de 10 fr. 60 à 12 fr. la tonne.

Ferfay émet, en 1872, 819 actions avec intérêt garanti de
50 fr., et 2 emprunts par obligations d'ensemble 2 millions 1/2.

La situation financière, arrêtée au 30 juin 1876, se présente
sous un aspect peu favorable. L'actif se compose de :

1⁰ Dépenses en travaux	6,126,538 f. 92
2⁰ Fonds de roulement............................	834,331 97
Ensemble	6,960,870 89
Le passif en obligations et en dette flottante s'élève à....	4,039,304 f. 52

Malgré cette situation déplorable, les actions, qui étaient cotées
1,100 fr. à la fin de 1872, montent graduellement et atteignent le
prix de 5,850 fr. en 1875. Il est vrai qu'elles descendent bientôt
et tombent à 2,770 fr. en janvier 1876, à 1,090 fr. en janvier
1877 et à 70 fr. à la fin de 1878.

Un dividende inopportun de 50 fr. avait été distribué en 1874.
et en 1875, l'Assemblée générale s'opposa, avec beaucoup de
raison, à la répartition d'un même dividende proposé par le
Conseil d'administration.

Cependant l'extraction, qui n'était que de 84,000 tonnes en
1870, avait été portée à 168,000 tonnes en 1875, et malgré des
prix de vente de 19 à 20 fr., l'exploitation s'opérait dans des
conditions si coûteuses que la Compagnie était constamment en
perte.

Auchy-au-Bois exploite à sa fosse N⁰ 1 une seule veine par
un puits intérieur desservi par une machine établie au jour. Un
grave accident de grisou survenu a la fosse N⁰ 2, en juin 1873,
retarde la mise en exploitation de cette fosse. Aussi l'extraction
d'Auchy ne dépasse-t-elle pas annuellement 20 à 27,000 tonnes.

Des émissions d'actions, des emprunts successifs, sont nécessaires pour couvrir les pertes de la Société.

Malgré tout les actions qui valaient 75 fr. en 1868 montent successivement et atteignent 1,500 fr. en mai 1875 pour retomber ensuite et descendre à 90 fr. en 1878.

La Société de **Fléchinelle,** dont les dettes s'élèvent à plus de 2 millions, entre en liquidation au commencement de l'année 1872 et se reconstitue en Société anonyme Dès 1874, la nouvelle Société doit recourir aux emprunts. Son extraction annuelle est de 40,000 tonnes, dont l'écoulement est difficile, car on installe une fabrication de coke, et l'exploitation ne donne que des pertes.

Cependant les actions de 500 fr. de la nouvelle Société montent à 1,000 fr. en mai 1875 ; puis, elles descendent et tombent à 76 fr. en octobre 1876.

Vendin ouvre, en 1873, une nouvelle fosse par le procédé Kind-Chaudron. Son percement est difficile et exige de grandes dépenses qui obligent la Compagnie à emprunter près de 1 million de 1875 à 1877.

L'extraction varie de 35,000 à 50,000 tonnes, et l'exploitation, conduite économiquement de 1870 à 1875, se fait à un prix de revient de 9 à 10 fr. la tonne. Et comme les prix de vente sont élevés, 13 fr. de 1870 à 1872 et 17 fr. 90 de 1873 à 1876, on réalise des bénéfices de 100,000 à 150,000 fr. par an qui permettent de distribuer, de 1871 à 1875, un dividende de 20 à 40 fr. par action.

Aussi les actions sont-elles cotées 1,000 fr. en 1873, 1,840 fr. en 1874 et 2,030 fr. en août 1875. Elles descendent ensuite à 1,060 fr. en janvier 1877.

Ostricourt développe son extraction qui passe de 13,000 tonnes en 1870 à 36,000 tonnes en 1875. Ses prix de revient sont convenables, mais ses prix de vente ne dépassent pas 10 fr., par suite d'un marché onéreux traité en 1872 avec M. Couillard. Aussi la Société couvre-t-elle difficilement ses frais. Ses actions qui étaient côtées 80 fr. depuis 1868, montent à 140 fr. en 1872, et atteignent même 442 fr. en juillet 1875. Elles redescendent ensuite successivement et ne valent plus que 130 fr. à la fin de 1876.

La Compagnie de Meurchin se transforme en Société anonyme en 1873 et réduit son capital à 2 millions divisé en 4,000 actions de 500 fr.

En 1872, la Société obtient l'autorisation d'exploiter pour l'usage médical les eaux sulfureuses de sa fosse Nº 2, inondée en 1866. Mais elle recule devant les frais d'installation d'une station balnéaire.

Le percement de la fosse Nº 3, commencé en 1869, rencontre de grandes difficultés. Elle n'entre en exploitation qu'en 1875. Un deuxième puits est ouvert près du premier.

La production de la fosse Nº 1, passe de 60,000 tonnes en 1870 et 1871, à 80 et même à 90,000 tonnes les années suivantes.

L'exploitation donne des bénéfices et des dividendes annuels, de 25 à 125 fr. sont distribués de 1870 a 1875.

Cependant un emprunt de 1 million est contracté en 1874-75 pour faire face aux dépenses considérables de la fosse Nº 3.

Les actions de 500 fr. sont cotées en janvier 1874 à 1,417 ; elles atteignent en août 1875, 3,693 et retombent en 1877 à 1,071 fr.

Carvin met en exploitation sa troisième fosse en 1870, et sa production qui n'était que de 85,000 tonnes pendant cette année s'élève à 150,000 tonnes en 1875.

Avec un prix de revient de 9 fr. 50 à 10 fr. 72 et un prix de vente de 12 fr. en 1871, et de près de 16 fr. en 1875, la Compagnie réalise des bénéfices importants qui lui permettent de distribuer des dividendes annuels, de 1873 à 1875, de 120 fr. à chacune de ses 4,000 actions dont la valeur vénale atteint 3,600 fr. en août 1875.

Annœullin, acheté en 1866 par la Compagnie de Béthune et divers créanciers, est revendu en 1874 au prix de 120,000 fr. à une Société dite *Compagnie de Divion* qui se transforme en *Compagnie houillère d'Annœullin-Divion*, au capital de 3 millions, divisé en 6,000 actions de 500 fr. dont 1,576 libérées. Cette nouvelle Société reprend la fosse d'Annœullin, y dépense près de 400,000 fr. pour la mettre en exploitation.

Douvrin maintient sa fosse ouverte et y extrait de 2,500 à 6,700 tonnes annuellement.

La dissolution de la Société avait été prononcée par un jugement du tribunal de Béthune, le 9 décembre 1869. Un autre jugement du 18 juillet 1873 ordonna la mise en vente de la concession qui fut adjugée le 3 octobre suivant à la Compagnie de Lens pour le prix de 500,000 fr. Cette Compagnie fut autorisée par décret du 5 mars 1875 à réunir la concession de Douvrin à sa concession de Lens.

Les dettes de la Société de Douvrin montaient à 930,000 fr.; les actionnaires perdirent non seulement leurs versements, mais les créanciers ne touchèrent que 50 % du montant de leurs créances.

Cauchy-à-la-Tour est acheté en 1870 par la Compagnie de Ferfay au prix de 101,000 fr.

Les dettes de la Société s'élevaient alors à 919,000 fr.; le déficit représentait environ 350 fr. par action. Des procès furent entamés pour obtenir le rapport de cette somme ; ils n'obtinrent qu'un succès relatif. Les créanciers de la Société touchèrent environ 58 % du montant de leurs créances, et la perte subie par les créanciers et les actionnaires fut d'environ 1,200,000 fr.

La fosse de Cauchy-à-la-Tour, entre les mains de la Compagnie de Ferfay, ne produit que 43 000 tonnes de 1870 à 1875, et cette Compagnie l'a abandonnée.

Liévin rencontre en place dans l'approfondissement de sa fosse N° 1, les riches veines de Lens et développe très notablement son exploitation qui fournit 76,000 tonnes en 1870 et 159,000 tonnes en 1875. Un double siège, N° 3 et 4, est ouvert en 1872 par le procédé Kind-Chaudron ; un nouveau puits N° 5 est creusé en 1874 par le même procédé près du N° 1. Mais le puits d'Aix, N° 2, est abandonné en 1876, comme improductif.

Le prix de revient est en 1873 et 1874 de 12 fr. à 12 fr. 50, sans compter les dépenses de travaux neufs qui s'élèvent pendant chacune de ces années à plus de 850,000 fr. ou 5 fr. 60 par tonne.

Le prix de vente est pendant les mêmes années de 20 fr. 50.

La société réalise des bénéfices, qui lui permettent de faire face à ces grandes dépenses et en outre de distribuer 100 à 125 fr. de dividendes annuels de 1873 à 1875 et de payer les intérêts et l'amortissement de 4 emprunts de près de 3 millions.

Les actions qui ne valaient que 730 fr. en 1868, montent à 1,500 en 1870, 5,000 fr. en 1873, et à 14,000 fr. en juin 1875. Elles descendent à 3,300 fr. en juin 1878.

Courcelles-lez-Lens poursuit l'enfoncement de sa fosse qui au-dessous du tourtia à 141 m. traverse jusqu'à 240 m. le calcaire carbonifère avant d'atteindre le terrain houiller.

Ses actions de 500 fr. sont cotées 1,800 fr. en août 1875; mais à la fin de 1876 elles ne valent plus que 850 fr.

RECHERCHES.

Malgré la hausse exagérée des prix des houilles, il ne se produit qu'un nombre assez restreint de recherches dans la période de 1870-1875. Les limites du bassin houiller sont assez bien définies par les travaux antérieurs, et il reste peu de recherches à faire en dehors de ces limites.

Sondage à Esquerchin. — Une note datée de décembre 1873 et écrite par M. Salmon de Saint-Quentin, explique de la manière suivante la reprise des explorations tentées deux fois déjà, en 1754 et en 1837 pour rechercher la houille à Esquerchin.

« Les documents écrits, déposés aux archives d'Arras, de
» 1754 à 1840 d'une part et les travaux exécutés tant de 1754
» à 1760, que de 1837 à 1841 d'autre part ont démontré, pour
» tout esprit non prévenu, la découverte du charbon dans la
» fosse creusée en 1754 par MM. Havez et Lecellier ......

» Il convient de se souvenir que la fosse creusée à Esquer-
» chin par M. Havez, directeur des ponts et chaussées de la

» province d'Artois a été abandonnée en mars 1759, à la suite
» d'un accident qui a désuni le cuvelage et opéré la rentrée des
» eaux avec une abondance telle qu'on ne put jamais parvenir
» à les vaincre (voir page 27).

» Il ne faut pas oublier non plus, qu'en 1841, à la suite de
» quatre années de travaux pleins de périls, qui avaient entrainé
» des dépenses fort considérables, la même fosse fut abandonnée
» de nouveau sur l'avis de M. Lorieux, Ingénieur en chef des
» Mines, basé sur la nature des terrains traversés dans une
» galerie et un puits ordonnés par le même Ingénieur (voir
» page 30).

» ...... Seul j'ai survécu, et après 33 ans écoulés, sans avoir
» jamais abandonné la pensée de rechercher le charbon à l'en-
» droit même où la découverte en avait été faite en 1757 par
» M. Havez et où l'anathème avait été prononcé par M. Lorieux,
» sur la foi de M. Dumont, professeur de géologie à Liège, je
» n'ai pas hésité à faire ce que je considérais comme un devoir,
» c'est-à-dire à adresser le 12 avril 1873 à M. le Ministre des
» travaux publics, une demande en concession de l'ancien péri-
» mètre sollicité en 1838.

» Il y a du charbon à Esquerchin, non parce qu'il y en a à
» Béthune, à Lens, à Billy-Montigny, mais (nous sommes au-
» torisés à le dire), parce que M. Havez a trouvé dans sa fosse
» des veines qui ne sont que le point de départ, le début de la
» découverte d'Esquerchin à Béthune.

» Par suite des renseignements contenus dans les notes sou-
» mises à l'administration des mines, après plus de 33 ans de
» recherches et d'études, je viens de réunir quelques amis avec
» le concours desquels des travaux de sondage sont commencés
» à Esquerchin, près de l'ancienne fosse, c'est-à-dire à 20 m.
» de distance. »

M. Salmon et ses co-associés installèrent à la fin de 1873, un
sondage près de l'ancienne fosse d'Esquerchin. Il atteignit le
terrain dévonien à 140 m. 38, et dût être abandonné en avril 1875
à la profondeur de 176 m. 11, à la suite d'accidents.

Les explorateurs ne se découragèrent pas, et à l'automne de
cette même année 1875, ils ouvraient un deuxième sondage à

côté du premier. Ce sondage marcha admirablement, et dans l'espace d'un peu plus d'un an, il était parvenu, le 29 février 1876 à 598ᵐ47, profondeur à laquelle il fut abandonné, sans être sorti de la formation dévonienne.

Nouvelle Compagnie du Midi de l'Escarpelle. — Après tous ses procès avec la Compagnie de Courcelles, le sieur Lebreton-Dulieu ne se considéra pas comme battu.

Le 12 septembre 1873, il formait une nouvelle demande en concession de terrains situés au midi de l'Escarpelle, et plus tard pour donner plus de consistance à cette demande, il fondait le 20 septembre 1875 une nouvelle société sous la dénomination de *Compagnie du Midi de l'Escarpelle Lebreton-Dulieu*, ayant pour objet, disait son prospectus, l'exploitation de la houille qu'il affirmait avoir découverte au territoire de Courcelles-lez-Lens.

Il faisait apport à la nouvelle société :

1° De l'ensemble de ses découvertes, résultats des nombreux sondages pratiqués sur ce territoire ;

2° Du terrain dans lequel un puits est en percement, et du matériel de ce puits.

En compensation de cet apport, il s'attribuait comme inventeur de la découverte et *propriétaire* de la concession sollicitée, 1 million et 20 % dans les bénéfices futurs !

Des actions sont émises, et des sondages sont commencés. L'un établi à Lambres, sur la concession d'Aniche, est suspendu à 25ᵐ. L'autre établi entre Douai et Cuincy, n'est que la reprise d'un ancien sondage de la Compagnie du couchant d'Aniche qui avait été suspendu sans résultat à 210ᵐ. Toutes ces tentatives n'avaient qu'un but : disputer à la Compagnie de Courcelles la concession du Midi de l'Escarpelle. Elle n'aboutirent à aucun résultat.

Il en fut de même d'une autre Société fondée également par le sieur Lebreton, pour rechercher la houille à Enquin, près Fléchinelle.

Recherches de Souchez. — On a vu précédemment que la Compagnie de Villers avait entrepris de 1747 à 1762 des recherches à Souchez (page 26).

En 1873, la *Société des gaz réunis*, vint établir un sondage sur ce même point. Il resta constamment dans les terrains néga-tifs, que certains géologues considéraient comme appartenant au nouveau grès-rouge, mais qui appartenaient en réalité à la forma-tion dévonienne.

Société de Vimy et du Midi de Courrières. — Fondée en 1873. Commence un premier sondage à Vimy, à 4 kilomètres de la limite sud de la concession de Courrières. Rencontre le terrain dévonien à 151^m, et y est abandonné à 258^{m}50.

La Société entreprend en 1874 un deuxième sondage à Méri-court, à 600^m seulement de la limite de Courrières. Ce sondage atteint le terrain dévonien à 150^{m}50, et y est continué jusqu'à 441^{m}50. Il entre alors dans le terrain houiller bien caractérisé par des schistes et grés avec empreintes et par des veinules char-bonneuses. Il fut abandonné au commencement de 1877, à 515^{m}75.

Un troisième sondage fut commencé à Drocourt, le 15 juillet 1875. A partir de 129^m il traverse des schistes bleus et gris jusqu'à 361^{m}85, profondeur à laquelle il entre dans le terrain houiller, et rencontre plusieurs couches de houille à 33 % de matières volatiles, de 0,60 à 1^m d'épaisseur, inclinées à 30°, qui sont cons-tatées officiellement fin 1876 et commencement de 1877.

Le sondage de Drocourt fut abandonné en avril 1877 à 507^{m}65 de profondeur.

Société l'Espoir. — D'une déclaration faite en 1875 par une société, dite *La Confiance*, il résulte qu'une société dite *l'Espoir* avait exécuté en 1873 et en 1874 des recherches sur les territoires d'Affringues et de Nielles-lez-Bléquin; que cette dernière société avait cédé à la première les droits afférents à ses recherches.

On ne possède aucun autre renseignement sur les travaux exécutés par la Société l'Espoir.

Bassin du Boulonnais. — A la suite de la liquidation de la *Société d'Hardinghen*, prononcée par l'Assemblée générale du

30 mai 1870, le tribunal de Boulogne procéda à la vente de la mine. Un syndicat d'actionnaires fut déclaré adjudicataire au prix de 550,000 fr. de la concession d'Hardinghen, seule, la concession de Fiennes devant être vendue ultérieurement.

Les adjudicataires se constituèrent le 5 décembre 1871 en Société qui prit la dénomination de *Compagnie des Charbonnages de Réty, Ferques et Hardinghen,* au capital de 1,200,000 f. divisé en 2,400 actions de 500 fr. Ce capital fut porté à 2 millions en 1872.

L'extraction est presque nulle en 1870, 5,000 tonnes. Elle s'élève à 30,000 tonnes en 1872, à 53,000 tonnes en 1874 et à 78.000 tonnes en 1875. Malgré le prix élevé des houilles, l'exploitation est constamment en perte, à cause des dépenses énormes de l'épuisement des eaux, et au 31 décembre 1875, les dettes de la Société dépassent 1 million.

Le prix de revient direct de l'exploitation s'élevait en 1873 à 24 fr. et en 1874 à 18 fr., sans compter les dépenses du premier établissement qui étaient de 5 fr. 70 par tonne dans la première année et de 10 fr. dans la seconde.

Pendant ces deux années les prix de vente étaient de 21 à 22,50.

Les actions de 500 fr. montaient cependant à 800 fr. à la fin de 1874, et à 1,500 fr. en août 1875; elles n'étaient plus cotées que 600 fr. en décembre 1876.

La concession de *Fiennes* est achetée le 23 février 1875 en adjudication publique, moyennant le prix de cent et quelques mille francs, par une Société qui s'était formée en vue de ce rachat, et dont la constitution définitive eut lieu par acte du 24 octobre 1875.

Les concessionnaires de *Ferques* avaient été mis en demeure, par un arrêté du Préfet du 23 juin 1873, de reprendre leurs travaux, suspendus depuis 1852. Comme ils ne donnaient pas de réponse, un arrêté du ministre des travaux publics du 31 janvier 1874, déclara les concessionnaires de Ferques déchus de leurs droits et ordonna la mise en vente, par adjudication publique, de la concession.

Cette adjudication eut lieu le 9 janvier 1875, moyennant le prix de 200,000 francs, en faveur de MM. Descat et Deblon, qui ouvrirent cette même année un sondage à Blecquenecques.

Le sieur Lebreton fonde, le 14 mai 1872, une Société pour la recherche de la houille sur les territoires de Fiennes, Caffiers, Landrethun, etc.

Il exécute quelques travaux et demande, le 12 mai 1874, une concession. Sa demande fut écartée comme comprenant des terrains déjà concédés et ses travaux n'ayant amené aucune découverte.

Bassin du Nord. — La crise houillère amène dans ce bassin les augmentations de prix des houilles constatées sur tous les autres points du globe. Les prix de vente qui sont en 1870 de 13 à 14 fr. pour les houilles demi-grasses et grasses, s'élèvent :

En janvier	1872 à	14 f. 50 et 16 f. 00
» »	1873 à	25 00 » 27 00

Ils redescendent ensuite :

En février	1874 à	22 00 » 24 00
» décembre	1875 à	18 00 » 00 00
» janvier	1876 à	16 00 » 00 00
» »	1878 à	13 50 » 14 00

Toutefois, par suite de marchés anciens, les prix moyens de vente sont loin d'atteindre les cours ci-dessus ; ainsi, ces prix moyens sont :

En 1871, 12 fr. 65 ; en 1872, 13 fr. 24 ; en 1873, 16 fr. 99 ; en 1874, 17 fr. 16 ; en 1875, 16 fr. 46, en 1876, 14 fr. 76, et en 1877, 12 fr. 51.

Sous l'influence de ces hauts prix, la production se développe, et passe de 2,728,000 tonnes en 1870, à 3,494,000 tonnes en 1873, et se maintient entre 3,260,000 et 3,376,000 tonnes de 1874 à 1876.

Anzin	extrait en 1870..	1,760,000 ton.	et en 1873..	2,191,000 ton.
Aniche	» » ..	447,000 »	» » ..	684,000 »
L'Escarpelle »	» » ..	143,000 »	» » ..	263,000 »
	Etc., etc.			

Le nombre des ouvriers passe de 16,766 en 1870 à 20,302 en 1874.

Leur salaire est augmenté officiellement de 16 % en 1872 et 1873, et en réalité augmente de 875 fr. en 1871 à 1,100 fr. en 1873.

Des bénéfices considérables sont réalisés pour les houillères, et leur permettent de développer leurs travaux et de répartir des dividendes importants.

Anzin qui distribuait 16,000 à 17,000 fr. par denier en 1870 et 1871, répartit 27,000 fr. en 1872, et 40,000 fr. en 1873, 1874 et 1875. Il donne en outre à chaque denier 3 actions de Vicoigne-Nœux.

Aniche répartissait 570 fr. de dividende par douzième de denier en 1871 ; il répartit 1,100 fr. en 1873 et 1874 et 1,150 fr. en 1875.

Douchy distribue 115 fr. de dividende en 1871 et 412 fr. en 1875.

Les actions des Compagnies houillères atteignent des prix excessifs. Ainsi les prix moyens de vente montent :

Anzin à......................	940,000 fr
Aniche à	30,000
Douchy à....................	7,550
L'Escarpelle à..............	7,260
Etc., etc.	

et certaines ventes sont faites à des chiffres bien supérieurs à ceux ci-dessus.

Le Gouvernement, en présence de la pénurie des houilles, enjoint aux propriétaires des concessions inexploitées de les mettre en activité. *Vicoigne* résiste pour les concessions de *Château-l'Abbaye* et de *Bruille,* et on reconnaît avec raison qu'il n'y a rien à faire dans ces concessions. Fresnes-Midi émet 1,000 actions de 1,000 fr. pour ouvrir des travaux dans ses concessions de *St-Aybert* et de *Thivencelles. Anzin* songe à reprendre la concession d'*Hasnon* en faisant les préparatifs d'ouverture d'un puits à Wallers.

Crespin se constitue en société au capital de 4 millions divisé en 8.000 actions de 500 fr. qui se vendent bientôt avec prime, et ouvre une fosse par le procédé Kind-Chaudron à Onnaing.

Marly se constitue également en société, ouvre des sondages, puis une fosse près la porte de Mons, également par le procédé Kind-Chaudron.

M. Gonnet demande une concession au nord d'Aniche, et M. Canelle exécute un sondage à Anhiers.

XLIII.

1875-1880.

RECHERCHES.

Production. — On a vu dans le chapitre précédent que les
prix excessifs auxquels s'étaient élevés les houilles pendant la
crise houillère avaient amené un développement considérable de
l'exploitation, et avaient donné lieu à l'ouverture de nombreuses
fosses. Mais dès l'année 1876, il y a ralentissement dans la
demande des houilles ; les houillères qui se sont fortement
outillées, craignent de ne pouvoir écouler leur surcroît de production, et elles offrent leurs produits avec des baisses de prix
qui vont en s'accentuant d'années en années. Ainsi les houilles
qui se vendaient, au commencement de 1874, de 22 à 24 fr.,
tombent à 18 fr. à la fin de 1875, à 17 fr en 1876, à 14 fr. en
1877, et à 12,50 en 1879.

La production n'augmente que faiblement en 1876 et 1877,
malgré la mise en exploitation de nouvelles fosses. Les ouvriers
sont moins rares, leurs exigences sont moins grandes, et les
salaires diminuent. Les consommateurs assurés de pouvoir facilement s'alimenter, et se trouvant en présence de nombreuses

offres, ajournent le renouvellement de leurs marchés, et il arrive un moment où il se produit une véritable panique parmi les extracteurs.

Cependant la production reprend sa marche ascendante à partir de 1878. Elle atteint cette année 3,830,000 tonnes, et 4,844,000 tonnes en 1880.

Dans la période de 1870-1875, cette production avait été de 14,166,000 tonnes. Elle s'élève dans la période de 1875-1880 à 19,610,000 tonnes. Augmentation 5,444,000 tonnes ou 38 %.

PRODUCTION DE 1875 A 1880.

NOMS des COMPAGNIES HOUILLÈRES.	1876.	1877.	1878.	1879.	1880.	PÉRIODE de 1876 à 1880.
	Tonnes.	Tonnes.	Tonnes.	Tonnes.	Tonnes.	Tonnes.
Dourges............	131.480	163.305	197.704	208.275	231.737	932.501
Courrières	377.183	370.475	433.211	456.300	572.892	2.210.061
Lens et Douvrin	670.089	627.643	707.823	795.152	924.842	3.725.549
Bully-Grenay	415.969	424.411	457.139	526.396	656.572	2.480.487
Nœux..............	444.880	439.250	486.312	524.196	580.549	2.475.187
Bruay..............	276.854	309.023	348.561	370.905	401.793	1.707.136
Marles	269.145	301.156	335.346	360.841	371.634	1.637.859
Ferfay et Cauchy.....	162.865	156.433	159.008	151.358	187.052	816.716
Auchy-au-Bois	19.439	31.217	31.879	28.109	38.542	149.186
Fléchinelle	54.891	47.107	39.131	34.069	46.583	221.781
Vendin	41.034	50.707	60.684	62.298	61.609	276.332
Ostricourt	38.990	35.620	31.730	30.440	32.730	169.510
Meurchin...........	67.380	83.081	107.057	109.738	119.702	486.958
Carvin	117.827	126.513	133.148	127.297	149.824	654.609
Annœullin..........	»	22.533	11.216	»	»	33.749
Liévin	141.901	157.988	210.591	285.331	354.842	1.150.653
Courcelles	»	978	2.578	11.051	18.475	33.082
Hardinghen	94.273	87.651	77.733	93.817	95.215	448.689
Ensemble........	3.324.200	3.435.091	3.830.851	4.175.573	4.844.323	19.610.038

Pendant cette période, de 1876 à 1880 :

Dourges a augmenté sa production de 100,000 tonnes ou de 76 %.
Courrières   »   »   196,000   »   »   52 »
Lens   »   »   254,000   »   »   38 »
Nœux   »   »   135,000   »   »   30 »
Bruay   »   »   125,000   »   »   45 »
Marles   »   »   102,000   »   »   38 »
Liévin   »   »   212,000   »   » 150 »
            etc., etc.

Jusqu'en 1877, la production du bassin du Nord dépassait celle du bassin du Pas-de-Calais ; mais dès cette année, il n'en est plus ainsi, et le nouveau bassin fournit, en 1880, 4,844,000 tonnes, tandis que l'ancien bassin n'en fournit que 3,700,000. L'écart en faveur du premier est donc de 1,144,000 tonnes ou de plus de 30 %.

Nombre de fosses.

	En activité.	En creusement.	En chômage.
1876................	44	11	»
1877................	45	17	5
1878................	58	6	5
1879................	57	8	7
1880................	59	7	»

Le tableau suivant donne le nombre de fosses existant dans les diverses houillères pendant l'année 1877.

NOMS des COMPAGNIES HOUILLÈRES.	FOSSES			
	en exploitation.	en fonçage.	abandonnées mais existantes.	TOTAL.
Dourges................	3	1	»	4
Courrières.............	4	2	»	6
Lens et Douvrin	6	»	»	6
Bully-Grenay	4	2	»	6
Nœux..................	6	1	»	7
Bruay.................	2	2	1	5
Marles................	2	3	»	5
Ferfay et Cauchy........	3	»	1	4
Auchy-au-Bois..........	2	2	»	4
Fléchinelle.............	1	»	»	1
Liévin................	4	1	»	5
Vendin................	1	1	»	2
Meurchin.....	1	2	1	4
Carvin................	3	»	»	3
Ostricourt.............	1	»	1	2
Hardinghen	2	»	1	3
Totaux...........	45	17	5	67

L'extraction par fosse continue sa progression ascendante. Elle était de 75,000 tonnes en 1876 et s'élève à 82,000 tonnes en 1880.

Ouvriers. Salaires.

ANNÉES.	NOMBRE D'OUVRIERS.			PRODUCTION PAR OUVRIER		SALAIRES.		
	du fond.	du jour.	Total.	du fond.	des 2 catégor.	Totaux.	par ouvrier.	par tonne.
				Tonnes.	Tonnes.	Fr.	Fr.	Fr.
1876	18.325	4 185	22.510	181	148	24.255.880	1.077	7.29
1877	18.293	4.866	23.159	188	148	21.366.511	922	6.22
1878	17.444	4.709	22.153	212	167	21.877.426	954	5.71
1879	17.866	4.651	22.517	233	185	21.884.930	971	5.24
1880	18.178	4.899	23.072	266	210	23.614.063	1.025	4.87
Moyenne.	18.020	4.662	22.682	217	173	22.599.762	996	5.76

Le salaire moyen annuel de l'ouvrier tombe à partir de 1876, année où il est de 1,074 fr., à 922 et 971 fr., pendant les années 1877-1879. Les Compagnies, en présence de l'abaissement du prix de vente des houilles, réduisent leurs travaux préparatoires et de premier établissement, et portent tout leur personnel sur l'exploitation. La production de l'ouvrier augmente, la main-d'œuvre est moins rare, et son prix s'abaisse.

En 1880, l'extraction qui s'est accrue de 1,400,000 tonnes ou de 40 % comparativement à 1877, est très active; et le salaire annuel de l'ouvrier remonte à 1,025 fr.

Si l'on admet qu'un ouvrier travaille 290 jours dans l'année, et ce chiffre n'est pas dépassé en moyenne, si l'on tient compte des dimanches, des fêtes, des interruptions pour causes diverses,

maladies, etc., on obtient pour le salaire journalier moyen de
toutes les catégories d'ouvriers, hommes faits, enfants, au fond
et au jour :

En 1876......................	3 f. 70
» 1877......................	3 18
» 1878......................	3 29
» 1879......................	3 34
» 1880....	3 54

Ces moyennes, on ne doit pas le perdre de vue, ne peuvent
être considérés que comme termes de comparaison.

Les mineurs proprement dit gagnent généralement 4,50 à 5 fr..
et les plus habiles davantage Par contre les hercheurs ne gagnent
que 3 fr., les manœuvres 2,50 à 3 fr. et les nombreux enfants
occupés aux travaux du fond et du jour, au triage des charbons.
que 1,25 à 1 fr. 50 et 2 fr., suivant leur âge et leur force.

Le tableau suivant donne pour chaque houillère le nombre des
ouvriers employés et leurs salaires. Les résultats qu'il fournit
présentent des variations importantes d'une mine à l'autre,
suivant les conditions de leur exploitation, dont ils expriment
exactement la situation comparative.

Nombre d'ouvriers,
Production et salaire par ouvrier en 1878.

NOMS des HOUILLÈRES.	EXTRAC-TION.	OUVRIERS			PRODUCTION PAR OUVRIER		SALAIRES		
		du fond.	du jour.	TOTAL.	du fond.	des 2 catégories.	TOTAUX.	par ouvrier.	par tonne.
	Ton.				Ton.	Ton.	Fr.	Fr.	F. C.
Dourges	197.704	1.059	129	1.188	186	166	1.264.948	1.005	7.39
Courrières	433.211	1.772	519	2.321	244	187	2.405.705	1.087	5.55
Lens et Douvrin	707.828	2.363	672	3.035	299	232	3.127.405	1.030	4.42
Bully-Grenay	457.139	1.987	623	2.610	230	175	2.910.650	1.115	6.36
Nœux.............	486.312	2.076	455	2.531	238	192	2.457.022	970	5.05
Bruay ....'..	348.561	1.483	309	1.792	235	194	2.126.771	1.187	6.10
Marles	335.346	1.544	503	2.047	217	163	1.734.484	847	5.17
Ferfay	159.008	1.209	212	1.421	131	112	1.319.258	928	8.30
Auchy	31.879	256	14	270	124	118	393.560	1.457	12.34
Fléchinelle	39.131	246	108	354	159	110	248.661	702	6.35
Liévin	210.591	786	309	1.095	268	192	975.181	890	4.63
Vendin............	60.684	350	103	453	173	134	347.719	767	5.73
Meurchin	107.057	558	184	742	191	144	653.669	881	6.10
Carvin	133.148	829	195	1 024	160	130	913.737	892	6 86
Ostricourt	31.730	174	65	239	182	174	201.706	843	6.35
Annœullin.........	11.216	130	20	150	83	130	75.000	500	6.68
Courcelles.........	2.578	61	19	80	42	61	77.576	970	30.09
Drocourt	»	»	38	38	»	»	5.855	154	»
Hardinghen	77.733	561	192	753	139	103	609.750	809	7.84
Fiennes	»	»	»	»	»	»	»	»	»
Ferque·..........	»	»	10	10	»	»	28.769	2.876	»
Totaux......	3.830.851	17.444	4.709	22.153	212	167	21.877.426	954	5.71

Accidents. — Les Résumés statistiques de l'administration des Mines fournissent les renseignements suivants sur les accidents et le nombre de leurs victimes pendant la période 1875-1880.

ANNÉES.	NOMBRE D'OUVRIERS			NOMBRE D'ACCIDENTS.	NOMBRE D'OUVRIERS		SUR 1000 OUVRIERS il y a eu		SUR OUVRIERS	
	à l'intérieur.	à l'extérieur.	TOTAL.		Tués.	Blessés	Tués.	Blessés.	1 tué.	1 blessé.
1876	18.325	4.185	22.510	491	48	448	2.13	19.90	469	50
1877	18.293	4.836	23.159	469	40	455	1.72	19.64	578	51
1878	18.079	4.846	22.925	446	43	407	1.87	17.75	533	56
1879	17.866	4.651	22.517	495	31	488	1.37	21.67	726	46
1880	18.173	4.899	23.072	480	45	455	1.95	19.72	512	50
Moyenne	18.147	4.689	22.836	476	41	451	1.79	19.74	557	50

La proportion des accidents a notablement diminué dans cette période, comparativement à la période 1870-1875, où l'on comptait :

1,99 ouvriers tués sur 1000 ouvriers
22 » blessés » 1000 »

Cette diminution est de :

10 % sur les ouvriers tués.
et 56 % sur les ouvriers blessés.

Ce fait est la confirmation de la remarque signalée page: ;
Les ouvriers du Pas-de-Calais, sont plus habitués aux travaux souterrains et prennent plus de précautions qu'autrefois.

Prix de revient — Les Rapports des Ingénieurs des Mines au Conseil général du Pas-de-Calais donnent sur les prix de revient les indications suivantes :

	d'exploitation.	DÉPENSES en travaux de 1er établissement.	totales.
1877........	11,753 f.	2,236 f.	13,989 f.
1878........	10,630	1,487	12,117
1880........	8,777	1,128	9,905
Moyenne.....	10,386 f.	1,617 f.	12,003

La moyenne des prix de revient des années 1873, 1874, 1875 était :

Dépenses d'exploitation	11 f. 28
D° de 1er établissement ....:...	3 19
Ensemble...................	14 f. 47

On remarquera une diminution notable des prix pendant les années 1877, 1878 et 1880, savoir :

Sur les dépenses d'exploitation de..........	0,894 ou 8 %
D° de 1er établissement de.....	1,573 ou 50 »
Ensemble	2,467 ou 17 %

Dépenses en travaux neufs. — Dans la période 1875-1880, la production du bassin du Pas-de-Calais s'est élevée à près de 20 millions de tonnes.

On vient de voir que les dépenses en travaux neufs ou de 1er établissement ont été pendant cette période de 1, fr. 67 par tonne extraite.

On conclut de ces chiffres qu'il a été dépensé en travaux neufs pendant la période 1875-1880, la somme de 32 millions de francs.

Dans la période précédente 1870-1875, il avait été dépensé près de 38 millions.

C'est donc 80 millions que les Compagnies houillères ont consacrées pendant 10 ans à la mise en valeur de leurs concessions, et dont il y a lieu de tenir compte dans l'appréciation de leurs bénéfices, et des dividendes qu'elles distribuent à leurs actionnaires.

Prix de vente. — Les Résumés statistiques de l'administration donnent les chiffres suivants pour la valeur des houilles extraites dans le Pas-de-Calais.

1876............	58,851,709 f.	soit par tonne	17 f. 70
1877............	48,026,384	» »	13 98
1878............	51,389,765	» »	13 41
1879............	51,344,021	• »	12 30
1880............	58,876,383	» »	12 15
Moyenne	53,697,652 f.	soit par tonne	13 f. 69

Dans la période précédente, 1870 - 1875, le prix moyen de vente avait été de 16, fr. 43. Il y a une diminution de 2, fr. 74 ou de 18 % dans la période 1875 - 1888.

Pendant la crise houillère, 1873 - 1876, les prix des houilles avaient atteint des taux excessifs, 19 fr. 12 en 1873, 17, 10 à 17, 70 en 1874, 1875 et 1876. Mais à partir de cette année les prix tombent d'abord à 14 fr., puis à 13 fr. et enfin à 12, fr. 15 en 1880.

L'écart entre le prix de 1876 17, fr. 70 et celui de 1880, 12, fr. 15, atteint 5, fr. 55 ou près de 1/3.

Cet abaissement du prix des houilles a été général dans tous les centres houillers; mais il s'est accentué davantage dans bassin du Pas-de-Calais, par le grand développement de la production et la concurrence entre les diverses houillères qui ont voulu à tout prix assurer le placement de leurs augmentations d'extraction.

Redevances. — Bénéfices.

ANNÉES.	REDEVANCES PAYÉES A L'ÉTAT				BÉNÉFICES calculés d'après la redevance proportionnelle.	
	Propor-tionnelle.	fixe.	10 cent. addi-tionnels.	Total.		
1876	273.544	5.287	27.883	306.714	5.470.880	1.64
1877	336.093	5.287	34 138	375.518	6.721.860	1.95
1878	217.677	5.456	22.313	245.446	4.353.540	1.13
1879	343.032	5.862	34.890	383.784	6.860.640	1.64
1880	551.853	6 028	55.788	613.669	11.037.060	2.27
Moyenne..	344.400	5.584	35.007	384.986	6.888.000	1.75

De 1871 à 1875, le bénéfice moyen par tonne était de 1 fr. 62, ou à peu de chose près la même que celui de 1876 à 1880.

Mais il y a lieu de remarquer que les bénéfices ci-dessus ne s'appliquent qu'aux houillères en gain. Pour avoir les résultats définitifs de l'exploitation du Bassin, il faut déduire de ces bénéfices les pertes des houillères en perte.

Ainsi, d'après les résumés statistiques de l'administration des Mines, en 1879, il y a eu 12 Mines en gain dont le revenu net imposable s'élevait à fr. .... 6,860,640.

et 8 Mines en perte dont le déficit était de .... 1,461,125.

Résultat .... 5,399,615.

et en 1880, 12 Mines en gain de .... 11,037,063.

et 8 Mines en perte de .... 918,370.

Résultat .... 10,118,693.

Classement des houilles. — Les houilles du Pas-de-Calais se classent d'après leur grosseur en gros, tout-venant et escaillage ou menu. Voici les proportions dans lesquelles figure chaque sorte dans la production :

EXTRACTION classée PAR QUALITÉS.	1876		1877		1878		1879		1880		PÉRIODE 1876-1880 (Moyenne).	
	Tonnes.	%	Tonnes.	%	Tonnes.	%	Tonnes.	%	Tonnes.	%	Tonnes.	%
Gros	88.894	2.5	69.791	2.»	85.079	2.4	81.652	1.9	86.662	1.8	82.415	2.1
Tout-venant.......	3.079.307	93.6	3.213.238	93.6	3.589.296	93.5	3.916.936	93.9	4.567.286	94.3	3.673.100	93.7
Escaillage	155.999	4.8	152.602	4.4	156.976	4.1	176.985	4.2	190.425	3.9	166.489	4.2
Totaux......	3.324.200	100	3.435.091	100	3.870.851	100	4.175.573	100	4.844.323	100	3.922.007	100

On remarquera la faible proportion du charbon gros, 2,1 %. Le tout-venant plus ou moins gailleteux entre dans la production pour 93,7 %, et l'escaillage pour 4,2 %.

Depuis 1879, les nécessités de la concurrence ont obligé les exploitants à classer leurs houilles en diverses catégories, ainsi que cela se fait en Belgique, en gailleteries, en tout-venant de diverses compositions, et en fines. Cette nécessité a eu pour résultat un abaissement notable du prix moyen de vente, les fines étant vendues à des prix très bas, qui ne sont pas compensés, par le prix des gailleteries retirées.

Renseignements sur la vente des houilles. — L'écoulement des houilles du Bassin du Pas-de-Calais s'est effectué pendant la période qui nous occupe de la manière indiquée dans le tableau ci-dessous.

VENTES PAR LOCALITÉS.	1876	1877	1878	1879	1880	PÉRIODE 1876-1880 (Moyenne).	
	Tonnes.	Tonnes.	Tonnes.		Tonnes.	Tonnes.	°/₀
Dans le Pas-de-Calais...	628.684	699.800	709.740	(1)	815.297	713.380	18.4
» le Nord.........	1.002.172	1.088.129	1.188.804		1.546.624	1.206.432	31.1
» les autres départ⁵..	1.306.656	1.399.528	1.641.536		2.227.555	1.642.819	42.4
Consommation des mines.	288.308	313.741	298.420		344.894	311.341	8. »
Totaux.........	3.225.820	3.501.198	3.838.500		4.930.370	3.873.972	100

Les houilles du Pas-de-Calais s'écoulent :

1° Dans le département de ce nom, consommation des mines comprises... 26,4 %

2° Dans le département du Nord..................... 31,1 %

3° Dans les autres départements.................... 42,4 %

⎯⎯⎯⎯⎯⎯
100 %

On remarque que l'augmentation de la production tend de plus en plus à s'écouler au loin.

(1) Les renseignements manquent pour l'année 1879.

Dans le 2° tableau ci-dessous, on trouvera les proportions dans lesquelles se répartit la vente au point de vue du mode d'expédition.

MODES D'EXPÉDITION.	1876	1877	1878	1879	1880	PÉRIODE 1876-1880 (Moyenne).	
	Tonnes.	Tonnes.	Tonnes.		Tonnes.	Tonnss.	°/₀
Voitures.............	212.974	221.274	202.201	(1)	185.675	205.531	5.3
Bateaux	840.203	1.047.589	1.193.419		1.478.359	1.139.892	29.4
Chemin de fer........	1.884.335	1.918.594	2.144.460		2.921.441	2.217.208	57.2
Consommation à la mine.	288.308	313.741	298.420		344.894	311.341	8.
Totaux.........	3.225.820	3.501.198	3 838.500		4.930.860	3.873.972	100

On remarquera l'augmentation que prennent d'année en année les expéditions par bateaux et par chemins de fer.

Consommation de houille du Pas-de-Calais. — Le département du Pas-de-Calais a une consommation de houille qui s'accroît d'année en année , mais qui est toutefois bien inférieure à sa production. Voici les quantités que ce département a consommées de 1876 à 1880 :

HOUILLE

	du Nord et du Pas-de-Calais.	d'Angleterre.	de Belgique.	Ensemble.
1876........	1.116.200	276.700	44.200	1.437.100
1877........	1.146.200	295.500	11.400	1.453.100
1878...... .	1.088.500	742.600	68.400	1.399.500
1879........	1.144.800	189.500	64.000	1.398.300
1880........	1.287.400	191.600	35.500	1.514.500
Moyenne....	1.156.620	239.180	44.700	1.440.500

(1) Les renseignements manquent pour l'année 1879.

Prix moyen de vente des actions houillères.

NOMS des COMPAGNIES HOUILLÈRES.	1876.	1877.	1878.	1879.	1880.	Prix moyen de 1876 à 1880.	NOMBRE D'ACTIONS émises.
	Fr.	Fr.	Fr.	Fr.	Fr.	Fr.	
Dourges.............	12.000	9.460	7.491	6.906	8.228	8.817	1.800
Courrières...........	34.470	25.140	25.077	24.138	27.508	27.265	2.000
Lens................	29.580	21.020	19.655	20.050	25.002	23.061	8.000
Bully–Grenay	2.250	1.370	780	799	1.507	1.341	17.000
Vicoigne–Nœux	20.760	16.650	16.274	12.266	20.062	18.002	4.000
Bruay..............	9.430	7.590	7.696	7.714	9.700	8.426	8.000
Marles .... { 70 %...	25.000	25.000	25.000	25.000	18.820	23.764	800
{ 30 %...	17.000	17.000	17.000	17.000	17.000	17.000	400
Ferfay	2.160	760	112	24	74	626	3.000
Auchy-au-Bois	670	470	263	108	231	848	7.217
Fléchinelle	385	180	98	62	145	174	3.668
Liévin...............	7.150	4.830	3.691	4.356	6.519	5.309	2.916
Ostricourt	167	130	79	90	187	131	6.000
Carvin...............	2.470	1.490	1.185	1.142	1.400	1.587	3.925
Meurchin.............	2.180	1 260	976	988	1.294	1.340	4.000
Vendin..............	1.310	880	516	283	865	671	2.713
Hardinghen	868	640	595	355	366	565	4.000
Annœullin	420	185	20	20	10	131	2.400
Courcelles , ...	1.200	800	500	000	900	800	2.000
Totaux	169.470	134.855	127.008	125.896	139.318	139.309	73.859

C'est en 1875 que les valeurs houillères atteignent leurs prix maximum.

A partir de cette année elles vont en diminuant et retombent surtout, en 1879, à des prix relativement bas. En 1880, elles se relèvent un peu.

En 1875 , les 73,744 actions représentaient un capital de .... 608,720,000 fr.

En 1879 , elles ne réprésentent plus qu'un capital de 295,685,000

Diminution............... 313,035,000 fr.

ou de plus de 50 %.

En 1880 , le capital représenté par la valeur des actions houillères est remonté à...................... . 353,600,000 fr.

Dividendes de 1875 à 1880.

NOMS des COMPAGNIES HOUILLÈRES.	1876.	1877.	1878.	1879.	1880.	PÉRIODE de 1876 à 1880.	NOMBRE D'ACTIONS émises.
	Fr.	Fr.	Fr.	Fr.	Fr.	Fr.	
Dourges.............	150	125	125	175	200	775	1.800
Courrières	900	500	600	700	825	3.525	2.000
Lens................	700	500	625	800	800	3.425	3.000
Bully-Grenay........	45	»	25	40	52	162	17.000
Vicoigne-Nœux	800	600	600	600	700	3.300	4.000
Bruay	220	220	220	220	250	1.130	3.000
Marles .... { 70 %...	1.400	1.035	1.390	712	692	5.229	800
{ 30 %...	750	500	775	820	660	3.505	400
Ferfay	»	»	»	»	»	»	3.000
Auchy-au-Bois	»	»	»	»	»	»	7.217
Fléchinelle	»	»	»	»	»	»	3.668
Liévin	125	»	»	100	125	350	2.916
Ostricourt	»	»	»	»	»	»	6.000
Carvin	30	15	15	25	35	120	3.945
Meurchin.............	75	»	»	»	»	75	4.000
Vendin...............	»	»	»	»	»	»	2.718
Hardinghen	»	»	»	»	»	»	4.000
Annœullin............	»	»	»	»	»	»	2.400
Courcelles	»	»	»	»	»	»	2.000
Ensemble........	5.195	3.495	4.375	4.192	4.339	21.596	73.850

Les gros dividendes répartis de 1873 à 1875, vont en décroissant d'année en année, ainsi que le montre le tableau ci-dessus.

Ils montent encore en totalité à près de 11 millions en 1876, et descendent à 9,754,000 fr. en 1879 pour se relever à 10,727.000 fr. en 1880.

Ces dividendes représentent par rapport au capital correspondant à la valeur des actions, un intérêt de

$$2,6 \ \%_0 \ \text{en 1876,}$$
$$3,3 \quad \text{en 1879,}$$
$$3 \qquad \text{en 1880.}$$

Principales particularités qui se sont présentées dans chaque houillère. — *Dourges* augmente sa production qui passe de 131,000 tonnes en 1876 à 232,000 tonnes en 1880, grâce à la mise en exploitation d'une 3e fosse. Cependant, faute d'écoulement de ses charbons, elle suspend le creusement d'une fosse N° 4, qui avait été commencé en 1876.

Les actions qui se vendaient 21,800 fr. en août 1875, ne valent plus que 7,000 fr. en 1879.

Le dividende annuel varie de 125 à 200 fr.

La production de *Courrières* était en 1876 de 377,000 tonnes. Elle s'élève à 573,000 tonnes en 1880.

Les actions de cette Compagnie sont à 34,000 fr. en 1876 ; elles descendent à 24,000 en 1879, et remontent à 27,500 fr. en 1880. Elles reçoivent un dividende annuel variable de 500 à 900 fr.

Dès 1878, Courrières possède 694 maisons, logeant 2,800 personnes, dont 1,100 ouvriers de tous âges.

Lens développe énormément son extraction qui atteint 975,000 tonnes en 1880. Il ouvre à Wingles, en 1878, un nouveau siège d'extraction composé de 2 puits distants de 10 mètres.

Toutefois ses dividendes ne s'accroissent pas sensiblement. De 900 fr. en 1876, ils tombent à 500 fr. en 1877, 625 fr. en 1878 et remontent à 800 fr. en 1879 et 1880.

La valeur de ses actions, qui était de 30,000 fr. en 1876, tombe au-dessous de 20,000 fr. en 1878, mais remonte à 25,000 en 1880.

Lens occupe, en 1878, 3,800 ouvriers, et leur distribue plus de 3 millions de salaires.

La Société possède 1,383 maisons.

Ses dépenses s'élèvent au 30 juin 1879 à plus de 21 millions, sans compter près de 5 millions de travaux amortis.

Bully-Grenay extrayait 416,000 tonnes en 1876. Il extrait 656.000 tonnes en 1880. Ses actions cotées à 2,250 fr. en 1876, tombent au-dessous de 800 fr. en 1878 et 1879, et remontent à 1500 fr. en 1880. Elles reçoivent des dividendes annuels variables de 25 à 52 fr. sauf en 1877, année où il n'est pas fait de répartition.

Cette Compagnie exécute des travaux considérables et pour faire face à ses dépenses emprunte en 1876 et 1877 plus de 7 millions. Son bilan au 30 Juin 1877 s'établit ainsi :

Actif, comprenant ses dépenses, et ses valeurs   23,271,703,fr. 21
Passif, emprunts, dettes 12,471,545,fr. 36

Elle possède 1352 maisons logeant environ 80 % de son personnel.

Nœux porte sa production en 1880 à 524,000 tonnes. Elle n'était en 1876 que de 445,000 tonnes. Il possède 5 sièges d'extraction.

Dans une notice publiée à l'occasion de l'exposition de 1878, M. Agniel fournit les chiffres suivants relatifs aux Mines de Vicoigne et Nœux.

Ouvriers en 1877 : Vicoigne............   655
        Nœux 2.876
              ———— 3.581
Production par ouvrier, à Nœux : du fond............. 234 t.
          du fond et du jour.. 192 »
Salaire de Nœux 2,457,022,fr. par ouvrier ...   970 fr.
Maisons à Nœux 800 ayant coûté 2,159,866,fr. 05

Les actions de la Compagnie de Vicoigne-Nœux continuent à recevoir d'importants dividendes, variant de 600 à 800 fr. par an, dans la période 1875-1880. La valeur de ses actions reste comprise entre 16,000 et 20,000 fr.

Bruay augmente beaucoup son extraction qui passe de 277,000 tonnes en 1876 à 402,000 tonnes en 1880. Il poursuit le creusement par le procédé Kind-Chaudron de ses puits jumeaux

n^{os}4 et 5, dont la dépense au 30 Juin 1878 s'élève déjà à 1,750,000 fr.
A cette dernière date, le bilan de la Société comprend,

Actif, représenté par les travaux et le fond
de roulement 8,708,957,fr. 90

Passif, obligations à rembourser et dettes 1,278,404, 77

M. Marmottan, dans diverses notices évalue à plus de 15 millions le montant des dépenses faites au 30 Juin 1877 pour la création des Mines de Bruay.

Les actions cotées à 9,400 fr., en 1876, se vendent 7,600 à 7,700 fr., de 1877 à 1879, et 9,700 fr. en 1880.

Elles reçoivent un dividende annuel de 220 fr. de 1876 à 1879, et 250 fr. en 1880.

Marles élève sa production de 269,000 tonnes, chiffres de 1876, à 371,000 tonnes en 1880.

De nouvelles tentatives sont essayées en 1877 pour amener la fusion des sociétés des 70 et des 30 %; mais elles échouent.

Les dépenses faites par la première de ces sociétés en frais de 1er établissement s'élèvent en 1878 à 10,395,000 fr., sans compter le fonds de roulement.

Les actions se vendent, savoir :
Celles de la Société des 70 % à raison de .... 25,000 fr.
et celles de la Société des 30 % à raison de 17,000

Les premières reçoivent des dividendes de 700 à 1400 fr., et les secondes de 408 à 820 fr.

La qualité des charbons de Marles fait que les prix de vente de cette Société sont toujours sensiblement plus élevés que ceux des autres houillères ; ainsi ses prix sont encore en 1877 de 15 fr. la tonne et en 1878 de 14 fr. 60.

Ferfay maintient son extraction entre 151,000 et 187,000 tonnes. Son exploitation s'effectue dans des conditions onéreuses, et elle doit recourir à deux emprunts d'ensemble 3 millions, qui sont mêmes insuffisants pour conjurer une catastrophe financière.

Une *Société financière du crédit de Ferfay* se constitue en 1878 parmi les actionnaires de la Compagnie de Ferfay pour avancer à cette Compagnie les fonds nécessaires à la marche de l'entreprise. Mais dès 1879, il fallut reconnaître que la situation était désespérée, et se décider à une liquidation.

Près de 10 millions avaient été dépensés à Ferfay.

Cette situation critique amène une dépréciation énorme des actions; de 2,160 fr. prix moyen de 1876, les actions de Ferfay tombent à 24 fr. en 1879.

Auchy-au-Bois, avec 3 fosses ne produit annuellement que 30,000 à 38,000 tonnes. Sa situation financière est toujours mauvaise, et ses emprunts successifs lui constituent une dette de près de 3 millions.

La Compagnie exécute en 1878 un sondage au sud de sa concession et y découvre le terrain houiller à 374^m, 60 et la houille. A la suite de cette découverte, elle demande une extension de 1,568 hectares, qui lui est accordée par décret du 14 Avril 1878.

Fléchinelle extrait de 34,000 à 55,000 tonnes annuellement et vit péniblement, en recourant aux emprunts. Ses pertes en 1876 et 1877 s'élèvent à 260,000 fr.

Ses actions, qui étaient cotées à 510 fr. au commencement de 1876 tombent à 50 fr. à la fin de 1879.

Vendin produisait 41,000 tonnes en 1876. Il produit 62,000 tonnes en 1879 et 1880. L'exploitation ne couvre pas ses frais. Aussi les actions qui se vendaient 1300 fr. en 1876, ne sont plus cotées que 300 fr. en 1879 et 1880.

Ostricourt n'a qu'une fosse qui produit 30,000 à 40,000 tonnes par an. Elle y exploite à bon marché, mais les prix de vente sont toujours tellement bas, 9, 5 à 10 fr., que la Compagnie ne réalise pas de bénéfices, et que le faible capital qui lui reste ne lui permet pas d'ouvrir de nouveaux puits. Ses actions se vendent de 80 à 180 fr.

Meurchin met en exploitation son siège n° 3, et son extraction passe de 67,000 tonnes en 1876, à 120,000 tonnes en 1880.

Son prix de revient est d'environ 10 fr. 50. Il faut ajouter à ce chiffre près de 2 fr. de dépenses en travaux extraordinaires ou de 1er établissement.

Son prix de vente, qui était en 1876 de 16 fr., tombe à 12 fr. en 1880.

La Compagnis réalise des bénéfices assez importants qui sont employés au développement de l'entreprise.

Il n'est pas réparti de dividende depuis 1876, et les actions dont le cours moyen, pendant cette année, était de 2,300 fr., tombent au-dessous de 1000 fr. en 1878 et 1879 pour remonter à 1340 fr. en 1880.

Carvin extrait annuellement 117,000 à 150,000 tonnes. Il réalise des bénéfices et répartit des dividendes annuels de 15 à 35 fr.. Ses actions, cotées en 1876 à 2,500 fr., descendent à 1200 fr. en 1878 et 1879 et remontent à 1400 fr. en 1880.

Liévin triple son extraction, qui passe de 142,000 tonnes en 1876 à 355,000 tonnes en 1880.

Il obtient, à la suite de découvertes par de nouveaux sondages 3 extensions de sa concession en 1874, en 1877 et 1880 dont la surface est actuellement de 2,981 hectares.

La Société réalise des bénéfices importants qui sont consacrés en grande partie au remboursement des emprunts et à des travaux neufs. Pendant la période de 5 ans qui nous occupe, il est distribué 3 dividendes de 100 à 125 fr. Les actions, qui étaient cotées à 7,000 fr. en 1876, descendent à 4,000 fr. les années suivantes, et remontent à 6,500 fr. en 1880.

Au 30 Juin 1880, la Compagnie de Liévin avait immobilisé en travaux, fosses, bâtiments, machines, matériel et chemin de fer une somme de 10 millions, qu'elle s'était fournie par ses versements d'actions et des emprunts pour 6 millions, et par des prélèvements sur ses bénéfices de 4 millions.

Courcelles-les-Lens obtient en 1877 une concession de 440 hectares à la suite de la rencontre du terrain houiller à 450^m, par un sondage à Beaumont. Elle reçoit en 1880 une extension de 722 hectares, de sorte que l'étendue de la concession de Courcelles est de 1162 hectares.

La fosse de Courcelles entre en exploitation en 1877 aux niveaux de 267 et de 340^m. Elle ne produit que de faibles quantités, 33,082 tonnes, pendant les années 1877-1880.

La Société de Courcelles avait dépensé, au 31 Décembre 1880, 2 et 1/2 millions, dont 1 million avait été fourni par un emprunt en obligations en 1877.

Ses actions étaient cotées 1200 fr. en 1876. Elles tombent à 500 fr. en 1878, et remontent à 900 fr. en 1880.

Annœullin extrait 33,749 tonnes en 1877 et 1878, dans une seule petite veine de 0^m, 40, limitée de toutes parts par le calcaire carbonifère. Abandonne ses travaux improductifs, et la Société entre en liquidation. Ses actions tombent à 10 fr. en 1880.

Drocourt après les importantes découvertes de son dernier sondage avait formé une demande de concession. Elle lui fut accordée par décret du 22 juillet 1878, sur une étendue de 2,544 hectares.

En même temps la Société de recherches se transformait en Société d'exploitation au capital de 3,500,000 fr. divisés en 3,500 actions de 1,000, dont plus de moitié, 1,800, libérées furent attribuées aux fondateurs.

Un puits était commencé à la fin de 1879.

RECHERCHES.

Les limites méridionales et septentrionales du bassin du Pas-de-Calais sont actuellement bien définies par les nombreuses explorations entreprises pendant les années précédentes sur le pourtour des concessions instituées.

Les bénéfices considérables réalisés par les houillères encouragent cependant des recherches nouvelles, qui se portent à l'Ouest de Flèchinelle pour découvrir la jonction du bassin du Pas-de-Calais au bassin du Boulonnais, jonction qui offre des apparences très possibles de réalité.

Cinq Sociétés nouvelles entreprennent des explorations à cet effet.

Société de recherches du prolongement du Bassin houiller du Pas-de-Calais (Hermary et Daubresse). — Formation de la Société. — Travaux. — Liquidation de la Société.

Formation de la Société. — Au commencement de l'année 1875, plusieurs ingénieurs attachés à des exploitations du Pas-de-Calais résolurent d'entreprendre des recherches pour découvrir la liaison que, d'après leurs études, ils présumaient exister entre le bassin du Pas-de-Calais et celui du Boulonnais. Avec le concours d'un grand nombre d'associés qui avaient confiance dans leurs connaissances spéciales, ils réunirent un capital d'une certaine importance et formèrent, le 21 juin 1875, une Société civile sur les bases suivantes :

La Société prend le nom de *Société de recherche du prolongement du bassin houiller du Pas-de-Calais.*

Le fonds social est fixé à 200,000 fr.

Il est divisé en 400 parts de 500 fr.

Les parts sont nominatives.

Aucune cession de part ne peut être faite sans l'agrément du comité de direction.

Le Comité de direction se compose de 6 membres nommés par l'acte constitutif pour une durée égale à celle de la Société.

Le Comité représente la Société auprès de l'Administration publique.

Il détermine la position des sondages et leur suspension, sur la proposition des cinq ingénieurs qui ont eu l'initiative des recherches.

Les assemblées générales auront lieu deux fois par année. Elles se composeront de tous les propriétaires de parts.

Il y sera rendu compte du degré d'avancement des travaux.

L'assemblée statuera sur les comptes de dépenses, et, s'il y a lieu, sur l'augmentation du capital social. Dans le cas où les travaux de recherches seraient suivis d'un résultat favorable, les bénéfices et avantages de toute nature qui en résulteront seront répartis comme suit :

20 % aux ingénieurs qui ont eu l'initiative des recherches, pour la rémunération de leurs droits d'invention, par suite de leurs études géologiques, après défalcation des dépenses faites sur le fonds social.

80 °/₀ aux sociétaires, proportionnellement à l'intérêt de chacun d'eux.

La Société durera jusqu'à ce que les sociétaires aient décidé en Assemblée générale qu'il y a lieu de la dissoudre.

Travaux. — Dès le 20 mai 1875, MM. Hermary et Daubresse avaient déposé à la Préfecture du Pas-de-Calais, une déclaration dans laquelle ils délimitaient ainsi qu'il suit le périmètre des terrains qu'ils se proposaient d'explorer :

Au Nord, par une ligne droite passant par les clochers de Wavrans et de Journy ;

Au Sud, par une ligne droite passant par les clochers de Vandringhem et Quesques ;

A l'Est, par une ligne droite passant par les clochers de Bléquin et Seninghem ;

A l'Ouest, par une ligne droite passant par les clochers d'Escœuilles et Rebergues.

L'intention des fondateurs de la Société était, à l'origine, de pratiquer des recherches sur deux lignes parallèles, l'une à l'Est l'autre à l'Ouest du périmètre à explorer, c'est-à-dire perpendiculairement à la direction présumée du prolongement vers Hardinghem, du bassin houiller du Pas-de-Calais.

Mais l'installation de travaux par deux Sociétés concurrentes à l'Ouest, fit modifier la position à donner aux recherches.

N° 805. — Un premier sondage fut installé à Quesques en août 1875. Il fut abandonné à 73ᵐ50 à la suite d'éboulements qui retinrent le trépan engagé. Il rencontra à 40ᵐ., un banc de tourtia de 1ᵐ, d'épaisseur. Puis il traversa 10ᵐ. de sable vert, une couche d'argile à phosphate de chaux (Gault) de 0ᵐ50, et enfin 23ᵐ50 de sable grossier ferrugineux, dans lequel il fut arrêté.

N° 806. — Une ancienne recherche avait été exécutée vers 1838 à Fouxholle (voir page 89), près Bas-Loquin. L'examen des fragments de terrain provenant de cette recherche engagea les ingénieurs-fondateurs de la Société à établir à proximité un sondage.

Il rencontra à 2ᵐ60 les argiles du Gault s'étendant jusqu'à 17ᵐ. ; puis une couche de phosphate ; et ensuite 4ᵐ. de sables verts reposant sur le terrain jurassique. Enfin à 30ᵐ., il pénétra dans le terrain dévonien supérieur, où il fut abandonné à 58ᵐ. de profondeur.

Nᵒ 807. — Partant de l'idée du renversement du terrain dévonien sur le terrain houiller, et que l'épaisseur du premier de ces terrains allait en diminuant vers le Nord, un 3ᵉ sondage fut installé au Breuil, dans la vallée et près de Licques. Après avoir traversé la partie inférieure du crétacé représentée par des sables verts et les argiles du Gault à phosphate, il entra à 21ᵐ50 dans le terrain dévonien. Il traversa

26ᵐ50 de grès rouges,
59ᵐ   de schistes rouges,
14ᵐ50 de schistes verdâtres,
3ᵐ   de schistes présentant beaucoup d'analogie avec le
          terrain houiller,
35ᵐ   de schistes verts alternant avec des schistes bruns
dans lesquels le sondage fut abandonné à 160ᵐ de profondeur.

Nᵒ 808. — Un 4ᵉ sondage fut établi près de l'ancien sondage de Quesques. Il retrouva la même succession de terrain que le premier jusqu'à la profondeur de 73ᵐ50, puis pénétra dans des argiles oxfordiennes contenant des rognons durs de calcaire oolithique, où il fut abandonné à la profondeur de 121ᵐ50.

Nᵒ 809. — Vers la fin d'avril 1877, on installa un 5ᵉ sondage à Cauchy, à 500ᵐ. au Nord-Est du sondage Nᵒ 807 du Breuil. D'après M. Potié, Ingénieur des mines, attaché à la carte géologique, la position de Quesques ne paraissait plus appelée à aucun succès, par suite de l'échec des diverses recherches exécutées par diverses sociétés concurrentes, à l'ouest et à peu de distance des travaux du sondage Nᵒ 807. M. Potié, qui avait vu les échantillons du sondage de Breuil, conseillait l'exécution d'un nouveau sondage au nord.

Le terrain dévonien fut rencontré à Cauchy à 47ᵐ. A 73ᵐ., on pénétrait dans un calcaire dévonien très-dur, que l'on considéra comme l'analogue du calcaire de Ferques limitant au nord le bassin houiller d'Hardinghem, et le travail fut abandonné à 75ᵐ50, à la fin du mois de septembre 1877.

Liquidation de la Société. — Le rapport à l'Assemblée

générale du 1ᵉʳ avril 1878, résume ainsi les résultats des recherches de la Société :

« Le sondage du Breuil, à 160ᵐ. de profondeur, est resté dans
des terrains qui précèdent la faille limitant au Sud le bassin
houiller d'Hardinghem ; le sondage de Cauchy a atteint, à 47ᵐ, les
grès ou psammites dévoniens qui limitent ce même bassin au
nord. Le terrain houiller ne peut exister qu'entre les deux, et si
l'on observe que, transversalement à la direction des failles
d'Hardinghem, la distance des deux sondages n'est que 300ᵐ.
environ, on conclut que, s'il passe, le terrain houiller ne peut
présenter dans cette région qu'une largeur nécessairement inférieure à 300ᵐ.

« Ces considérations nous ont déterminés, d'accord en cela
avec M. Potié, à arrêter les travaux vers la fin du mois de
Septembre 1877. »

*La Société de recherche du prolongement du basin houiller
du Pas-de-Calais (Hermary et Daubresse)* entra en liquidation
dans le courant de l'année 1878. Elle avait dépensé en recherches
100,000 francs.

Société d'Alambon, — Une Société dite d'Alembon se constitua par acte du 10 Mars 1875 pour ouvrir une série de sondages dans les communes de Boursin, Alembon, Rebergues, etc.

Elle entreprit immédiatement deux sondages, l'un sur le territoire d'Alembon, l'autre sur le teritoire de Sanghen.

Le premier fut arrêté à 100ᵐ dans des schistes rouges dévoniens, après avoir traversé des argiles noires et les grès de
Fiennes, circonstance qui amena la Société a conclure qu'il n'y
avait pas recouvrement du terrain houillier par le terrain dévonien
et qu'il était inutile de poursuivre ce sondage.

Le sondage de Sanghen, sur la route de Licques à Colembert
atteint le terrain jurassique à 96ᵐ. Il est poussé jusqu'à 200ᵐ dans
le même terrain, dans un calcaire grès-clair, à cassure conchoïde.

Telles sont les indications fournies sur les recherches de la
Société d'Alembon par les rapports des Ingénieurs des Mines.

Société La Confiance. Cette Société formée par M.M.
Defernez fils et sur laquelle on possède peu de renseignements,
s'était substituée par acte du 13 Juillet 1874 à la Société de

recherches *l'Espoir*, et était devenue propriétaire des travaux faits par cette Société en 1873 et 1874 sur les territoires d'Affringues et de Nielles-les-Bléquin. La Société La Confiance entreprit en 1874 un sondage à Lumbres, et l'arrêta à 112ᵐ dans un calcaire que les sondeurs pensent être du calcaire dolomitique carbonifère.

Un 2ᵉ sondage fut exécuté près de Nielles-les-Bléquin en 1875. Il fut poussé à 210ᵐ et arrêté dans des grès schisteux gris paraissant appartenir à l'étage dévonien inférieur.

La Société abandonna ses travaux en 1877. En 1880 MM. Defernez fils recherchaient de nouveaux associés pour continuer les travaux. Ils ne paraissent pas avoir réussi.

Société de Montataire. — La Compagnie des Forges de Montataire entreprit en 1875 et 1876 des recherches sur les territoires de Surques, Rebergues, Escoeuilles, en vue de découvrir la jonction du bassin du Pas-de-Palais avec celui d'Hardinghem.

Elle exécuta quatre sondages, qui donnèrent les résultats suivants :

1° Arrêté à 72ᵐ dans le calcaire carbonifère moyen, après avoir traversé un peu de terrain jurassique.

2° Arrêté à 92ᵐ après avoir pénétré de 5ᵐ dans le calcaire carbonifère supérieur.

3° Arrêté à 103ᵐ après avoir pénétré de 5ᵐ dans du calcaire dévonien.

4° Se trouvait à 80ᵐ dans les calcaires de la grande oolithe, et n'a donné lieu à aucune découverte.

Le Rapport de l'Ingénieur en chef des Mines, dont sont extraites les indications qui précèdent ajoute: « un 5ᵉ sondage doit être entrepris près de Celles. »

Vers 1856, on avait déjà exécuté sur les territoires de Rebecques, près de la route qui de Rebecques se dirige à l'Ouest pour passer entre Surques et Bainghen, trois sondages qui avaient atteint les terrains anciens vers 40ᵐ de profondeur.

Le premier était à la sortie du village, le second à 500ᵐ plus loin vers l'Ouest. Tous deux rencontrèrent du calcaire blanchâtre. Le troisième, plus à l'Ouest encore, rencontra des schistes rouges.

Société de la Beuvrière. — Une Société s'était formée en 1875 dans le but de faire des recherches de houille entre Béthune, Lillers et Saint-Hilaire au bord Nord des environs de Bruay, Marles et Ferfay.

Elle établit 2 sondages, l'un n° 310 à la Beuvrière l'autre n° 319 à Allouagne.

Ce dernier fut poussé jusqu'à 245ᵐ, et suspendu à cette profondeur en Mars 1875, sans résultats.

Le sondage de la Beuvrière suspendu pendant quelque temps à la suite d'accidents, était arrivé en 1878 à 235ᵐ. Pas plus que le premier, il n'a obtenu de résultats.

———

Bassin du Boulonnais. — L'extraction est beaucoup plus forte à *Hardinghem* que pendant les années précédentes. Elle varie de 78,000 à 95,000 tonnes pendant les années 1876-1880.

Cependant l'exploitation est en perte à cause de l'élévation du prix de revient, et de la baisse du prix de vente.

On emprunte 2 millions en 1876 pour couvrir ces pertes, relier les fosses au chemin du Nord, et satisfaire à des dépenses de travaux neufs. L'emprunt ne suffit pas, car au 31 décembre 1880, la Société doit à son banquier plus de 2 millions.

Les actions restent pendant cette période à 400 fr.

La Société de *Fiennes* abandonne son sondage de la concession de Fiennes, à 173ᵐ, dans le terrain houiller, et entreprend un sondage à l'ouest de la concession de Ferques, à Witherthun. En 1877, la Société a épuisé ses ressources, et elle entre en liquidation.

Les acquéreurs de la concession de *Ferques* exécutent deux sondages, qui atteignent tous deux le terrain houiller et la houille au-dessous des calcaires; le 1ᵉʳ à Blecquenecques à 446ᵐ35, le 2ᵉ à Hydrequent à 350ᵐ.

» La présence du terrain houiller, sous les calcaires carboni-« fères, » dit le rapport de M. Duporcq, sur les travaux de 1878,

« attèste un renversement géologique qui peut donner une valeur
« à la concession de Ferques, et qui augmente la confiance dans
« l'existence possible de la bande houillère entre Fléchinelle et
« Hardinghem sous les terrains anciens. »

Bassin du Nord. — Pendant la période 1875-1880, la production du bassin du Nord reste stationnaire entre 3,300,000
tonnes et 3,700,000.

Anzin figure dans ce chiffre pour 2,100,000 tonnes.

Aniche pour 600,000 tonnes, l'Escarpelle 260,000 tonnes, etc.

Le bassin occupe 20,659 ouvriers en 1880, dont la production
annuelle est de 230 tonnes par ouvrier du fond, tandis qu'elle est
de 266 tonnes dans le Pas-de-Calais.

Le salaire annuel varie de 925 à 1,000 fr.

Le prix de vente des houilles, qui était de 14 fr. 75 en 1876,
descend successivement pour tomber à 11 fr. 12 en 1880; ce bas
prix ne s'était jamais présenté.

Aussi les bénéfices des houillères décroissent considérablement.
Ainsi elles payaient en 1876, 329.314 fr. de redevance correspondant à un bénéfice imposable de 6,586,380 fr. ou de 1 fr. 94
par tonne. En 1880, cette redevance descend à 185,975 fr., correspondant à un bénéfice imposable de 3,719,500 fr., ou de 1 fr. par
tonne. Ce bénéfice des mines en gain est même réduit à
3,100,000 fr. en en déduisant le déficit des mises en perte.

Aussi les dividendes répartis par les Compagnies sont-ils
diminués considérablement.

Anzin, qui distribuait 26,000 fr. par denier en 1876, ne distribue
plus que 14,000 fr. en 1880.

Aniche, qui répartissait 750 fr. par 1/12ᵉ de denier en 1876, ne
répartit plus que 360 fr. en 1879 et 450 fr. en 1880.

L'Escarpelle continue à donner un dividende de 110 à 150 fr.

Douchy distribuait 300 fr. par 1/12ᵉ de denier en 1876; il ne
distribue plus que 25 fr. 75 en 1879 et 75 fr. en 1880.

La valeur des actions houillères diminue dans la même proportion que les dividendes. Ainsi de 1876 à 1880, Anzin voit ses
deniers tomber de 785,000 fr. à 500,000 fr., Aniche de 20,000 fr.
à 15,000 fr., Douchy de 6,000 à 3,000, etc.

L'Escarpelle seule fait exception, ses actions se maintiennent à 4,000 à 5,000 fr.

Les 19,417 actions des Compagnies houillères du Nord qui représentaient, d'après les prix moyens de vente de la Bourse de Lille, en 1876, 344 millions de francs, ne représentent plus en 1880 que 246 millions. Elles ont subi une dépréciation de 30 %.

1880-1884.

Production. — Nombre de fosses: — Ouvriers. Salaires. — Accidents. — Prix de revient. — Dépenses en travaux neufs. — Prix de vente. — Redevances. — Bénéfices. — Renseignements sur la vente des houilles. — Consommation de houilles du Pas-de-Calais. — Prix moyen de vente des actions houillères. — Dividendes. — Principales particularités qui se sont présentées dans chaque houillère.

Bassin du Boulonnais. — Bassin du Nord.

Production. — Grâce au développement de la consommation de la houille en France, des débouchés nouveaux dans des centres de plus en plus éloignés s'ouvrent aux exploitations du Pas-de-Calais, et les mines de mieux en mieux outillées accroissent considérablement leur production, mais au détriment des prix de vente.

De 4,844,323 tonnes en 1880, l'extraction du Bassin s'élève :

à 5,320,383 tonnes en 1881
à 5,706,890   »   » 1882
et à 6,148,249   »   » 1883

Toutes les houillères, à quelques exceptions près, prennent part à cette augmentation de production, ainsi que le montre le tableau d'autre part.

NOMS des HOUILLÈRES.	1880.	1881.	1882.	1883.
	Tonn.	Tonn.	Tonn.	Tonn.
Dourges	231.737	250.528	258.225	268.100
Courrières	572.892	675.068	760.234	850.554
Lens et Douvrin	924.842	991.367	1.047.916	1.170.083
Bully-Grenay	656.572	758.285	813.483	775.852
Nœux.................	580.549	621.793	660.239	735.841
Bruay....	401.793	473.243	503.080	569.482
Marles	371.364	411.096	481.394	526.281
Ferfay	187.052	174.067	179.507	187.453
Auchy-au-Bois	38.542	34.771	40.946	34.470
Fléchinelle	46.583	50.790	47.942	48.329
Liévin.................	354.842	424.940	432.685	452.777
Vendin................	61.609	47.506	43.341	41.138
Meurchin	119.702	123.823	149.715	177.958
Carvin	149.824	163.379	178.391	178.464
Ostricourt	32.730	36.864	37.183	44.101
Courcelles-lès-Lens.......	18.475	25.541	17.501	25.126
Hardinghen	95.215	57.329	54.718	61.216
Drocourt	»	»	»	1.524
Totaux............	4.844.323	5.320.390	5.706.390	6.148.249

Les houilles extraites se classent par grosseur, de la manière suivante.

EXTRACTION classée PAR QUALITÉS.	1880.		1881		1882.		MOYENNES.	
	Tonn.	º/₀	Tonn.	º/₀	Tonn.	º/₀	Tonn.	º/₀
Gros.............	86.662	1.8	70.732	1.3	69.914	1.2	75.769	1.4
Tout-venant.......	4.567.236	94.3	5.044.196	94.9	5.423.926	95.1	5.011.787	94.8
Escaillage	190.425	3.9	205.459	3.8	212.551	3.7	202.811	3.8
Totaux......	4.844.323	100	5.320.387	100	5.706.391	100	5.290.867	100

Le gros charbon n'est produit que dans une proportion presque insignifiante, 1, 4 0/0. Quant à l'escaillage ou charbon menu, généralement impur, et que l'on distribue aux ouvriers pour leur chauffage, il entre dans la production totale pour 3, 8 0/0.

En 1883, il existait :

Dans le bassin du Pas-de-Calais.. 20 concessions, d'une étendue de 55,972 hect.
    D°   du Boulonnais....   3   »   »   5,226   »

       Ensemble............   23 concessions, d'une étendue de 61,198 hect.

Nombre de fosses. — Le tableau ci-dessous fait connaître, par houillère, le nombre des sièges d'exploitation et le nombre de fosses en activité, supérieur à celui des sièges, parce qu'il y a un certain nombre de sièges composé de fosses doubles, en Juin 1883.

NOMS DES HOUILLÈRES.	NOMBRE des sièges d'exploitation en activité.	NOMBRE DE FOSSES en activité.	NOMBRE DE FOSSES en fonçage.	FOSSES abandonnées ou en chômage.
Dourges	3	3	»	1
Courrières........	6	6	1	»
Lens et Douvrin ...	6	7	1	1
Bully-Grenay	6	6	»	1
Nœux ....:...	5	6	2	»
Bruay	3	4	»	1
Marles	3	5	»	1
Ferfay et Cauchy..	3	3	•	1
Auchy-au-Bois ..:	2	2	»	1
Fléchinelle	1	1	»	»
Liévin...........	3	5	»	»
Vendin	2	2	»	»
Meurchin........	2	3	»	1
Carvin	3	3	»	»
Ostricourt	1	1	»	1
Annœullin	»	»	»	1
Courcelles-lès-Lens.	1	1	»	»
Drocourt	»	•	1	»
Hardinghen	2	2	»	»
Ensemble....	52	60	5	10

L'extraction par fosse augmente d'année en année.

Elle a été en 1880 de .... 82,000 tonnes.
»   » 1881 de 90,000   »
»   » 1882 de 95,000   »

Certaines fosses simples, comme les n°s 1 et 3 de Bruay ont produit en 1882, 210.000 et 220.000 tonnes.

Ouvriers. Salaires

ANNÉES.	NOMBRE D'OUVRIERS.			PRODUCTION PAR OUVRIER		SALAIRES.		
	du fond.	du jour.	Total.	du fond.	des 2 catégor.	Totaux.	par ouvrier.	par tonne.
				Tonnes.	Tonnes.	Fr.	Fr.	Fr.
1880	18.173	4.899	23.072	266	210	23.614.063	1.025	4.87
1881	18.849	4.797	23.646	282	225	25.101.002	1.061	4.71
1882	20.328	5.675	26.003	280	219	28.541.328	1.097	5. »
Moyenne.	19.117	5.123	24.240	276	218	25.752.131	1.062	4.86

Le nombre des ouvriers du fond, qui n'était, en 1870 que de 9.710 est de 20.328 en 1882.

Le personnel du jour, qui représente environ 1/5 du personnel total est passé de 2.251 en 1870, à 5.675 en 1882.

La production par ouvrier du fond, qui n'était en 1870 que de 204 tonnes, est en 1882, de 280 tonnes. Il fallait un ouvrier du fond et du jour pour produire, en 1870, 167 tonnes. En 1882, un ouvrier des deux catégories produit 219 tonnes.

On le voit, il y a un progrès très notable dans l'utilisation du personnel.

Les salaires de 1870 étaient de 10,5 millions. Ils sont en 1882, de 28,5 millions. L'ouvrier gagne plus, 1.097 fr. en 1882, qu'en 1870, 881 fr., et cependant le prix de revient de la main d'œuvre diminue et tombe de 5.26 en 1879 à 5. » en 1882.

Accidents.

ANNÉES.	NOMBRE D'OUVRIERS			NOMBRE D'ACCIDENTS.	NOMBRE D'OUVRIERS		SUR 1000 OUVRIERS il y a eu		SUR .... OUVRIERS	
	à l'intérieur.	à l'extérieur.	TOTAL.		Tués.	Blessés	Tués.	Blessés.	1 tué.	1 blessé.
1880	18.173	4.899	23.072	480	45	455	1.95	19.72	512	50
1881	18.849	4.797	23.646	714	37	684	1.56	28.92	639	34
1882	20.328	5.675	26.003	760	36	737	1.38	29.23	722	35
Moyenne	19.117	5.123	24.240	651	39	625	1.61	25.78	622	39

Dans la période décennale 1870-1880, on comptait en moyenne :

1,78 ouvrier tué sur 1000 employés.
Ou 1 d°   d° sur 530   d°

De 1880 à 1882, cette proportion tombe à

1,61 ouvrier tué sur 1000 employés
Ou 1   d°   d° sur 622   d°

Il y a donc amélioration sensible.

Prix de revient. -- D'après le travail d'établissement des redevances, les prix moyens de revient de la tonne de houille ont été :

	DÉPENSES		
	d'exploitation.	en travaux de 1er établissement.	totales.
	—	—	—
1880.........	8,777 f.	1,128 f.	9,905 f.
1881.........	8,72)	1,530	10,250
1882.........	—	—	—

D'un autre côté, on obtient des chiffres assez différents pour le prix de revient, lorsqu'on déduit du prix de vente les bénéfices réalisés par les houillères du Pas-de-Calais, comme le montre le tableau ci-dessous :

	Prix de vente.	Bénéfice.	Prix de revient.
1879.....	12,30	1,68	10,62
1880..............	12,15	2,09	10,06
1881..............	11,16	1,49	9,67
1882..............	11,12	1,77	9,35

Ces derniers chiffres, déduits des résumés statistiques de l'industrie minière publiés par le Ministère des travaux publics, offrent plus d'exactitude que les premiers.

Ils montrent une amélioration sensible du prix de revient au fur et à mesure du développement de la production, ce qui semble très rationnel.

Dépenses en travaux neufs. — D'après les chiffres des dépenses faites par tonne en travaux de 1er établissemnt, on voit qu'il a été employé en travaux neufs :

$$\text{En } 1880........ \quad 4,844,323 \text{ tonnes} \times 1,128 = 5,464,000 \text{ fr.}$$
$$\text{» } 1881........ \quad 5,329,390 \text{ » } \times 1,530 = 8,140,000 \text{ »}$$
$$\text{» } 1882........ \quad 5,706,390 \text{ » } \times - = -$$

On voit que les houillères continuent à consacrer à des travaux neufs des sommes bien considérables, qui assurent un développement futur de la production du bassin.

Prix de vente. — La valeur des houilles extraites et, par suite le prix moyen de vente, sont donnés ci-dessous pour les années 1880 à 1882.

1880.........	58,876,383 fr., soit par tonne............	12 fr. 15
1881..........	62,110,579 , •	11 16
1882.........	63,475,751 . »	11 12
Moyenne	61,487,568 fr , soit par tonne............	11 fr. 62

L'augmentation de production, la nécessité de se créer des débouchés nouveaux pour l'écoulement, amènent entre les diverses compagnies houillères une grande concurrence, qui se traduit par un abaissement constant des prix de vente.

Ainsi, depuis les hauts prix exceptionnels de 1872-1876, les prix tombent à 13 fr. 98 en 1877, 12 fr. 30 en 1879, et 11 fr. 12 en 1882.

Redevances. — Bénéfices.

ANNÉES.	REDEVANCES PAYÉES A L'ÉTAT				BÉNÉFICES calculés d'après la redevance proportionnelle.	
	Porpor-tionnelle.	Fixe.	10 cent. addi-tionnels.	Totales.		
	Fr.	Fr.	Fr.	Fr.	Fr.	Fr.
1880	551.853	6.028	55.788	613.669	11.037.060	2.22
1831	497.633	6.028	50.366	554.027	9.952.660	1 87
1882	599.872	6.098	60.597	666.567	11.997.440	2.10
Moyenne..	549.786	6.051	55.584	611.421	10.995.720	2.07

En 1870, les redevances payées à l'État n'étaient que de 126.000 f. En 1876, elles ne sont encore que de 306.000 fr.; elles atteignent 666.000 fr. en 1882.

Les bénéfices ci-dessus s'appliquent seulement aux mines en gain, et pour avoir les résultats définitifs de l'exploitation, il faut en déduire les déficits des mines en perte, conformément au tableau ci-dessous.

ANNÉES.	MINES EN GAIN.			MINES EN PERTE.			RÉSULTATS.		
	Nombre.	Bénéfices.		Nombre.	Pertes.		Nombre.	Bénéfices réels.	
1880	12	11.037.063	2.51	8	918.370	2 05	20	10.118.693	2.09
1881	9	9.952.654	2.11	11	2.008.998	3.24	20	7.943.656	1.49
1882	11	11.997.433	2.25	9	1.869.517	4 80	20	10.127.916	1.77
Moyenne...	11	10.995.720	2.28	9	1.598.962	3.29	20	9.396.758	1.77

Ainsi, pendant les trois années 1880-1882, il y a eu dans le Pas-de-Calais, 20 mines en activité ; 11 ont réalisé des bénéfices, et 9 ont été en perte. Le bénéfice total de ces mines, déduction faite des pertes, s'est élevé à 9.397.000 fr. en moyenne par année, ou 1, fr. 77 par tonne.

Renseignements sur la vente des houilles. — Les houilles du Pas-de-Calais ont trouvé leur écoulement dans les principales localités reprises au tableau ci-dessous :

VENTES PAR LOCALITÉS.	1880	1881	1882	Moyenne.	
	Tonnes.	Tonnes.	Tonnes.	Tonnes.	%
Dans le Pas-de-Calais ..	815.297	965.101	966.819	915.789	17.2
» le Nord.........	1.546.624	1 498.019	1.663.219	1.569.287	29.5
» les autres départ'..	2.223.555	2.446.571	2.613.930	2.428.019	45.6
Consommation des mines.	344.894	411.070	470.470	408.811	7.6
Totaux........	4.930.370	5.320.761	5.714.438	5.321.856	100

En 1876, le bassin n'expédiait que 1.306.656 tonnes en dehors des départements du Pas-de-Calais et du Nord. En 1880, il y en expédie 2.223.555 tonnes et en 1882, 2.613.930 tonnes.

Ces chiffres montrent que les débouchés lointains s'ouvrent de plus en plus pour les produits du nouveau bassin, et que c'est dans les contrées de plus en plus éloignées que l'augmentation de la production trouve des débouchés.

Le 2° tableau ci-dessous donne les modes d'expédition des houilles du bassin.

MODES D'EXPÉDITION.	1880.	1881.	1882.	Moyenne.	
	Tonnes.	Tonnes.	Tonnes.	Tonnes.	%
Voitures	185.675	172.914	»	»	»
Bateaux..............	1.478.359	1.532.449	»	»	»
Chemins de fer	2.921.442	3.178.730	»	»	»
Consommation à la mine.	344.894	411.070	470.470	408.811	7.6
Totaux.........	4.930.370	5.320.761	5.714.438	5.321.856	100

Consommation de houille du Pas-de-Calais. — Comme pour les périodes précédentes, on donne ci-dessous la consommation de la houille du département du Pas-de-Calais de 1880 à 1882.

HOUILLE

	du Nord et du Pas-de-Calais.	d'Angleterre.	de Belgique.	Ensemble.
1880....... .	1.287.400	191.600	35.500	1.514.500
1881........	1.375.200	216.100	33.000	1.624.500
1882........	1.506.200	112.300	40.000	1.658.800
Moyenne....	1.389.666	173.333	36.166	1.599.266

La consommation s'accroît graduellement et d'une manière continue.

Elle était en 1870 de 1,200,000 tonnes
»   1876 de 1,440,000   »
Elle est en 1882 de 1,600,000   »

Prix moyen de vente des actions houillères.

NOMS des COMPAGNIES HOUILLÈRES.	1880.	1881.	1882.	1883.	NOMBRE D'ACTIONS émises.
Dourges	8.228	7.200	6.220	4.915	1.800
Courrières	27.508	26.885	25.300	25.181	2.000
Lens...............	25.002	25.200	23.043	20.663	3.000
Bully-Grenay........	1.507	1.660	1.597	1.438	17.000
Vicoigne-Nœux	20.062	18.569	16.970	15.910	4.000
Bruay...............	9.700	9.375	8.202	7.791	3.000
Marles .... { 70......	18.820	20.000	20.000	20.000	1.600
{ 30......	17.000	18.500	19.500	19 020	400
Ferfay	74	1.046	922	821	3.500
Auchy-au-Bois	231	70	181	79	6.700
Fléchinelle	145	154	44	23	4.274
Liévin...............	6.519	6.674	6.163	5.749	2.916
Ostricourt	187	278	256	184	6.000
Carvin	1.400	1.302	1.228	1.232	3.945
Meurchin...........	1.294	1.133	964	1.041	4.000
Vendin..............	365	91	86	80	2.713
Hardinghen	366	196	100	50	4.000
Annœullin	10	10	10	10	2.000
Courcelles	900	700	450	250	2.570
Totaux.........	139.313	139.043	131.186	124.387	75.418

En 1880, les 75,418 actions émises par les Compagnies houillères du bassin du Pas-de-Calais représentaient, d'après leur prix moyen de vente à la Bourse de Lille, un capital de   354,955,779 fr.

Leur prix s'abaisse en 1881, 1882 et 1883 et pendant cette dernière année elles ne représentent plus qu'un capital de...................   292.357,416

Diminution............   62,598,363

ou de 17 %

Dividendes de 1880 à 1882.

NOMS des COMPAGNIES HOUILLÈRES.	1880-81	1881-82	1882-83	MOYENNE de 1880-82	NOMBRE D'ACTIONS émises.
	Fr.	Fr.	Fr.	Fr.	
Dourges	200	250	160	203	1.800
Courrières	825	900	1.000	908	2.000
Lens	800	800	900	833	3.000
Bully-Grenay	52	55	60	55	17.000
Vicoigne-Nœux	700	700	700	700	4.000
Bruay	250	250	300	266	3.000
Marles.... { 70 %	692	748	616	685	1.600
30 %	660	860	1.010	843	400
Ferfay	»	»	»	»	3.500
Auchy-au-Bois	»	»	»	»	6.700
Fléchinelle	»	»	»	»	4.274
Liévin	125	150	175	150	2.916
Ostricourt	»	»	»	»	6.000
Carvin	35	50	55	46	3.945
Meurchin	»	»	»	»	4.000
Vendin	»	»	»	»	2.713
Hardinghen	»	»	»	»	4.000
Annœullin	»	»	»	»	2.000
Courcelles	»	»	»	»	2.570
Totaux	4.389	4.763	4.976	4.692	75.418

En 1880-81, les Compagnies houillères du Pas-de-Calais, répartissent en dividendes 10,727,000 fr. ou un intérêt de 3 % du capital correspondant au capital représenté par la valeur des actions.

En 1882-83, les dividendes distribués 11,310,450 fr. représentent 3,8 % d'intérêt sur le capital actions.

Ces chiffres indiquent la tendance à exiger du placement des actions houillères un intérêt plus grand que par le passé, et par suite la baisse de prix de ces actions.

Principales particularités qui se sont présentées dans chaque houillère. — *Dourges* a 3 fosses en exploitation. Sa 4ᵉ fosse, à peine entamée, n'est pas encore reprise. L'extraction reste à peu près stationnaire ; elle est comprise entre 232,000 tonnes en 1880 et 258.000 tonnes en 1882.

Les dividendes répartis à chacune de ses 1,800 actions sont de 200 fr. en 1880, 250 fr. en 1881, et seulement de 160 fr. en 1882.

La valeur vénale de ses actions qui dépassait 8,000 fr. en 1880, tombe à 7,000 en 1881, à 6,000 en 1882 et à 5,000 en 1883.

A ces prix, le capital engagé dans l'entreprise varie entre 15 et 9 millions, soit entre 62 et 33 fr. par tonne extraite.

Les dividendes distribués représentent à peine un intérêt de 2,4 à 3,4 %.

Courrières, avec 6 fosses en extraction, augmente sa production de près de 100,000 tonnes par an pendant les 4 années 1880 à 1884. De 456,000 tonnes en 1879, cette production s'élève à 850,000 tonnes en 1883, en augmentation de 394,000 tonnes. Ce résultat très remarquable ne fera que s'accroître ; un nouveau puits, N° 7, ouvert en 1881, a fait des découvertes importantes, et ne tardera pas à entrer en exploitation.

Courrières possède un des gisements les plus riches du Bassin, tant par le nombre et l'épaisseur de ses couches de houille que par leur régularité et les bonnes conditions d'exploitation qu'elles présentent.

Le prix de revient y est par suite peu élevé, et le prix de vente a varié dans les trois dernières années de 11,54 à 11 fr. 70.

Les dépenses en travaux neufs y sont annuellement de 760,000 à 860,000 fr.

La réserve est augmentée chaque année d'environ 200,000 fr. et s'élève à la fin de 1882 à près de 3 millions.

Les chiffres qui précèdent sont extraits du compte rendu du Conseil d'administration aux assemblées générales des actionnaires.

Lens est la houillère dont la production a pris le plus grand développement. De 410,000 tonnes en 1870, son extraction s'est élevée

à	715,000 tonnes en 1875		
"	924,000 " " 1880		
et atteint	1,048,000 " " 1882		
et..................	1,170,000 " " 1883		

La Société a 6 fosses en exploitation sur un gisement très riche, qui fournissent en moyenne 290,000 tonnes.

L'une d'elles, la fosse Nº 5, a même extrait en 1882-83, 327,953 tonnes. C'est le chiffre le plus considérable qui ait jamais été atteint par un seul puits non seulement en France, mais à l'étranger. Il correspond à 1,093 tonnes en moyenne par jour. On a même atteint, le 31 décembre 1882, une extraction de 3,090 t.

Un 2e puits est creusé près de la fosse Nº 3 de Liévin, en vue de l'aérage et du développement à donner à l'exploitation de ce siège.

En 1875, la Société de Lens avait exécuté un grand sondage près de son rivage de Wingles, et y avait rencontré de nombreuses et puissantes couches de houille demi-grasse, tenant de 13 à 16 % de matières volatiles.

Elle ouvrit près de ce sondage un nouveau siège d'exploitation composé de 2 puits jumeaux. La richesse et la régularité de ce nouveau champ paraît laisser à désirer ; la mise en exploitation va commencer fin 1883.

Un sondage a été entrepris également sur Pont-à-Vendin. Il a été poussé à 650ᵐ de profondeur, et a traversé des couches de houille puissantes. Aussi la Société va-t-elle ouvrir près de ce sondage un nouveau siège d'exploitation avec 2 puits jumeaux.

On a vu qu'en 1873 la compagnie des mines de Lens avait fait l'acquisition de la concession de Douvrin, pour le prix de 550.000 frs. Cette Compagnie, pour reconnaître la puissance du gîte exploité par le puits alors existant exécuta un 1ᵉʳ sondage à 844 m. de ce puits ; poursuivi à 319 m. 60 , il traversa un terrain houiller bien stratifié et recoupa plusieurs couches.

Un 2e sondage exécuté à 325 m. au Nord du puits atteignit le terrain houiller à 141 m. 65 puis le calcaire carbonnifère à 223 m. 55. Il indiqua que sur ce point la bande du terrain houillier n'avait qu'une faible épaisseur de 82 m. et qu'on y tombait à la fin du bassin.

Au moment du rachat, la fosse de Douvrin était dans de mauvaises conditions. Au jour l'outillage était insuffisant, et il fallut le transformer complètement. Au fond, le charbon reconnu était réduit à peu de chose, et à l'accrochage ouvert à 213 m. on dût pratiquer avec la perforation mécanique des galeries au sud pour découvrir de nouvelles couches.

En même temps on dût songer à approfondir les puits, pour ouvrir un nouvel étage d'exploitat'on.

Dans ce but, on se décida à creuser un beurtiat ou puits intérieur de 2 m. 90 à 42 m. 10 au sud de la fosse de Douvrin, en vue de déterminer la profondeur à laquelle on pourrait creuser cette fosse pour y ouvrir un nouvel étage d'exploitation de 100 m. de hauteur, et éviter la rencontre du calcaire carbonnifère coupé en tous sens de fentes dont l'ensemble constitue un vaste réseau rempli d'eau et donnant lieu à de véritables lacs souterrains.

On commença dcnc le beurtia en 1878 ; on y atteignit le calcaire à 310 m. et on ouvrit une galerie dirigé au Nord vers la fosse. Cette galerie rencontra le 5 août une faille dans laquelle on pénétra avec précaution, et qui fournit par un trou de mine 1500 hectolitres d'eau par 24 heures.

Les eaux remplirent le beurtia et émergèrent à sa tête. Elles étaient sulfhydriques, identiques à celles de la fosse n° 2 abandonnée de Meurchin, et venaient évidemment du calcaire.

En décembre 1881, on épuisa le beurtia à l'aide de pompes mues par l'air comprimé, et on reprit l'avancement de la galerie dans la faille ; mais à la suite d'un abattage à la poudre, le 30 avril 1883 à 6 h. du matin, la paroi de droite céda, livrant passage à un torrent de pierres et de boue, puis à une énorme venue d'eau.

On fit immédiatement remonter les hommes. Vers 7 heures le beurtia était noyé, à 8 heures l'accrochage de 213 m. était submergé, et à 10 heures tout le personnel était sauf, mais on n'avait pu faire sortir ni les chevaux, ni le matériel.

Cette inondation n'était par seulement la perte de la fosse n° 6, dont la production était de 70,000 tonnes ; mais elle rendait inabordable une surface importante de la concession de Lens, dans laquelle les galeries de la fosse n°6 pénétraient sur 1200 m. perpendiculairement à la direction des couches.

La Société avait donc un très grand intérêt à fermer cette formidable venue d'eau ; mais elle ne pouvait songer à y parvenir par l'épuisement au moyen de machines. Elle eut recours à un moyen nouveau, hardi, et dont la réussite a couronné l'idée de l'Ingénieur en chef, M. Reumaux, qui l'avait conçu.

Si on se rend compte que moins d'une heure avait suffi pour remplir 100 m. de bowette et 100 m. de beurtia, représentant un vide de 650 mètres cubes, on peut évaluer à 300,000 hectolitres par 24 heures le débit du torrent.

L'eau continua à monter et s'éleva en 10 jours à 30 m. au-dessous du sol, pour atteindre en décembre son niveau hydrostatique de 6 m. 37 au-dessous du sol.

On ne pouvait songer à épuiser une venue aussi formidable, 30,000 mètres cubes par 24 heures pris à 220 m. représentant un travail effectif de 1000 chevaux. Il aurait fallu installer des appareils d'épuisement d'une force nominale de 2,000 chevaux, descendre des pompes colossales dans l'eau, et sacrifier des sommes énormes pour arriver à reprendre l'exploitation. Un essai d'épuisement de 80,000 hectolitres par 24 heures fait avec la machine d'extraction, ne put faire baisser les eaux dans le puits que de 10 m.

Il n'est pas douteux que le réseau des poches et des fentes qui coupe en tous sens le calcaire carbonifère s'étend très loin ; on en a eu la preuve dans l'abaissement brusque qui s'est produit dans le puits inondé de Meurchin lors de l'envahissement par les eaux du puits de Douvrin qui en est éloigné de plus de 6 kilomètres.

La Compagnie se décida à intercepter la communication avec ses travaux de 213m de la source rencontrée en établissant dans le beurtia un serrement étanche formé d'un bêton de ciment descendu de la surface par un sondage creusé à l'aplomb du dit beurtia. Ce sondage commencé le 22 mai 1883, fut suspendu le 12 Juin à 100 m. pour y établir un tubage avec boîte à mousse étanche, destiné à isoler le niveau de la craie du terrain houiller et de la colonne d'eau ascendante du calcaire carbonifère. Le sondage fut ensuite repris et le 22 septembre, il tombait exactement dans le périmètre du beurtia.

Au moyen d'appareils puissants on brisa les sommiers, cages, et tout l'attirail d'échelles, tuyaux, etc., existant dans le beurtia, puis on prépara l'emplacement du serrement à établir dans le beurtia. Il fallut d'abord détruire la maçonnerie qui revêtait les parois, ce qui s'éxécuta au moyen de 9 charges de 10 à 40 kil. de dynamite, enfermée dans des tubes en fer descendus par le sondage, et dont on déterminait l'explosion au moyen d'un cable électrique.

Des appareils particuliers, mesureurs, très ingénieux, que l'on descendait également par le sondage, permirent de constater qu'entre les cotes 293 m. et 302m. le puits était complètement déshabillé, et que l'on pouvait procéder au bétonnage destiné à former le serrement.

Ce bétonnage constituait un problême difficile à résoudre. Le béton devait être assez résistant pour ne pas s'écraser sous une pression de 30 kilogrammes par centimètre carré, assez imperméable pour ne pas se laisser traverser par l'eau sous la pression de 30 atmosphères, assez plastique et gras pour s'étaler sans délavement et se mouler dans les moindres infractuosités de la roche.

On se décida à composer le ciment :

1° A la base, d'une couche de 1m. 20 de dièves, coulées en bouillie claire, destinées à empâter les déblais accumulés au fond du bure, et coulés de la surface par le tube du sondage.

2° Une couche mince de 0 m. 35 de cîment de Portland, coulée en bouillie épaisse par un tube spécial de 7 centimètres de diamètre, maintenu plein en vue de former un plafond uni sur les dièves.

3° Une nouvelle couche de dièves de 1 m. 10, destinée à pénétrer dans les fentes de la roche ;

4° Un lit de cîment pur de 3 m. 35, coulé comme le premier, indispensable pour pénétrer dans les moindres fissures, et présenter un bloc légèrement durci, avant la descente.

5° Une couche de béton de 3 m. 20, composée de cîment de Portlaud, de sable et de gravier.

6° Une nouvelle couche de béton de 4 m. 85, renfermant moins de gravier.

7° Une couche de ciment pur de 0 m. 60, descendu à la cloche à soupape.

8° Enfin un bloc supplémentaire de béton plus maigre devant travailler comme bouchon ajoutant son adhérence à la paroi du puits pour résister à la pression des eaux inférieures.

Ce bétonnage exécuté sur une hauteur d'au moins 15 m. fut terminé le 6 Janvier 1883. On le laissa durcir jusqu'au 14 Mars, date à laquelle on commença l'épuisement du puits, avec la machine d'extraction et des bacs à eaux de 40 puis 50 hectolitres, qui enlevaient 57,000 hectolitres par 24 heures. Le progrès de la baisse des eaux était fort variable et enrayé par des phénomènes dus à l'action de l'air comprimé dans les travaux.

Le 26 Juillet, le puits était vide, après un épuisement de 4,325,910 hectolitres, et en rentrant dans les travaux on put constater que le serrement exécuté arrêtait complètement la venue des eaux.

L'exposé de ce travail très remarquable et couronné d'un plein succès, est extrait de la communication faite par M. Reumaux à la réunion de l'Industrie minérale du district du Nord, du 30 Mars 1884.

La Compagnie de Lens possède un matériel considérable, en rapport avec sa grandeproduction. Ses voies ferrées embrassent une longueur de 60 kilomètres, et sont desservies par 16 locomotives et 700 wagons à houille et à matériaux, 14 voitures à voyageurs et 11 fourgons à marchandises.

Les ateliers et les fosses emploient 52 machines à vapeur et 64 chaudières d'une puissance de 3,500 chevaux.

On a terminé pendant l'année 1882-83, 186 maisons d'ouvriers et l'on en a commencé 182 nouvelles ; on a dépensé de ce chef plus de 6 0,000 fr

Le nombre de maisons construites ou en construction dépasse aujourd'hui 1,800.

La somme dépensée en travaux neufs pendant le cours do l'année 1882-83 est de 2,127,000 fr.

La Compagnie de Lens réalise de grands bénéfices qui lui permettent de faire face à des dépenses considérables de travaux neufs, et en même temps de distribuer à ses actionnaires des dividendes de 800 à 900 fr. par action.

La valeur de ses actions est de 25,000 fr. en 1880 et 1881. Elle tombe à 23,000 fr. en 1882 et à 20,500 fr. en 1883.

Lens occupe en 1882-83, 3,084 ouvriers au fond ; chacun d'eux a produit le chiffre considérable de 366 tonnes qui n'est atteint dans aucune autre houillère du Bassin. L'ouvrier à la veine a gagné 1,648 fr. Avec des couches épaisses, et des conditions d'exploitation très bonnes, le prix de revient est bon, et malgré un prix de vente faible, 11,60, Lens réalise de beaux bénéfices.

Bully-Grenay développe considérablement sa production qui passe de 656,000 tonnes en 1880 à 813,000 tonnes en 1882. 6 fosses y sont en exploitation dans de bonnes conditions, et donnent des bénéfices importants. Toutefois, les bénéfices se trouvent réduits par le payement des intérêts et l'amortissement des obligations d'emprunts montant encore à plus de 6 millions, et par les dépenses de grands travaux neufs.

Le prix de vente des houilles y est relativement bas. Il est d'après les rapports aux Assemblées générales, de 11 fr. 03 en 1880-81, de 11 fr. 50 en 1881-82 et de 11 fr. 55 en 1882-83.

La Compagnie distribue à ses 17,000 actions des dividendes de 52,55 et 60 fr. Elle rembourse par anticipation en juillet 1881 ses obligations de 1868 et de 1876, et crée à cet effet 12,700 obligations de 500 fr., rapportant un intérêt annuel de 25 fr., et remboursables au pair en 33 années par tirage au sort. Cette unification et conversion de la dette, et l'ajournement de son remboursement, constitue une opération financière avantageuse à la Compagnie.

En février 1880, le Crédit agricole met en vente 1,800 actions de Bully-Grenay. L'adjudication est prononcée en faveur du Crédit foncier de France, au prix moyen de 1,430 fr. l'action.

Ce prix atteint, en 1881, 1,660 fr. et retombe à 1,597 fr. en 1882, et 1,438 fr. en 1883.

En 1880, la Compagnie occupait 1,952 ouvriers au fond et 626 au jour, et en totalité 2 578. La production moyenne de l'ouvrier du fond était de 336 tonnes et de l'ouvrier du fond et du jour de 254 tonnes, chiffres très élevés. La Compagnie distribuait 3,181,693 fr. de salaires soit à chacun de ses 2,578 ouvriers, 1,234 fr., et la main-d'œuvre n'entrait dans le prix de revient que pour 4 fr. 85.

Un magnifique port est établi à Violaines, sur le canal d'Aire à la Bassée. Il est le plus vaste et le mieux installé de la région et a coûté 1,040,000 fr. Il a été créé en vue d'une production de 1 et 1/2 million de tonnes.

A la fosse N° 6, on rencontre en mars 1883 une venue d'eau considérable, qui atteint bientôt 27,000 hectolitres en 24 heures. Cette eau provient présumablement des terrains supérieurs au terrain houiller, et arrive par des cassures qui se sont produites à la suite d'affaissements occasionnés par l'exploitation de couches de houille très épaisses sans remblayage. Il est vraisemblable que ces venues d'eau diminueront ; mais il ne faut pas se faire d'illusion, la Compagnie de Béthune aura toujours a faire des épuisements permanents très importants (1).

Pour épuiser les eaux de la fosse N° 6, on installe d'abord à l'étage de 195^m, une pompe Tangye élevant 12,000 hectolitres d'un seul jet, en marchant à 40 coups par minute.

Comme elle est insuffisante, on installe ensuite au jour une machine à traction directe de 1^{m}30 de diamètre et 2^{m}80 de course, capable d'élever de 206^m de 35,000 à 40,000 hectolitres d'eau par 24 heures, au moyen des pompes foulantes de 0^{m}45 de diamètre.

D'après des expériences suivies, l'élévation d'un mètre cube d'eau de 206^m de profondeur coûte à la fosse N° 6, 0 fr. 08,078. L'épuisement de 20,000 hect. ou 2,000 m. c. par jour coûte donc 161 f. 56, et 58.000 fr. par an, non compris l'entretien du matériel.

La caisse d'épargne à lots donne d'excellents résultats ; comme il a été dit dans le tome I, cette caisse paye aux déposants 3,65 % d'intérêts ; de plus au moyen de 2,35 % fournis par la Compagnie on répartit des primes par tirage au sort à chaque dépôt de 100 fr. Au 30 juin 1883, les dépôts montaient à 359,000 fr.

La société a aussi établi une grande boulangerie qui fournit à ses ouvriers du pain de qualité supérieure et à un prix inférieur à celui du commerce.

M. Burat était ingénieur-conseil de la Compagnie de Béthune depuis de longues années. A la suite de son décès, M. Poizat est appelé à le remplacer.

Vicoigne-Nœux continue à se développer.

A Vicoigne l'extraction des charbons maigres reste subor-

(1) En mars 1884, il ne vient plus que 20,000 hectolitres par 24 heures.

donnée à la vente et se maintient à 140,000, à 150,000 tonnes. Un fait important se produit pour cette exploitation : c'est la rupture du traité conclu en 1843 avec la Compagnie d'Anzin pour la vente en commun des charbons maigres. Cette rupture qui est la conséquence d'une interprétation différente par l'une et l'autre des Compagnies de ce que l'on doit entendre *par charbon maigre*, ne s'opère toutefois que par une restitution d'une mine importante par la Compagnie d'Anzin à la Compagnie de Vicoigne. Chacune de ces Compagnies reprend donc sa liberté pour la vente de ses charbons.

A Nœux, on munit chacune des fosses N° 2 et N° 5 d'un deuxième puits. On ouvre une nouvelle fosse N° 6 au nord, sur le territoire de Labourse, sur les charbons demi-gras déjà exploités par la fosse N° 3. Elle entre en exploitation en juillet 1883.

Un important établissement de criblage et de lavage des charbons, avec fours à coke et usine à briquettes est créé près de la fosse N° 3.

Avec 5 fosses grandement outillées, Nœux augmente sa production qui passe de 580,000 tonnes en 1880 à 660,000 tonnes en 1882 et à 735,000 tonnes en 1883.

La Compagnie réalise des bénéfices importants, grâce à la qualité de ses charbons, qui se vendent toujours à des prix supérieurs à ceux des houillères voisines. Ces bénéfices permettent de faire face aux dépenses des grands travaux neufs et de distribuer des dividendes annuels de 700 fr. Elle a immobilisé en travaux neufs, 1,295,000 fr. pendant l'exercice 1882-83.

Malgré des terrains assez accidentés, le prix de revient de Nœux n'est pas trop élevé. L'ouvrier du fond a produit en 1882-83, 322 tonnes, et le salaire annuel de l'ouvrier à la veine a atteint 1,599 fr.

Les actions de Vicoigne-Nœux se vendaient en 1880, à 20,000 fr. Elles descendent à 18,500 fr. en 1881, 17,000 fr. en 1882 et 16,000 fr. en 1883.

Bruay met en exploitation sa fosse N° 4 qui rencontre un très beau gisement. Aussi, avec les remarquables richesses existant aux fosses N° 1 et N° 3, la Compagnie développe-t-elle sa production. De 402,000 tonnes en 1880, elle l'élève à 503,000 tonnes en 1882 et à 570,000 en 1883.

Un sondage exécuté au sud à Maisnil-lez-Ruits rencontre à

494ᵐ, le terrain houiller renversé au-dessous du terrain dévonien. Il est poussé à 606ᵐ de profondeur, sans rencontrer de couche de houille exploitable.

Un autre sondage placé dans une situation analogue, à Divion, à l'angle de la chaussée Brunehaut et du chemin dit de Divion, à 200ᵐ sud-ouest de la limite sud-ouest de la concession, atteint le terrain dévonien à 64ᵐ,75 et à 362ᵐ,50 le terrain houiller, et la houille. Il est abandonné en 1883 à la profondeur de 561ᵐ.

Ces deux sondages de Bruay viennent corroborer l'existence du terrain houiller sous le terrain dévonien, sur toute la lisière Sud du Bassin, depuis Douai jusqu'à Auchy-au-Bois. C'est là un fait important que l'on ne soupçonnait pas il y a dix ans.

La Compagnie de Bruay, à la suite de ses découvertes de Maisnil et de Divion, a demandé une extension de sa concession de 1,152 hectares.

Les dividendes distribués qui étaient de 250 fr. par action en 1880 et 1881, sont portés à 300 fr. en 1882,

Les actions, malgré cette augmentation de dividendes, sont en baisse. De 9,700 en 1880, leur prix de vente tombe à 8,200 en 1882 et à 7,800 en 1883.

Le Rapport adressé par le Conseil d'administration aux actionnaires à la date du 15 novembre 1883 fournit les renseignements intéressants ci-dessous.

Il a été extrait dans l'exercice 1882-1883 :

A la fosse Nº 1	210,849	tonnes.
Dº Nº 3	219,659	»
Dº Nº 4	102,280	»
Ensemble	532,288	tonnes.

La fosse nº 1 est pourvue d'un nouveau chevalement métallique qui a permis l'emploi de cages à 4 étages et portant 8 berlines. Cette fosse est approfondie à 361 m., mais l'extraction ne s'effectue qu'aux 4ᵉ et 5ᵉ accrochages à 277 et 316 m.

La fosse nº 2 est toujours en chômage. On exécute en vue de sa reprise, un sondage un peu a l'Est de ce puits.

A la fosse nº 3, l'extraction se fait encore entièrement au 2ᵉ accrochage, à 261 m. La venue d'eau journalière est de 12,500 hectolitre, et comme elle tend à augmenter, on va y monter une nouvelle machine d'épuisement en remplacement de l'ancienne.

C'est au 3ᵉ et 4ᵒ accrochages, à 284 et 361 m. que s'effectue l'extraction de la fosse n° 4, dont l'approfondissement est arrivé à 445 m.

On continue les travaux de premier établissement d'une nouvelle fosse n° 5, contiguë au n° 4, qui ont couté au 30 Juin 1883, 1,143,817 fr. 23.

Toutes les expéditions des houilles de Bruay s'effectuent par les embranchements ferrés qui aboutissent à la ligne du Nord et au canal, et constituent un service important. Les chargements en bateaux ont été en 1882-83 de 153,178 tonnes, ou près de 30 % de l'extraction totale.

La Compagnie possède 745 maisons, et elle commence la construction de 100 maisons nouvelles.

Le bilan au 30 Juin 1883, comprend :

ACTIF. — Fosses Nᵒˢ 1, 2 et 3	2,018,492 f. 56		
» N° 4	1,946,801 92		
» N° 5	1,143,817 22		
		5,108,611 f. 70	
Chemins de fer	1,368,548 f. 95		
Matériel de chemin de fer.....	278,711 27		
Bassin et rivage........ ...	564,735 95		
		2,211,996 17	
Cités ouvrières...................		2,518,895 53	
Caisse, portefeuille, charbon, marchandises, etc.		2,179,537 03	
Total.............		12,019,040 f. 43	
PASSIF. — Dette flottante et dividende à payer		1,454,289 f. 14	
Capital net		10,564,751 f. 29	

Le même Rapport aux actionnaires du 15 novembre 1883 mentionne la mort de M. Jules Marmottan, Président du Conseil d'administration depuis 1862, et rend compte des services signalés qu'il a rendus à la Compagnie de Bruay.

Au 30 Juin 1882, les dépenses de la Compagnie s'élevaient à 3,377,719 fr. 85, et ses dettes à 1,370,014 fr. 82. Il avait été fait face aux dépense de 1ᵉʳ établissement.

1° Par le capital versé par les actionnaires	1,040,000 f. 00
2° Par des prélèvements sur les bénéfices de	1,909,057 56
Ensemble.............	2,949,057 f. 56

Il existait 2 fosses, dont l'une improductive, et l'exploitation fournissait 56,753 tonnes.

Au 30 Juin 1882, la Compagnie possède 3 fosses en exploitation, une fosse en installation, n° 5, et une fosse en chômage n° 2, 15 kilomètres de voies ferrées, 137 wagons et 6 locomotives, 1 grand bassin d'embarquement près Béthune, 745 maisons ouvrières.

Depuis la fondation de l'entreprise jusqu'au 30 Juin 1882, la Compagnie a immobilisé :

Pour la fosse N° 1, creusement et installation........	2,038,008 f. 58
D° N° 3, d°	1,382,670 49
D° N° 4, d°	2,828,505 10
D° N° 5, d°	966,195 87
D° N° 2, d°	·948,304 31
	8,163,684 f. 35
Pour voies ferrées, rivage, bassin d'embarquement et matériel	3,906,792 99
Pour cités ouvrières, terrain, maisons d'ingénieurs, magasin, usine à gaz.................... ·	2,778,590 41
	14,849,067 f. 75

La production des mines de Bruay a été en 1882 de 503,000 tonnes, de sorte que le capital immobilisé est en chiffres ronds par tonne extraite annuellement :

Pour les puits	16 fr.
» les chemins de fer, etc....................	8
» les maisons, etc...........................	6
	30 fr.
A ce chiffre de 30 fr. il faut ajouter le fonds de roulement nécessaire à la marche de l'entreprise, environ..............	5
Total.............	35 fr.

Ainsi à Bruay, comme du reste en général dans les houillières du Nord et du Pas-de-Calais, il faut immobiliser 35 fr. pour produire annuellemen 1 tonne de houille, ou 3 1/2 millions pour produire 100,000 tonnes par an.

En 1872, la Compagnie de Bruay se décida à supprimer toutes les retenues faites sur les salaires de ses ouvriers pour la caisse de secours, et prit à sa charge toutes les dépenses de cette caisse.

· En 1872-1873, les dépenses de la caisse de secours s'élevaient à 43.822 fr. 83 pour 1153 ouvriers occupés, soit à 38 francs par ouvrier.

En 1881-82, ces mêmes dépenses, atteignent 83,152 fr. 93 pour 2,203 ouvriers, soit à 37 fr. 79 par ouvrier,

Elles se décomposent ainsi :

Enseignement	25,158 f. 21	Par ouvrier..	11 f. 43
Culte	2,613 54	» ..	1 18
Service médical	20,603 76	» ..	9 86
Secours et pensions	34,777 42	» ..	15 80
Ensemble	83,152 f. 93	Par ouvrier..	37 f. 79

En avril 1883, les pensions payées par la Compagnie s'élèvent au chiffre de 15,960 fr., savoir :

Pensions de veuves et enfants d'ouvriers tués	4,440 f.
» d'anciens ouvriers	6,600
» de veuves d'anciens ouvriers	4,920
Ensemble	15,960 f.

Marles. — Produisait 371,000 tonnes en 1880 ; il en produit 526,000 en 1883. Son extraction s'accroit en 3 années de 155,000 tonnes ou de plus de 40 %. L'exploitation a lieu par trois sièges dont deux sont composés de 2 puits chacun.

La Société réalise des bénéfices importants qui permettent de distribuer des dividendes :

Aux actions 70 % de 600 à 750 francs
» 30 % de 660 à 1200 »

Les premières se vendent 20,000 fr, et les secondes de 18,500 à 19,500 fr.

Ferfay. — Était à bout de ressources dès 1879. Une assemblée générale tenue en décembre 1880, prononça la liquidation de la Société.

La mine avec 4 puits et leur outillage, 464 maisons d'ouvriers, 10 maisons d'employés, une maison de direction, gare d'eau et quai d'embarquement sur le canal d'Aire à la Bassée, 32 kilomètres environ de voies ferrées, 78 wagons et 3 locomotives, 600 berlines, chevaux de fond et de jour, etc, est mise en vente le 15 Janvier 1881 sur la mise à prix de 5,400,000 fr. pour la totalité des immeubles par destination et 600,000 fr. pour le mobilier matériel d'équipages et approvisionnements, ensemble 6 millions.

Personne ne se présenta à l'adjudication, et la vente fut remise au 21 février suivant sur la mise à prix réduite à 3 millions.

Cette nouvelle mise à prix ne fut pas couverte, et une nouvelle adjudication eut lieu le 14 avril 1881, au prix de 1,430,500 fr. plus 600,000 fr pour le matériel, en tout 2,030,500 fr. en faveur d'une Société de rachat formée par les anciens actionnaires, au capital de 3,500,000 fr.

Le passif de la Compagnie de Ferfay était au 30 juin 1880 de.	6,422,811 f. 78

Savoir :

Dette à la Société de crédit..... ...:...............	1,933,053 f, 98
Souscriptions volontaires	225,000 "
Dette consolidée. Obligations	4,055,000 "
Dette flottante	209,757 80
L'actif réalisable, caisse, portefeuille, charbon, marchandises, débiteurs, n'était que de............................	629,722 f. 12
Excédent du passif sur l'actif......	5,793,089 f. 66

La liquidation de l'ancienne Société se poursuivait en même temps, mais non sans difficultés. Les propriétaires d'actions au porteur ne se souciaient pas de se faire connaître, sachant qu'ils avaient à rapporter une somme de 1500 fr. au moins sur chacune de leurs actions. Des poursuites étaient exercées contre eux de même que contre les porteurs des actions nominatives qui se refusaient à reconnaître la responsabilité des actionnaires. Cette responsabilité fut reconnue par le tribunal de Béthune, puis par la cour d'appel de Douai.

Cette liquidation n'est pas encore terminée, mais, avec le rapport de 1500 fr. de chacune des actions, sauf de celles appartenant à des insolvables, on espère arriver à payer environ 80 % aux créanciers.

La nouvelle société de Ferfay se mit à l'œuvre, et appela à la direction de ses travaux M. Poumayrac, Ingénieur, qui donna une vive impulsion à l'entreprise.

Au 30 Juin 1882, le bilan de la Société s'établissait ainsi .

```
ACTIF. — Actionnaires ................................     875,000 f. 00
          Caisse, portefeuille, banquiers, débiteurs, etc...   307,010   20
          Charbon et marchandises en magasin .........     211,669   72
          Matériel, machines, ateliers.................     603,946   32
          Immeubles, terrains, maisons, chemins de fer. .  1,599,537   00
          Travaux de recherches amortis...............     179,878   46
          Travaux exécutés et en cours d'exécution ......    43,741   74

                          Total...............   3,820,783 f. 54

PASSIF. — Capital ..............................   3,500,000 f. 00
           Créditeurs, ouvriers, divers...............     119,346   25
           Amortissement des travaux de recherches......   179,878   46

                          Total...............   3,799,224 f. 70

              Balance ou bénéfice de 1881-82... . ..........    21,558 f. 84
```

Du 14 Avril 1881, date de la prise de possession du charbonnage par la nouvelle Société, jusqu'au 30 juin 1882, on avait extrait 215,859 tonnes, et réalisé un bénéfice de 201,437 fr. 30, dont 179,878 fr. 46 avaient été employés en travaux de recherches amortis.

Sur le capital de 3,500,000 fr. il avait été versé seulement 2,625,000 fr.

L'entreprise est remise sur un bon pied, son outillage est amélioré, et la préparation des travaux assure l'avenir de l'exploitation. La production de l'exercice 1882-83 est de 181,960 tonnes, et donne un bénéfice net de 58,566 fr. 50, après amortissement de 165,867 fr. 86 de travaux extraordinaires et recherches exécutés dans l'année aux 3 fosses.

La Compagnie obtient, par décret du 26 Juin 1883, une extension de 772 hectares, ce qui porte l'étendue de ses deux concessions de Ferfay et Cauchy à 1978 hectares.

Une explosion de grisou, dont la cause n'est pas encore bien connue, survenue à la fosse n° 2 le 14 janvier 1884, causa la mort de 16 ouvriers et des blessures plus ou moins graves à 7 autres. On pense que l'explosion a été déterminée par un coup de mine, et que son effet aurait été considérablement accru par l'éclat d'une caisse de dynamite placée dans le voisinage.

Des souscriptions sont ouvertes de toutes parts. Elles produisent une somme importante, 53,218 fr.81, qui permet d'attribuer des secours convenables aux familles des victimes.

Mais l'administration des mines, à la suite de cet accident, oblige la Compagnie à creuser un nouveau puits pour l'aérge de ses travaux.

Auchy-au-Bois. — L'extration de cette houillère, reste toujours faible, de 35,000 à 40,000 tonnes.

Au commencement de 1881, la Société était à bout de ressources, et l'assemblée générale du 4 avril décida sa liquidation. La vente de la mine fut mise en adjudication le 9 juillet sur la mise à prix de 600,000 fr., et un certain nombre d'actionnaires s'en rendirent acquéreurs. Ils reconstituèrent le 1er octobre 1881, une nouvelle Société sous la dénomination de *Compagnie des Mines de Lières*, au capital de 3,350,000 fr. divisé en 6,700 actions de 500 fr.

La situation au 31 Décembre 1881, était celle-ci :

ACTIF. — Concession.................................	400,000 f.	00
Chemins de fer	675,000	00
Immeubles, bâtiments, maisons et fosses.......	2,129,811	69
Travaux préparatoires, matériel, magasin......	422,838	83
Caisse, effets à recevoir.....................	66,835	65
Débiteurs, solde à verser sur actions	443,568	58
Profits et pertes...............	37,984	37
Total..............	4,176,039 f.	07
PASSIF. — Capital social.............................	3,950,000 f.	00
Créanciers divers	16,901	27
Plus-value sur l'acquisition	809,137	80
Total..............	4,176,039 f.	07

Les 2 fosses n° 2 et n° 3 étaient faiblement exploitées en 1882. On a construit des fours à coke qui trouvent difficilement à s'alimenter avec les charbons de la mine.

Cependant les travaux exécutés dans ces derniers temps ont fait retrouver les différentes couches de houille dans des conditions meilleures, et leur exploitation promet des résultats plus avantageux. Seulement il reste beaucoup de dépenses à faire pour remettre le matériel, les puits, le chemin de fer en bon état de fonctionnement.

Fléchinelle maintient son extraction dans les limites de 47,000 à 50,000 tonnes. Pour écouler ses produits la Société construit des fours à coke et des lavoirs. Elle passe un marché de coke avec les usines de Marquise, dont la faillite occasionne une perte importante pour Fléchinelle.

A la fin de 1883, la division se met parmi les administrateurs qui donnent leur démission. Un nouveau Conseil prend la direction, et rend compte de sa gestion à l'assemblée générale du 8 Mai 1883.

Il rappelle que le 20 avril 1880, une assemblée générale extraordinaire avait voté un emprunt de 600,000 fr. en bons de 100 francs.

Or, au commencement de 1882, il n'en restait rien ; les embarras financiers étaient tels, que pour éviter la liquidation, il n'y eut pas d'autres moyens que la vente du chemin de fer, qui fut en effet opéré pour le prix de 798,000 fr. dont 100,000 fr. pour les intermédiaires.

Mais le produit de cette vente ne servit qu'à rembourser les bons de 100 fr. et à payer les dettes criardes.

En résumé, l'exercice 1882 a donné les résultats suivants :

Extraction......................	47,942 tonnes.
Prix de revient.......................	11 f. 237
Prix de vente	11 050
Perte	0 f. 187

La fabrication du coke a bien donné quelque bénéfice ; compensé et au-delà par la perte sur l'exploitation et sur les transports par chemin de fer.

Le compte de Profits et Pertes au 31 décembre 1882 s'établit ainsi :

PERTES. — Intérêts et primes d'obligation	78,932 f. 50	
Perte sur faillite sucrerie.................	19,201	57
Perte sur vente de chemin de fer	269,765	19
Perte sur exploitation chemin de fer et fosse..	27,093	93
Amortissement de 1er établissement	20,000	00
Frais divers.....................	12,185	48
Total..............	437,178 f. 67	
PROFITS. — Bénéfices sur coke.....................	19,074 f. 87	
Intérêts et divers.....................	10,437	58
Total..............	29,512 f. 45	
Solde en perte..........................	407,666 f. 22	

Au 31 décembre 1882, le bilan de la Société était le suivant :

ACTIF. —		
Disponible, caisse, portefeuille, débiteurs, etc...	113,958 f. 49	
Actions ...	3,081,500	»
Société du chemin de fer d'Estrées-Blanche.....	215,000	»
Approvisionnements et ateliers...............	2,142,515	64
1er établissement. Dépenses.................	56,119	11
Profits et pertes depuis l'origine.	1,922,941	80
Total.	7,532,095 f. 04	

PASSIF. —		
Compagnie du chemin de fer du Nord	64,239 f. 57	
Amortissement sur 1er établissement..........	242,141	88
Capital. Actions...........................	3,081,500	»
D°. Obligations......................	684,925	»
Emprunts. Bons de 100 fr.................	117,000	»
Souscription à la Société anonyme...........	3,081,700	»
Divers	117,400	»
Passif exigible........	143,127	59
Total...............	7,532,035 f. 04	

Cette fâcheuse situation ne fait que s'aggraver en 1883. Aussi, en avril 1884, un jugement du tribunal civil d'Arras prononce-t-il la dissolution de la Société de la Lys supérieure ou de Fléchinelle, et la mise en vente de la mine et de ses dépendances sur la mise-à-prix de 122,000 fr.

L'adjudication a été prononcée en Juin, en faveur du sieur Émile Ridoux au prix de 125,000 fr.

Vendin voit son extraction diminuer, sans doute par la difficulté d'écouler ses charbons à prix rémunérateur. De 61,000 tonnes en 1880 sa production tombe successivement et descend à 41,000 tonnes en 1883.

Sa dette par emprunts était en 1880 de 1,320,000 exigeant un service annuel de 121,400 fr., que ne peuvent couvrir les bénéfices.

A l'assemblée générale extraordinaire du 27 juin 1882, le Conseil d'administration exposait que le passif s'élevait au 31 Mars dernier à............................ .... 1,934,417 35
et que l'actif, débiteurs, charbons et marchandises en magasin n'était que de 144,050 77

Excédant du passif........... 1,790,366 58

La Société civile s'était transformée en Société anonyme, représentée par 4,000 parts ou actions. 500 de ces actions avaient été attribuées aux actions de l'ancienne Société à raison de 1 part par 6 actions. Les 3,500 actions restant devaient être attribuées aux obligataires et autres créanciers pour éteindre les dettes et constituer un fonds de roulement. Au 27 juin 1882, les souscriptions acquises atteignaient le chiffre de 1,800,400 fr. chiffre à peu près équivalent à la dette. Mais il restait un certain nombre d'obligations qui n'avaient pas été converties en actions et on essayait de réaliser le placement des parts restant à la souche.

Ostricourt développe peu à peu son extraction qui passe de 39,000 tonnes en 1880 à 44,000 tonnes en 1883. Exploite des couches qui se régularisent, et dans des conditions de prix de revient favorables. Mais, à cause de leur nature maigre, ses houilles se vendent toujours à des prix bas. Réalise cependant quelques bénéfices qu'elle emploie à créer un embranchement ferré reliant sa fosse N° 2 à la gare de Libercourt.

Les rapports du Conseil d'administration aux assemblées générales des actionnaires permettent d'apprécier l'amélioration qui s'est produite dans l'exploitation des mines d'Ostricourt pendant les dernières années. — Voici les résultats obtenus pendant les 4 derniers exercices :

	1879-1880	1880-81	1881-82	1882-83
Extraction .... Tonnes.	31.970	34.664	34.485	44.398
Dépenses	313.206	289.274	293.560	386.888
Recettes	322.097	358.281	359.121	464.047
Bénéfices	8.891	69.007	65.561	77.159
Bénéfice par tonne extraite	0.28	1.99	1.90	1.73
Prix de revient :				
Exploitation....................	7.76	6.29	6.56	6.53
Tous autres frais...............	2.02	2.05	1.95	2.18
Total des dépenses	9.78	8.34	8.51	8.71
Prix de vente :				
Brut	10.09	10.07	10.16	10.14
Produits divers	—	0.26	0.25	0.31
Total des recettes	10.07	10.33	10.41	10.45

Les dépenses de l'exploitation se composent de

	Main-d'œuvre.	Matières.	Total.
1879-80................	5 f. 15	2 f. 61	7 f. 76
1880-81	4 11	2 18	6 29

Ces résultats sont bons, et prouvent que l'entreprise est conduite économiquement.

Aussi, la Compagnie a-t-elle pu dépenser en 1882-83, 88,221 f. 37
pour relier par un embranchement ferré sa fosse N° 2 à la gare
de Libercourt.

Et en 1884, elle ouvre par le procédé Kind-Chardron un puits
d'aérage de 2^{m}30 de diamètre au Nord de sa fosse N° 2.

Le bilan au 30 Juin 1883 s'établit de la manière suivante :

ACTIF. — Travaux de recherches et apport de la Société de recherches.............................	993,123 f. 63
Terrain, construction, 2 fosses	1,090,679 66
Machines, matériel, outils, chemin de fer	300,953 03
Marchandises et charbon en magasin..........	48,551 38
Espèces, portefeuille et débiteurs	211,978 12
Perte sur l'exploitation depuis l'origine	383,097 59
Total...............	3,028,383 f. 41
PASSIF. — Capital. 6,000 actions de 500 fr..............	3,000,000 f. 00
Créanciers	28,383 41
Total...............	3,028,383 f. 41

La valeur des actions de la Compagnie Douaisienne était de
190 fr. en 1880. Elle s'élève à 280 fr. en 1881, et retombe à 185 fr.
en 1883.

Meurchin développe son exploitation dont la production passe
de 120,000 tonnes en 1880 à 178,000 t. en 1883. Réalise des bénéfices importants avec ses deux fosses dont le gisement est
régulier.

La Société a relié ses fosses au chemin de fer de Lens à Don,
a établi une usine à briquettes avec système de lavage Lührig
et Coppé, des ateliers de criblage et de nettoyage, une gare d'eau
pour l'embarquement de ses charbons.

Aucun dividende n'est distribué de 1877 à 1882, les bénéfices étant consacrés exclusivement à la création des travaux neufs et au remboursement des obligations. En 1883, il n'est réparti que 25 fr. à chacune des 4,000 actions ; mais par contre, toutes les obligations restant sont remboursées par anticipation. La valeur des actions était de 1,300 fr. en 1880 ; elle tombe en dessous de 1,000 fr. en 1882, pour se relever à 1,040 fr. en 1883.

Carvin extrait annuellement de 150,000 à 178,000 tonnes, avec 3 fosses. Les 2 faiseaux exploités sont beaux, et donnent des bénéfices qui permettent de répartir des dividendes de 35 à 60 fr.

Comme toutes les valeurs houillères, les actions de Carvin baissent ; de 1,400 fr. en 1880, elles descendent graduellement à 1,230 fr. en 1883.

Liévin augmente son extraction de 100,000 tonnes ; de 355,000 tonnes en 1880, elle la porte à 453,000 tonnes en 1883.

Les découvertes des sondages de Méricourt font accorder le 24 mai 1880 à la Compagnie de Liévin une extension de sa concession de 931 hectares, de sorte que l'étendue totale de ladite concession est portée à 2,981 hectares.

Les bénéfices réalisés sont importants ; ils permettent de répartir à chacune des 2916 actions des dividendes qui varient de 1880 à 1882 de 125 à 175 fr. par an.

La valeur des actions qui était de 6,500 fr. en 1880 tombe cependant à 5,750 fr. en 1883.

M. Courtin, agent général de la Compagnie, meurt au commencement de 1880. Il est remplacé par M. Parent, directeur des travaux du jour de la Compagnie d'Anzin.

Les installations des deux sièges d'exploitation, composés chacun de deux puits, sont organisées sur un grand pied, et en mesure de produire des chiffres d'extraction considérables.

Le grisou est abondant dans les couches de Liévin ; trois explosions ont lieu en avril 1882, en février et en Avril 1883, et causent un assez grand nombre de victimes, malgré un excellen' aérage.

Dès 1881, la Compagnie avait construit 726 maisons. Elle continue à en construire de nouvelles les années suivantes, et consacre des sommes importantes à des dépenses de 1ᵉʳ établissement.

La Société de Liévin obtient en 1882 la déclaration d'utilité publique pour un canal destiné à relier ses mines à Courrières et par suite à la ligne des canaux du Nord. Elle participe aux travaux de ce canal qui coûteront 1 million et 1/2 pour 500,000 fr., et avance à l'État à l'intérêt de 4 % un million afin de hâter l'exécution des travaux.

En 1882, le maître-porion Fontaine obtient de l'Académie française une médaille d'argent et le prix Souriaux de 1000 fr., pour le courage qu'il a montré en différentes circonstances dans le sauvetage d'ouvriers surpris par des éboulements ou des explosions de grisou. La Compagnie de Liévin joignit à cette récompense une médaille d'or.

Courcelles-les-Lens relie sa fosse au canal de la Deûle par un chemin de fer à voie étroite, qui conduit directement aux bateaux les petits wagonnets extraits de la mine. En même temps elle poursuit la demande d'autorisation d'établissement d'une voie ferrée à grande section sur l'accotement de la route nationale jusqu'à la gare d'Hénin-Liétard.

La production de la fosse de Courcelles varie de 17,500 tonnes à 25,500, de 1880 à 1883. Cette fosse est approfondie à 464 m.

Elle exploite un faisceau de charbon qui est le même que celui de la fosse n° 4 de Dourges.

Sur les 4,000 actions formant le capital social, 2571 seulement avaient été émises. En Juin 1882, le conseil d'administration annonce l'émission des 1429 actions restant, au prix réduit de 550 fr.. La souscription est réalisée.

Annoeulin dont les travaux sont abandonnés depuis 1878, est mise en vente devant le tribunal de la Seine, le 29 Mai 1882, sur la mise à prix de 30,000 fr.

Cette vente comprend: la concession, le puits d'extraction, son bâtiment, ses machines, divers bâtiments à l'usage de la mine, 32 maisons d'ouvriers et d'employés, les terrains, le matériel, etc.

Drocourt poursuit le creusement de son puits commencé le 11 octobre 1880 au diamètre de 4 m. 50. Il traverse 126 m. 50 de terrain crétacé et 165 m. de terrain dévonien, et atteint le terrain houiller à 291 m. 50, soit à 44 m. 70 plus haut que dans le sondage.

Le niveau des eaux rencontré à 10 m. présente des marnes fendillées trés aquitères jusqu'à 18 m. et qui sont maintenues par un cuvelage à 18 pans de 72 m.

La séparation du terrain dévonien avec le terrain houiller se fait suivant un plan de faille incliné de 35°. La traversée du terrain dévonien, composé de schistes bleuâtres violacés, de calcaires et de grès quartzeux blancs très durs, et non statifiés, donne d'assez faibles quantités d'eau jusqu'à la profondeur de 288 m. 75 Mais là on rencontre un banc de calcaire qui fournit une source jaillissante de 500 hectolitres à l'heure. L'eau remonte dans le puits de 68 m.. On l'épuise avec deux machines d'extraction, et on reprend l'approfondissement en août 1882 avec une venue d'eau de 200 hect. par heure.

On atteint ainsi le terrain houiller à 291 m. 50, avec inclinaison, variable de 10 à 30° en stratification discordante avec le terrain dévonien et on y pénétre jusqu'à 353 m. 50 avec une quantité d'eau d'environ 65 hectolitres à l'heure.

Le creusement du puits de Drocourt jusqu'à 353 m. 50, profondeur atteinte le 15 décembre 1882 a exigé

| 244 jours pour la traversée de 126 ^{m} 50 de terrain crétacé. |
| 499 » » 165 » » dévonien. |
| 79 » » 62 » » houiller. |
| 802 jours pour la traversée de 353 ^{m} 50 |

Soit 2 ans 2 mois et 12 jours. On a obtenu en moyenne une avancement de 0 m. 45 par jour, résultat remarquable, si l'on tient compte des difficultés provenant de la dureté des roches et de l'épuisement des eaux.

Le travail s'effectuait en trois postes de 8 heures, chacun de 7 mineurs, et de 6 aides, en tout 13 hommes.

Un décret du 11 mai 1883, a déclaré d'utilité publique un chemin de fer reliant la fosse de Drocourt à la gare d'Hénin-Liétard.

A l'assenblée générale du 18 septembre 1883, le conseil d'administration de la Compagnie, rendait compte des opérations de l'exercice 1882-83.

Le 4⁰ et dernier versement de 250 fr. par action a été effectué le 25 Janvier 1883.

La profondeur du puits est aujourd'hui de 553 m. ; on a réalisé dans l'exercice 261 m. 70 d'approfondissement. On a découvert 19 veines de 0, 40 à 1 m. de puissance en charbon de première qualité. Leur inclinaison varie de 10 à 25°.

On continue l'approfondissement du puits. Un étage d'exploitation a été ouvert à 352 m. On y a rencontré 2 veines, une de 0, 70 à 0, 80, l'autre en faille. L'étendue des travaux est de 150 m. du puits vers le Nord, et de 140 m. de l'Est à l'Ouest.

On a installé un compresseur d'air pour une perforation mécanique.

21 maisons d'ouvriers sont terminées, 21 autres sont en construction. En même temps la Compagnie a loué un coron de 40 habitations à Hénin-Liétard, qui est entièrement occupé.

Le bilan arrêté, au 30 Juin 1883, présente tant à l'actif, qu'au passif une somme de 3,558,780 fr, 46. Il a été dépensé dans le dernier exercice.

Bâtiments	41,955 f. 79	
Puits d'extraction	270,374	80
Machines et chaudières	62,486	34
Matériel d'exploitation	43,427	09
Maisons	49,630	80
		467,824 22

La venue d'eau sur laquelle on ne comptait pas et la décision prise de porter le puits à une plus grande profondeur sont cause que nos devis sont dépassés. Il nous manquera environ 300,000 fr. y compris la dépense pour le chemin de fer, mais non compris le fonds de roulement.

Le moment ne nous paraît pas opportun pour une émission d'actions ou d'obligations. Des banquiers consentent à nous accorder, un crédit do 250,000 à 300,000 fr. à des conditions acceptables. Mais il serait imprudent de s'étayer sur une ressource aussi précaire. Nous avons pensé qu'il était préférable d'ouvrir des comptes de dépôt pour les actionnaires qui voudraient y prendre part pour les sommes et les durées dont ils détermineraient eux-mêmes l'importance.

L'assemblée décide que le Conseil d'administration est autorisé à recourir aux mesures financières qu'il jugera nécessaires ou utiles, soit au mode d'emprunt ci-devant indiqué par dépôts, soit à un crédit de banque, soit à une émission d'obligations, soit enfin à un emprunt aux conditions et avec la garantie qu'il jugera convenir.

Bassin du Boulonnais. — *Hardinghen* ne peut maintenir son extraction aux chiffres des années précédentes. Elle reste comprise entre 55,000 et 61,000 tonnes de 1881 à 1883.

A 2 fosses en activité, la Providence et la Renaissance, qui exploitent 3 veines, retrouvées au-delà d'une grande faille à l'ouest.

L'entreprise est en perte. Ses charges financières sont très lourdes. Elle ne peut marcher qu'au moyen des avances que lui font ses banquiers, MM. Bellart et fils, auxquels il était dû dès 1881, près de 2 millions, sans compter un chiffre égal d'obligations émises.

L'Assemblée du 5 mai 1881, décide de porter le capital social de 2 millions à 5 millions par l'émission de 6,000 actions de 500 fr. Or les actions anciennes sont à la fin de 1881 à 150 fr.; aussi l'émission des actions nouvelles est-elle irréalisable.

En 1882, la grande machine d'épuisement éprouve des avaries graves, qui amènent l'inondation des travaux. Pour se prémunir contre le renouvellement d'accidents semblables, on décide l'établissement d'une 2ᵉ machine à la Renaissance. Elle est installée au fond du puits, et élève l'eau d'un seul jet jusqu'à la surface.

Enfin en 1883, la Compagnie entreprend un sondage au midi de ses travaux existants, et dans le but d'explorer le centre de sa concession. Ce sondage a atteint la profondeur de 416^m, qui ont été payés à la Compagnie internationale de recherches de Mines et d'entreprises de sondages.

1ᵉʳ	100 ᵐ.....................	10,000 fr.
2ᵉ	100 ᵐ.....................	15,000
3ᵉ	100 ᵐ.....................	20,000
4ᵉ	116 ᵐ.....................	23,400
	Total............	68,400 fr.

Fiennes est abandonnée. Les propriétaires font un sondage en dehors de leur concession à Witerthun, à l'ouest de Marquise. Ce sondage, arrêté pendant longtemps par une chûte d'outils, que l'on dût briser au moyen de dynamite (1), se continue à 595ᵐ dans le calcaire dur, avec des moyennes d'enfoncement de 1ᵐ60 à 2ᵐ par jour, au diamètre de 0,25 et au prix de 550 fr. le mètre. Il est exécuté par la Compagnie internationale de recherches de Mines et d'Entreprises de sondage, dont le siège est à Bruxelles et qui est dirigée par M. Jules Delecourt

Ferques. Le sondage Nº 1 de Bléquenecques pénètre d'environ 100ᵐ dans le terrain houiller (profondeur 545ᵐ), et y traverse 4 couches de 0ᵐ80, 0ᵐ94. 2ᵐ72 et 1ᵐ, de charbon renfermant 33 à 34 % de matières volatiles.

Le sondage Nº 2 d'Hydrequent rencontre une veine de 1ᵐ65 à 379ᵐ, inclinée à 25° vers le sud. Il est abandonné à 450ᵐ.

(Extrait d'un procès-verbal du 20 juillet 1881, dressé par MM. Plumat, Duporcq, Potier, Berthet et Olry).

A la fin de 1882, M. Chavatte établit le projet pour l'ouverture d'un puits placé entre les deux sondages ci-dessus. Ce puits, d'un diamètre de 4ᵐ, devait être poussé à 501ᵐ, et recevoir un cuvelage en fonte sur 300ᵐ et pouvait coûter 1,100,000 fr.

Il n'a pas été donné suite à ce projet.

Bassin du Nord. — La production de ce bassin a été

En 1880 de	3,701,589	tonnes.
» 1881 »	3,671,702	»
» 1882 ·	3,777,630	»
» 1883 »	3,903,212	»

La valeur de cette production sur le caneau des mines était, en 1882, de 42,470,492 fr., ou de 11 fr. 24 la tonne ; prix très bas.

---

(1) Le sondage de Witterthum était arrivé à 550 m., lorsque le trépan fut subitement engagé, et ne put être dégagé malgré tous les efforts possibles : les tiges furent brisées, et le trépan avec sa tige d'une longueur de 5 m. en acier, resta pris au fond du sondage. Au moyen de charges de dynamite renfermées dans des récipients en fonte, susceptibles de résister à une pression d'eau de 55 atmosphères, et enflammées à l'aide d'un fil électrique, on parvint à briser les diverses parties de la tige et du trépan, et le sondage qui avait 0 m. 30 de diamètre environ put être continué.

En 1880, il existait 46 fosses en exploitation et 4 en percement.

La consommation de houille dans le département du Nord dépasse considérablement la consommation d'aucun autre département français. Elle a été en 1882 de 5,167,800 tonnes.

Pendant cette même année le bassin du Nord a occupé 20,056 ouvriers, dont 15,529 à l'intérieur et 4,599 à l'extérieur. Il leur a payé 20,832,725 fr. de salaire, soit à chacun d'eux en moyenne 1,038 fr.

Sur les 20,056 ouvriers employés, 19 ont péri par accidents, soit 0,94 par 1,000, ou 1 mort sur 1,055, résultat remarquable.

Le bassin est divisé en 21 concessions d'une superficie totale de 61,518 hectares; 14 seulement sont exploitées.

En 1882, 9 concessions ont été en gain et 5 en perte. Elles ont ensemble réalisé un bénéfice total de 3,860,795 fr., ou de 1 fr. 06 par tonne seulement.

Le montant des redevances fixes et proportionnelles payées à l'État a été de 225,429 fr. ou de 6 centimes par tonne extraite.

Le tableau ci-dessous donne les chiffres de production des diverses houillères de 1880 à 1883 :

HOUILLÈRES.	1880	1881	1882	1883
	fr.	Fr.	Fr.	Fr.
Anzin............	2.389.603	2.284.158	2 241.992	2.296.229
Aniche..........	606.030	636.508	666.322	675.035
Douchy	285.681	208.291	218.028	243.348
Escarpelle	193.640	296.638	387.556	428.003
Vicoigne	116.278	135.471	149.640	132.452
Fresnes-Midi......	76.896	73.137	73.758	73.636
Azincourt........	39.150	37.299	40.334	54.514
Marly	811	200	»	»
Le Bassin	3.701.589	3.671.702	3.777.630	3.903.212

La production par ouvrier du fond varie dans chaque houillère de la manière suivante :

HOUILLÈRES.	1880	1881	1882
	Tonnes.	Tonnes.	Tonnes.
Anzin......................	220	209	217
Aniche.........	261	271	293
Douchy	227	261	273
Escarpelle....................	286	309	322
Vicoigne	254	272	300
Fresnes-Midi.................	209	275	301
Azincourt....................	174	184	192
Ensemble.............	230	229	243

Il en est de même du salaire moyen des ouvriers du fond et du jour, ainsi que le montre le tableau ci-dessous .

HOUILLÈRES.	1880	1881	1882
	Fr.	Fr.	Fr.
Anzin	991	1.002	1.051
Aniche......................	870	919	942
Douchy	1.049	1.084	1.139
Escarpelle	1.063	1.109	1.125
Vicoigne	824	060	912
Fresnes-Midi.............	765	1.077	1.118
Azincourt ... ·	762	688	837
Ensemble.............	972	991	1.038

La main d'œuvre entre dans le prix de revient des diverses houillères dans les proportions suivantes :

HOUILLÈRES.	1880	1881	1882
	Fr.	Fr.	Fr.
Anzin......................	5.64	6.34	6.05
Aniche.....................	4.81	4.74	4.56
Douchy	6.06	5.76	5.85
Escarpelle	4.74	4.67	4.51
Vicoigne	4.10	3.95	3.80
Fresnes-Midi	4.71	4.96	4.50
Azincourt......	5.39	5.65	5.80
Ensemble.............	5.42	5.59	5.51

On trouvera aussi ci-dessous les prix moyens de vente des houilles de chaque exploitation .

HOUILLÈRES.	1880	1881	1882
	Fr.	Fr.	Fr.
Anzin......	11.49	11.64	11.40
Aniche.........	10.83	10.78	11.02
Douchy	12.24	11.94	12.46
Escarpelle	11.67	11.56	10.68
Vicoigne ... œuvre....	9.57	8.57	.9.25 .
Fresnes-Midi...	10.19	8.96	7.07
Azincourt.	13.44	12.75	12.33
Ensemble.....	11.17	11.34	11.24

Les résumés statistiques de l'Administration des Mines fournissent les indications suivantes sur les résultats financiers de l'exploitation des houillères du Nord.

ANNÉES.	MINES EN GAIN.				MINES EN PERTE.				RÉSULTATS.		
	Nomb e.	Produits.	Valeurs.	Revenu net imposable	Nombre.	Produits	Valeurs	Déficit.	Nombre de mines.	Produits.	Valeurs.	Bénéfices.
		Tonnes.	Fr	Fr.		Tonnes.	Fr.	Fr.		Tonnes	Fr.	Fr.
880	11	3.585.232	39.830.168	3.719 011	5	116.357	1.290.957	616.551	16	3.701.589	41.151.125	3.102.450
881	11	3.510.679	39.928.013	3.101.574	5	161.023	1.727.188	349.620	16	3.671.702	41.655.231	2.750.351
882	9	3.631.741	39.431.205	3.975.668	5	145.889	1.627.353	114.873	14	3.777.638	41.058.558	3.860.795
oye.	10	3.575 884	39.739.805	3.598.748	5	141.090	1.548.499	360.348	15	3.716.974	41.288.304	3.238.400

Ainsi, pendant les 3 années 1880 à 1882, sur les 15 mines exploitées, 10 ont été en gain et 5 en perte. Elles ont fourni en moyenne chaque année 3,717,000 tonnes de houille d'une valeur de 41,288,000 fr., ou de 11 fr. 13 par tonne, et réalisé un bénéfice de 3,238,000 fr. ou de 0 fr. 87 seulement par tonne, ou de 7,7 % de la valeur des produits qu'elles ont créés.

Ces résultats sont plus que médiocres, et bien inférieurs à ceux fournis par les houillères du Pas-de-Calais, qui dans la même période ont donné un bénéfice de 1 fr. 77 par tonne extraite, ou le double,

Les houillères du Nord ont payé à l'État pour redevances fixes et proportionnelles :

En 1880. .... 211,340 fr.
» 1881 ... ... 177,354 »
» 1882 .. .. 225,429 »

Moyenne .... 204,708 fr.

Enfin pour compléter les indications générales sur la marche des Compagnies houillères du Nord, on a consigné dans les tableaux ci-dessous les prix de vente des actions de ces Compagnies et les dividendes distribués par elles :

Prix moyen de vente des actions.

NOMS des COMPAGNIES HOUILLÈRES.	1880	1881	1882	1883	NOMBRE D'ACTIONS.
	Fr.	Fr	Fr.	Fr.	
Anzin.	5.359	4.888	3.105	2.645	28.800
Aniche.	15.076	12.406	10.186	9.875	3.112
Douchy	3.273	2.692	1.969	1 614	3.744
Escarpelle	5.077	5.055	4.780	4.911	5.773
Azincourt	634	253	1	—	1.500
Thivencelles.	698	421	180	149	5.000
Marly	90	100	40	—	2.681
Crespin	50	100	200	40	8.000
Totaux.	30.257	25.415	20.461	18.234	58.610

Le capital représenté par les actions était en
1880 de. . . . . 247 millions.
Il n'est plus en 1883 que de. 142   »

Diminution. . . . .   105 millions.

ou 42 %. — On voit par ces chiffres la baisse qu'ont subi les
actions des houillères.

Dividendes distribués.

NOMS des COMPAGNIES HOUILLÈRES.	1880-81	1881-82	1882-83
	Fr.	Fr.	Fr.
Anzin.	140	100	100
Aniche.	450	400	480
Douchy	75	70	70
Escarpelle	150	470	210
Azincourt.	»	»	»
Thivencelles.	»	»	»
Marly.	»	»	»
Crespin	»	»	»
Totaux.	815	740	860

En 1880-81 les Compagnies houillères du Nord distribuaient en totalité 5,368,000 fr. correspondant à un intérêt de 2,17 %, du capital représenté par les actions.

En 1882-83, ces dividendes s'élèvent à 5,848.170 fr. soit à 4,11 % du capital actions.

Le département du Nord est parmi tous les départements français celui qui consomme le plus de houille, et qui offre les plus grands débouchés aux exploitations du Nord et du Pas-de-Calais, ainsi qu'on en jugera par le tableau ci-dessous :

PROVENANCE.	1880	1881	1882
	Tonnes.	Tonnes.	Tonnse.
Nord et Pas-de-Calais..	3.608.100	3.674.400	3.843.400
Angleterre.....................	18.500	14.100	9.300
Belgique, etc...................	1.254.800	1.264.600	1.315.100
Consommation...........	4.886.400	4.953.300	5.167.800

Voici les principales particularités qui se sont présentées dans les houillères du Nord de 1880 à 1884, et qui complètent les indications générales données dans les tableaux qui précèdent.

Anzin a 19 fosses en exploitation et 2 fosses en percement, qui vont entrer ent production. Son exploitation, surmenée dans ces dernières années, fournit avec difficulté et dans de mauvaises conditions, le chiffre élevé de son extraction. Aussi ses bénéfices sont très notablement diminués, et de grandes dépenses ont dû être faites pour renouveler le matériel et les travaux. La Compagnie est en voie d'apporter des modifications rendues necessaires dans son personnel et dans l'organisation du travail. Ces réformes donnent lieu à des grèves ; la première en octobre 1880, ne s'étend qu'à la division de Denain, et dure 16 jours. La seconde éclate en février 1884, et est générale : elle dure 56 jours.

Aniche a 8 fosses en activité, et une en creusement. La Compagnie proportionne son extraction à sa vente, et ne la développe que dans une limite assez restreinte, afin de ne pas avilir les prix des houilles. Toutefois elle obtient des résultats assez satisfaisants.

Douchy change de directeur, et sa situation qui était devenue assez mauvaise s'améliore beaucoup.

L'Escarpelle augmente beaucoup son extraction, qui atteint 428,000 tonnes en 1883, et son exploitation s'effectue dans de bonnes conditions.

Vicoigne reste stationnaire ; mais avec sa concession de Nœux la Compagnie obtient de très beaux résultats.

Azincourt, à bout de ressources entre en liquidation, et est rachetée par MM. Giros au prix de 207,000 fr. plus la valeur du matériel et des marchandises.

Les anciennes fosses sont abandonnées, et il n'y a plus en activité que la fosse St-Roch.

Fresnes-Midi a 2 fosses en exploitation. Obtient le 17 novembre 1882 un décret d'utilité publique pour relier son puits St-Pierre au chemin de fer. Tente sans succès une émission d'actions, puis une émission d'obligations.

Marly continue, sans succès, les explorations pour son puits de la porte de Mons, puis entre en liquidation. La mine mise en vente au commencement de 1882, ne trouve pas acquéreur. Les liquidateurs font abandon aux créanciers hypothécaires de l'actif de la Société.

Crespin ouvre une fosse près de son sondage de Quiévrechain et y traverse les niveaux par le procédé à niveau plein, avec cuvelage en fonte, sans boîte à mousse. Le terrain houiller est atteint à 166^m, et une première couche de houille très grasse de 0^{m}55 à 268^m, et une seconde de 0^{m}60 à 7^m au-dessous de la première.

ANNEXES

TABLEAU DONNANT LES NOMS DES CONCESSIONS,

leurs superficies et les dates des décrets qui les ont instituées.

Numéros.	NOMS.	SUPERFICIE en hectares.	DATES DES DÉCRETS instituant les concessions.
1	Dourges.........	3.787	5 août 1852.
2	Courrières.......	5.459	5 août 1852. — Extensions des 27 août 1854 et 25 juillet 1874.
3	Lens............	6.239	15 janvier 1853. — Extensions des 27 août 1854 et 15 septembre 1862.
4	Douvrin.........	700	18 mars 1863. — Réunie à celle de Lens par décret du 5 mars 1875.
5	Grenay..........	6.352	15 janvier 1853. — Extension du 21 juin 1877.
6	Nœux	7.979	15 janvier 1853. — Extension du 30 déc. 1857.
7	Bruay	3.809	29 décembre 1855.
8	Marles..........	2.990	29 décembre 1855.
9	Ferfay	1.700	29 décembre 1855. — Extension du 26 juin 1883.
10	Cauchy-à-la-Tour..	278	21 mai 1864. — Réunie à colle de Ferfay par décret du 7 mai 1872.
11	Auchy-au-Bois ...	2.931	29 décembre 1855. — Extensions des 23 avril 1863 et 11 avril 1878.
12	Fléchinelle	533	31 août 1858. — Extension du 16 juillet 1863.
13	Vendin	1.166	6 mai 1857.
14	Meurchin........	1.764	19 décembre 1860. — Extension du 18 mars 1863.
15	Carvin	1.150	19 décembre 1860.
16	Ostricourt	2.300	19 décembre 1860
17	Annœullin..	920	19 décembre 1860.
18	Liévin...........	2 981	15 septembre 1862. — Extensions des 2 février 1874, 21 juin 1877 et 24 mai 1880.
19	Courcelles	1.162	18 septembre 1877. — Extension du 30 avril 1880.
20	Drocourt	2.545	22 juillet 1878.
20	Concessions.	56.745	du nouveau Bassin du Pas-de-Calais.
21	Hardinghem	3.431	11 nivôse an VIII. — Confirmée le 19 frimaire an IX.
22	Fiennes	431	29 décembre 1840.
23	Ferques	1.364	27 janvier 1837.
3	Concessions.	5.226	du Bassin du Boulonnais.
23	Concessions.	61.971	instituées dans le département du Pas de Calais.

TABLEAU DONNANT LES NOMS DES CONCESSIONS,

leurs superficies et les dates des décrets qui les ont instituées.

Numéros.	NOMS.	SUPERFICIE en hectares.	DATES DES DÉCRETS instituant les concessions.
1	Fresnes	2.073	1717 — 1720 — 1756 — 1759 — 1782 — an VII.
2	Vieux-Condé......	3.962	1749 — 1751 — an VII — 1855.
3	Raismes..........	4.819	1754 — 1759 — 9 ventôse an VII.
4	Anzin...........	11.851	1717 — 1720 — 1735 — 1759 — 1782 — an VII.
5	Saint-Saulve......	2.200	1770 — 1810 — 1834.
6	Denain..........	1.344	5 juin 1831.
7	Odomez	316	6 octobre 1832.
8	Hasnon..........	1.488	23 janvier 1840.
			28.053 hect. 8 concessions. Compagnie d'Anzin.
9	Aniche..........	11.850	1774 — 1779 — 1784 — 6 prairial an IV.
10	Douchy	3.419	12 février 1832.
11	Bruille	408	6 octobre 1832.
12	Château-l'Abbaye .	916	17 août 1836.
13	Vicoigne	1.320	12 septembre 1841.
			2.639 hect. 3 conces. Compagnie de Vicoigne.
14	Crespin	2.842	27 mai 1836.
15	Marly	3.313	8 décembre 1836.
16	Azincourt	2.182	1840 — 15 février 1860.
17	Escaupont	110	10 septembre 1841.
18	Thivencelles	981	d°
19	Saint-Aybert......	455	d°
			1.546 hect. 3 conces. Compag. de Fresnes-Midi.
20	Escarpelle........	4.721	29 septembre 1850.
20	Concessions.	60.565	instituées dans le département du Nord.

TABLEAU DONNANT LA PRODUCTION ANNUELLE DES DIVERSES HOUILLÈRES
De 1851 à 1882

ANNÉES.	Dourges.	Courrières.	Lens.	Bully-Grenay.	Noeux.	Bruay.	Marles.	Ferfay.	Auchy-au-Bois.		Vendin.	Ostricourt.	Meurchin.	Carvin.	Douvrin.	Liévin.	Hardinghem.	Annœullin et Doucoet.	Aix et Lawellée.	Cauchy-à-la-Tour.	Ensemble
	Ton.	Ton.	Ton.	Ton.	Ton.	Ton.	Ton.	Ton.	Ton.	Ton.	Ton.	Ton.	Ton.	Ton.	Ton.	Ton.	Ton.	Ton.	Ton.	Ton.	Ton.
1851	»	4 672	»	»	»	»	»	»	»	»	»	»	»	»	»	»	16 917	»	»	»	22
1852	»	12 838	»	»	9 128	»	»	»	»	»	»	»	»	»	»	»	15 391	»	»	»	37
1853	»	17 420	923	7 103	31 148	»	»	»	»	»	»	»	»	»	»	»	14 650	»	»	»	70
1854	»	21 021	9 907	20 802	44 808	»	»	»	»	»	»	»	»	»	»	»	16 719	»	»	»	112
1855	»	18 577	38 648	27 704	55 728	9 145	»	3 207	»	»	»	»	»	»	»	»	15 286	»	»	»	160
1856	16 933	39 655	62 041	31 730	65 456	27 408	»	20 429	»	»	»	»	»	»	»	»	16 677	»	»	»	275
1857	40 344	73 098	72 546	38 082	98 338	14 980	»	42 418	»	»	»	»	»	»	»	»	14 604	»	»	»	346
1858	32 870	80 450	74 370	35 375	102 347	51 773	31 730	88 814	»	»	»	»	»	»	»	»	9 990	»	»	»	456
1859	29 070	73 408	75 549	32 531	83 641	54 265	51 189	87 080	2 530	1 100	»	2 500	4 5 2	59 652	»	»	11 597	»	»	»	502
1860	26 040	70 166	90 897	39 284	86 315	41 507	50 355		2 073	5 100	»	4 999	28 728	84 534	»	4 663	15 912	8 342	»	»	594
1851-1860	141 631	391 155	492 611	280 561	573 320	219 387	190 513	190 540	4 664	8 496	»	9 985	29 480	47 851	»	4 963	149 725	8 342	»	»	7 648
1861	47 233	75 205	159 429	100 364	86 810	59 060	67 055	83 368	9 173	9 168	810	16 559	10 652	91 775	1 290	18 733	21 002	10 519	5 582	1 417	809
1862	59 728	109 349	198 880	103 127	114 678	61 571	64 674	39 406	17 031	5 085	7 580	24 329	14 095	65 490	3 552	25 935	18 408	11 420	12 000	7 614	1 038
1863	75 668	139 440	213 771	139 082	142 673	83 640	50 425	46 607	15 485	6 85	23 000	28 962	55 078	65 766	5 745	13 061	19 457	26 060	(Aix-	16 883	1 191
1864	87 152	180 123	253 710	156 400	185 542	80 441	61 389	51 492	27 107	9 106	48 560	24 748	55 340	63 907	9 795	99 455	18 867	19 324	Noulette)	17 775	1 345
1865	91 557	204 944	281 807	185 062	167 041	81 555	62 497	61 901	29 087	8 645	59 716	24 771	64 260	85 765	5 505	92 921	2 917	»	»	10 868	1 371
1866	108 508	220 587	318 641	173 459	102 898	84 454	81 830	70 512	41 988	4 891	26 871	11 177	69 079	76 156	49 755	97 843	6 996	»	»	18 141	1 010
1867	115 574	237 668	356 435	164 700	179 703	90 683	99 619	72 534	44 789	4 001	38 903	17 494	14 151	77 420	49 735	93 718	3 101	»	»	9 540	947
1868	108 054	239 173	381 817	194 058	205 585	96 640	119 815	70 077	40 586	18 995	38 904	19 730	51 471	75 406	12 358	17 651	1 805	»	»	4 860	1 735
1869	108 818	316 694	402 457	195 370	248 528	114 390	134 115	74 181	16 354	25 300	36 618	21 028	57 619	75 091	11 834	67 701	8 190	»	»	6 730	1 930
1870	107 458	309 973	408 331	297 954	291 105	141 814	195 565	89 300	19 819	32 280	59 543	14 575	59 223	54 947	5 585	75 947	4 879	»	»	150	4 001
1861-1870	912 875	2 071 346	2 966 710	1 705 067	1 798 211	893 387	941 009	641 908	214 903	198 284	329 709	202 953	551 388	668 237	91 277	345 916	104 633	87 636	18 287	102 509	14 645
1871	107 950	289 117	482 028	226 530	260 920	148 103	152 349	126 324	18 771	36 089	48 519	17 271	61 321	101 958	5 214	93 996	15 001	»	»	»	2 903
1872	106 824	353 760	582 285	206 867	283 821	245 020	210 063	105 747	29 071	37 806	47 894	19 844	59 076	117 729	2 567	127 013	23 140	»	»	»	2 786
1873	100 576	376 521	651 012	245 708	237 125	210 502	251 943	181 045	17 100	37 460	48 347	28 778	88 076	130 505	2 81	140 787	32 188	»	»	»	2 981
1874	108 826	375 563	658 141	240 046	418 490	233 989	211 804	151 400	29 131	35 623	35 448	37 481	82 996	131 641	»	158 932	52 771	»	»	»	2 203
1875	128 646	425 865	716 067	288 679	397 024	259 688	201 395	107 980	21 979	11 950	55 049	38 150	78 803	140 896	»	188 921	77 048	»	»	»	3 957
1876	131 490	377 181	659 082	115 962	414 860	276 851	260 143	109 436	19 136	54 860	41 054	38 192	67 580	141 001	»	141 001	91 973	»	»	»	3 394
1877	163 365	370 475	621 049	104 411	409 263	301 150	150 193	31 217	57 107	50 707	35 820	83 681	105 511	»	187 968	87 031	21 508	2 758	3 443
1878	107 701	381 311	707 828	557 189	893 312	324 501	385 340	150 068	31 870	50 131	49 684	37 700	107 035	133 148	»	210 891	77 733	11 216	»	»	3 830
1879	168 475	455 300	765 154	526 760	564 199	379 005	360 341	151 368	98 109	51 030	68 598	30 440	100 708	127 497	»	385 331	93 817	»	4 175	»	»
1880	161 787	552 894	944 894	656 772	590 519	461 706	371 804	187 062	98 534	16 334	61 930	32 790	119 702	110 824	»	351 832	75 915	»	18 475	»	4 811
1871-1880	1 435 273	1 049 747	6 818 215	3 701 831	4 424 786	2 564 080	2 724 845	1 611 760	357 951	416 794	801 879	319 056	879 960	1 191 843	10 263	1 833 309	656 348	53 749	34 082	»	32 736
1881	950 506	675 068	591 507	778 925	621 752	478 243	411 005	174 067	31 771	50 730	47 506	31 881	123 983	103 870	»	484 810	57 599	»	25 544	»	5 720
1882	228 285	760 194	1 077 916	813 881	990 469	500 693	90 303	170 507	40 036	17 915	48 341	35 183	128 215	178 395	»	482 696	54 718	»	17 501	»	5 708
1851-1882	4 661 501	7 511 551	11 956 960	7 288 767	8 046 328	4 879 547	4 657 701	2 777 381	582 543	652 004	854 118	605 451	1 786 886	2 384 634	101 700	1 008 871	1 022 560	160 147	94 411	102 400	62 192
1883	978 409	830 551	1 170 193	755 952	785 811	560 369	396 091	181 770	31 770	58 350	41 198	44 101	177 808	178 451	»	452 777	61 116	1 521	25 126	»	6 148

TABLEAU donnant le nombre des Ouvriers, leurs salaires, etc.,
De 1851 à 1882.

ANNÉES.	EXTRACTION	OUVRIERS.			SALAIRES.			PRODUCTION par ouvrier	
		à l'intérieur.	à l'extérieur.	Total.	Totaux.	par ouvrier.	par tonne.	du fond.	du fond et du jour.
	Ton.				Fr.	Fr.	Fr.	Ton.	Ton.
1851	23.589	»	»	515	212.494	470	10.27	»	45
1852	37.069	»	»	557	231.945	416	6.26	»	66
1853	70.634	551	190	741	436.942	589	6.18	128	95
1854	112.903	1.022	336	1.358	799.036	588	7.07	110	83
1855	160.820	1.342	585	2.127	1.244.805	585	7.74	104	75
1856	275.528	2.318	1.019	3.337	1.896.826	571	6.89	118	82
1857	408.970	2.896	1.030	3.926	2.523.770	642	6.17	141	104
1858	458.987	3.155	1.251	4.406	3.169.411	719	6.90	145	104
1859	502.188	»	»	4.222	3.138.636	742	6.24	»	119
1860	598.048	4.445	1.321	5.766	4.103.854	711	6.86	134	106
1851-1860	264.873	»	»	2.695	1.778.272	650	6.71	»	98
1861	809.053	5.469	1.485	6.054	4.237.648	609	5.23	148	116
1862	1.038.238	6.550	1.448	7.998	5.924.319	740	5.59	161	132
1863	1.191.581	7.076	1.560	8.636	7.215.738	835	6.05	168	137
1864	1.305.498	7.141	2.232	9.373	7.698.971	821	5.89	182	139
1865	1.397.496	7.654	2.029	9.683	8.337.252	861	5.97	182	144
1866	1.613.798	8.117	2.240	10.357	9.676.175	934	5.99	198	155
1867	1.607.962	9.206	2.370	11.576	10.835.283	936	6.73	174	139
1868	1.735.218	9.404	2.589	11.993	10.767.688	827	6.46	184	144
1869	1.926 735	9.760	1.786	11 546	10.143.134	878	5.26	197	167
1870	1.895.261	9.710	2 251	11.961	10.544.325	881	5 26	204	167
1861-1870	1.464.976	8.009	1.999	10.008	8.538.053	853	5.82	182	146
1871	2.203.250	11 056	2.584	13.640	12.640.833	932	5.77	199	161
1872	2.749.116	12.546	2.532	15.078	16.265.300	1.058	5.91	218	178
1873	3.083.244	14.686	3.286	17.972	19.982 307	1.111	6.69	206	166
1874	2.973.788	15.600	3.864	19.464	21.253.215	1.092	7.14	191	152
1875	3.257.512	17.351	4 228	21 579	23.372.406	1 086	7.19	187	151
1876	3.324.200	18.325	4.185	22.510	24.255.880	1.077	7.29	181	148
1877	3.435.091	18.293	4.866	23.159	21.366.511	922	6.22	188	148
1878	3.830.851	18.079	4 846	22.925	21.877.426	954	5.71	212	167
1879	4.175.573	17.866	4.651	22.517	21.884.930	971	5.24	233	185
1880	4.844.323	18.173	4.894	23.072	23.614.063	1.025	4.87	266	210
1871-1885	3.377.695	16.197	3.994	20.191	20.651.237	1.022	6.11	208	167
1881	5.320.383	18.849	4.797	23.646	25.101.002	1.062	4.71	282	225
1882	5.706.390	20.328	5.675	26.003	28.541.328	1.097	5. »	280	219

TABLEAU donnant le nombre des Ouvriers, leurs salaires, etc.,
De 1851 à 1882.

ANNEES.	EXTRACTION	OUVRIERS.			SALAIRES.			PRODUCTION par ouvrier	
		à l'intérieur.	à l'extérieur.	Total.	Totaux.	par ouvrier.	par tonne.	du fond.	du fond et du jour.
	Ton.				Fr.	Fr.	Fr.	Ton.	Ton.
1851	1.030.507	8.402	1.632	10 034	5.378.218	536	5.21	122	107
1852	1.072.846	8.580	1 612	10.192	5.415.042	531	5.04	125	105
1853	1.327.870	8.913	1.720	10.603	6.020.124	566	4.53	140	125
1854	1.429.206	8.994	1.909	10.903	6.695.296	614	4.68	159	131
1855	1.605.150	11.198	2.328	13.526	8.424.128	622	5.26	143	118
1856	1.577.737	10.887	2.460	13.341	9.416.478	706	5.96	144	118
1857	1.568.105	10.801	2.833	13.634	9.452.625	693	6.02	145	115
1858	1.615.654	11.506	2.551	14.057	9.708.466	690	6. »	140	105
1859	1.533.500	11.600	2.597	14.197	9.246.061	651	6.02	132	108
1860	1.595.045	11.827	2.503	14.330	9.733.000	679	6 16	134	111
1851-1860	1.435.562	10.271	2.214	12.485	7.948.944	633	5.54	139	115
1861	1.650.554	12.171	2.705	14.876	9.284.937	624	5.62	135	111
1862	1.736.396	11.945	2.634	14.579	9.284.741	637	5.34	145	119
1863	1.811.610	12.321	2.772	15.093	9.557.059	633	5.27	147	120
1864	1.845.544	12.173	2 722	14.895	9.477.887	636	5.13	151	124
1865	2.047.783	12.221	2.578	14.799	9.983.843	678	4.86	167	138
1866	2.229.463	12.108	2.934	15.042	11.072.079	736	4.96	184	148
1867	2.316.546	12.877	2.997	15.874	12.376.745	779	5.34	179	145
1868	2.411.829	13.146	3.363	16.509	12.495.739	756	5.18	183	146
1869	2.496.116	13.617	2.892	16.509	12.618.485	764	5.05	182	151
1870	2.824.148	13.382	2.747	16.129	12.621.122	782	4.46	206	175
1861-1870	2.136.999	12 596	2.834	15 330	10.875.321	709	5.08	169	139
1871	2.716.428	13.157	3.609	16 766	13.881.500	828	5.11	206	162
1872	3.226.707	13.949	3.772	17.721	17.342.257	978	5.37	231	182
1873	3.437.241	14.938	4.320	19.267	21.013.439	1.090	6.11	230	178
1874	3.260.794	15.685	4.617	20.302	21.124.185	1.040	6.48	207	160
1875	3.356.695	16.099	4.581	20.680	22.013.588	1.064	6.56	208	162
1876	3.388.833	16.902	4 750	21.652	22.014.925	1.016	6.49	200	156
1877	3.286.658	16.809	4.436	21.245	19.672.884	926	5.08	195	154
1878	3.240.001	16.157	4.048	20.205	18.776.222	929	5.79	200	160
1879	3.273.513	15.243	4.247	19.490	18.287.355	938	5.58	214	167
1880	3.701.589	16 098	4.561	20.659	20.077.772	971	5.42	229	179
1871-1880	3.288.846	15.504	4.295	19.799	19.420.414	980	5.90	212	166
1881	3.671.702	16.026	4.675	20.701	20.529.406	991	5.59	229	177
1882	3.777.630	15.527	4.529	20.056	20.832.735	1.038	5.51	243	188

Production, Valeur et Prix de vente des Houilles
De 1851 à 1882.

ANNÉES.	PRODUCTION.	VALEUR.	PRIX MOYEN de vente.
	Tonnes.	Fr.	Fr.
1851	1.030.507	11.393.221	11.05
1852	1.072.846	11.710.259	10.91
1853	1.327.870	15.363.794	11.57
1854	1.429.206	17.349.109	12.13
1855	1.601.550	22.984.875	14.35
1856	1.577.367	25.178.157	15.96
1857	1.568.106	24.448.156	15.59
1858	1.615.654	23.305.527	14.43
1859	1.535.768	22.961.539	14.95
1860	1.595.045	22.571.497	14.15
1851-1860	1.435.391	19.726.613	13.74
1861	1.650.534	22.773.105	13.80
1862	1.736.396	22.353.148	12.87
1863	1.811.610	22.150.663	12.23
1864	1.845.544	20.787.077	11.26
1865	2.047.783	24.311.133	11.87
1866	2.229.163	28.478.542	12.78
1867	2.316.546	31.539.300	13.60
1868	2.411.829	29.144.581	12.08
1869	2.496.116	28.600.498	11.46
1870	2.417.897	28.241.482	11.68
1861-1870	2.096.875	25.837.953	12.32
1871	2.716.428	34.385.541	12.65
1872	3.226.707	42.716.409	13.24
1873	3.437.241	58.404.961	16.99
1874	3.260.794	55.617.036	17.06
1875	3.356.695	55.207.225	16.46
1876	3.388.833	50.028.633	14.76
1877	3.286.658	41.116.091	12.51
1878	3.240.004	38.633.204	11.92
1879	3.273.513	37.214.473	11.36
1880	3.701.589	41.151.125	11.12
1871-1880	3.288.846	45.447.470	13.81
1881	3.671.702	41.655.231	11.34
1882	3.777.630	42.470.493	11.21

Production, Valeur et Prix de vente des Houilles
De 1851 à 1882.

ANNÉES.	PRODUCTION.	VALEUR.	PRIX MOYEN de vente.
	Tonnes.	Fr.	Fr.
1851	23.584	»	»
1852	37.069	»	»
1853	66.063	970.384	14.57
1854	113.925	1.647.759	14.58
1855	149.821	2.599.328	17.35
1856	268.155	4.713.105	17.58
1857	408.275	5.636.538	16.25
1858	463.197	7.376.103	15.92
1859	505.477	7.982.162	15.79
1860	590.137	8.897.697	15.08
1851-1860	262.481	»	»
1861	812.215	11.418.067	14.05
1862	1.025.567	14.069.982	13.72
1863	1.163.670	14.694.801	12.63
1864	1.295.138	15.773.348	12.17
1865	1.402.011	16.851.656	12.02
1866	1.610.187	21.890.810	13.60
1867	1.614.400	24.312.852	15.03
1868	1.748.379	22.331.466	12.77
1869	1.840.068	22.962.039	12.48
1870	1.895.261	23.768.182	12.54
1861-1870	1.440.690	18.807.320	13 »
1871	2.200.334	29.779.202	13.53
1872	2.649.573	38.267.988	14.44
1873	2.982.890	57.047.378	19.13
1874	2.973.790	51.982.292	17.48
1875	3.257.511	35.686.371	17.09
1876	3.324.200	58.851.700	17.70
1877	3.435.041	48.026.334	13.98
1878	3.829.851	51.389.765	13.41
1879	4.175.573	51.344.021	12.30
1880	4.844.323	58.876.383	12.15
1871-1880	3.367.308	50.125.148	14.88
1881	5.320.383	62.110.579	11.16
1882	5.706.391	63.475.751	11.12

TABLEAU DONNANT LE PRIX MOYEN ANNUEL DE VENTE A LA BOURSE DE LILLE
des actions des Compagnies houillères, de 1851 à 1883.

ANNÉES	Douvres	Courrières	Lens	Noilly-Grenay	Noeux	Bruay	Maries 70%	Maries 90%	Ferfay	Auchy-au-Bois	Fléchinelle	Vendin	Ostricourt	Meurchin	Carvin	Douvrin	Liévin	Hardinghen	Annezin	Courcelles	Cauchy-à-la-Tour	NOMBRE D'ACTIONS émises	CAPITAL correspondant à la valeur des actions	VALEUR MOYENNE de l'ensemble des actions
1851	»	»	»	»	1.302	»	»	»	»	»	»	»	»	»	»	»	3.000	»	»	»	»	»	»	»
1852	»	»	»	»	1.500	»	»	»	»	»	»	»	»	»	»	»	3.000	»	»	»	»	»	»	»
1853	»	1.000	500	200	2.600	1.000	»	»	»	»	»	»	»	»	»	»	3.000	»	»	»	»	»	»	»
1854	»	1.000	800	400	2.600	1.250	»	»	»	»	»	»	»	»	»	»	3.000	»	»	»	»	»	»	»
1855	1.000	1.400	1.000	460	3.000	1.500	2.000	1.800	1.500	700	500	1.000	250	»	»	»	3.000	»	»	»	»	30.137	38.131.000	1.245
1856	1.500	1.800	1.500	416	4.400	1.500	2.000	1.800	2.000	800	560	1.900	250	»	»	»	3.000	»	»	»	»	»	»	»
1857	1.500	2.000	1.500	416	4.400	1.500	2.000	1.500	2.000	800	500	900	250	1.000	500	»	3.000	1.000	»	»	»	»	»	»
1858	2.000	2.500	2.000	400	4.400	1.500	2.000	1.500	2.350	500	400	513	250	1.000	500	300	3.000	1.000	»	»	500	»	»	»
1859	2.500	3.500	2.000	333	4.400	1.800	9.500	1.500	3.300	500	490	905	275	1.000	500	300	3.000	1.000	»	»	500	»	»	»
1860	2.500	3.500	3.000	416	4.400	1.800	2.500	1.500	2.000	500	470	1.380	300	1.000	500	300	3.000	1.030	»	»	500	84.608	68.748.700	1.257
-1860	1.833	2.925	1.412	380	3.920	1.481	2.100	1.500	2.085	580	450	656	282	1.000	500	300	3.000	1.000	»	»	500	»	»	»
1861	3.000	5.800	2.900	540	4.800	1.800	3.000	2.000	1.600	600	300	600	300	1.000	650	300	»	1.000	400	»	250	72.340	81.341.700	1.144
1862	2.400	5.000	3.100	500	4.800	1.500	3.500	2.800	1.500	500	100	600	300	1.040	500	200	700	1.000	170	»	100	74.340	72.037.580	985
1863	2.400	4.000	3.200	500	4.400	1.000	4.000	2.500	1.300	400	100	500	420	1.030	500	125	700	1.000	900	»	100	72.340	71.331.150	939
1864	3.000	4.000	3.500	500	4.400	1.000	5.000	9.500	1.100	300	200	500	250	950	600	100	600	1.000	175	»	50	72.540	73.112.050	1.005
1865	3.000	4.000	4.000	500	4.800	1.000	6.000	3.800	1.000	300	200	500	250	950	700	50	600	1.000	100	»	50	73.840	75.149.345	1.021
1866	3.030	5.500	5.000	400	4.100	1.000	6.000	3.600	500	125	50	600	200	950	1.000	75	600	1.000	»	125	1	67.210	77.488.990	1.152
1867	3.500	7.000	5.000	400	4.800	1.200	6.000	3.000	1.400	125	50	600	150	950	1.000	75	600	»	»	145	1	67.190	80.587.090	1.333
1868	3.400	10.500	8.400	362	4.800	1.925	6.180	3.600	900	75	50	600	100	950	1.000	50	730	»	»	125	1	66.501	101.569.785	1.532
1869	3.800	10.500	8.500	400	4.800	1.800	6.180	3.000	900	75	50	600	80	950	1.000	30	780	»	»	175	1	66.501	105.774.635	1.605
1870	3.800	10.500	9.000	425	5.800	9.800	14.000	14.000	900	75	50	600	80	950	900	90	1.800	500	»	300	1	67.904	126.338.648	1.880
-1870	3.170	6.000	5.490	455	4.680	1.430	5.985	3.840	1.150	247	135	570	190	975	788	95	751	748	229	170	55	69.830	87.008.994	1.112
1871	3.800	10.500	10.000	425	5.800	3.000	10.000	10.000	900	100	50	60	550	950	500	90	1.600	500	»	300	»	63.964	125.082.850	1.872
1872	4.400	13.500	11.000	470	7.000	3.750	14.000	14.000	1.100	375	250	500	140	1.900	900	90	2.500	500	»	500	»	67.206	154.850.500	2.276
1873	4.890	20.000	20.000	500	13.000	7.000	14.000	14.000	8.000	500	500	1.000	900	2.200	1.500	90	5.000	500	»	1.000	»	71.006	235.182.000	8.504
1874	13.148	32.525	28.406	1.563	20.793	6.470	25.000	23.062	2.700	678	405	1.001	901	2.120	2.180	»	7.001	749	»	600	»	70.811	404.534.375	5.710
1875	17.407	46.087	32.780	3.575	28.063	14.384	42.000	31.162	3.006	1.274	712	1.184	898	3.087	3.121	»	12.035	1.307	700	1.800	»	73.711	608.718.165	8.254
1876	12.000	34.470	26.560	2.950	20.780	9.480	25.000	17.000	2.100	670	385	1.310	107	2.180	2.470	»	7.150	894	480	1.200	»	73.850	419.469.120	5.813
1877	9.150	29.140	21.000	1.870	10.650	7.580	25.000	17.000	760	470	180	800	130	1.280	1.490	»	4.890	640	185	800	»	75.014	309.075.900	4.124
1878	7.491	24.077	19.533	789	16.271	7.690	25.000	17.000	112	263	58	510	79	976	1.185	»	3.691	565	20	500	»	75.718	276.569.311	3.078
1879	6.800	24.131	20.050	709	16.956	7.714	15.000	17.000	-94	103	64	285	90	928	1.142	»	4.356	355	90	600	»	76.118	260.068.873	3.871
1880	8.228	27.508	25.094	1.507	20.092	9.700	18.800	17.000	74	221	145	305	187	1.291	1.400	»	6.519	366	10	100	»	76.918	273.600.000	4.080
-1880	9.714	25.096	99.443	1.341	16.447	7.287	22.392	17.722	1.479	467	385	877	179	1.005	1.320	20	5.602	637	295	700	»	72.718	320.451.566	4.405
1881	7.900	26.885	25.900	1.050	18.560	9.375	20.000	18.500	1.045	70	154	91	278	1.133	1.302	»	6.671	196	»	650	»	71.718	330.857.873	4.035
1882	6.240	25.900	23.013	1.597	16.090	8.202	20.000	19.500	922	181	41	56	260	951	1.388	»	6.163	100	»	450	»	73.418	345.385.130	4.432
1883	4.915	25.181	20.063	1.498	16.910	7.761	20.096	19.020	821	79	23	93	184	1.011	1.932	»	5.710	»	»	250	»	71.848	304.257.416	4.080

TABLEAU DONNANT LES DIVIDENDES ANNUELS DISTRIBUÉS AUX ACTIONS
des Compagnies houillères, de 1851 à 1882.

ANNÉES.	Dourges.	Courrières.	Lens.	Bully-Grenay.	Nœux.	Bruay.	Marles. 70 %.	Marles. 30 %.	Ferfay.	Auchy-au-Bois.	Meurchin.	Vendin.	Ostricourt.	Meurchin.	Carvin.	Douvrin.	Liévin.	Hardinghen.	Annœullin.	Courcelles.	Camblry-à-la-Tour.	NOMBRE d'actions.	TOTAL des intérêts et dividendes distribués.	Intérêts et dividende distribué par action.	Intérêt et dividende % du capital.
1851	»	»	»	»	70	»	»	»	»	»	»	»	»	»	»	»	»	»	»	»	»	»	280.000	»	»
1852	»	»	»	»	70	»	»	»	»	»	»	»	»	»	»	»	»	»	»	»	»	»	280.000	»	»
1853	»	»	»	»	90	»	»	»	»	»	»	»	»	»	»	»	»	»	»	»	»	»	360.000	»	»
1854	»	»	»	»	125	»	»	»	»	»	»	»	»	»	»	»	»	»	»	»	»	»	500.000	»	»
1855	»	»	»	»	150	»	»	»	»	»	»	»	»	»	»	»	»	»	»	»	»	»	500.000	»	»
1856	»	»	»	»	200	»	»	»	»	»	»	»	»	»	»	»	»	»	»	100	»	30.437	600.000	19	1.
1857	»	150	»	»	200	30	»	»	100	»	»	»	»	»	»	»	»	»	»	»	»	»	850.500	»	»
1858	»	150	100	»	220	30	»	»	125	»	»	»	»	»	»	»	»	»	»	100	»	»	1.108.100	»	»
1859	»	150	100	»	240	30	»	»	125	»	»	»	»	»	»	»	»	»	»	»	»	»	1.057.325	»	»
1860	»	150	100	10	200	50	»	195	125	»	»	»	»	»	»	»	»	»	»	»	»	54.500	1.994.025	»	»
1851-1860	»	150	100	10	187	34	»	145	118	»	»	»	»	»	»	»	»	»	»	20	»	»	1.028.237	»	»
1861	60	200	150	20	200	»	»	150	»	»	»	»	»	»	»	»	»	»	»	»	»	74.040	3.128.100	29	2.0
1862	70	200	150	22	200	40	»	150	»	»	55	»	»	»	»	»	»	»	»	»	»	74.340	2.986.801	34	2.3
1863	80	200	150	22	200	50	»	»	»	»	»	»	»	»	»	»	»	»	»	»	»	74.340	3.264.200	31	2.5
1864	90	250	175	22	200	50	»	25	»	»	»	25	»	»	»	»	»	»	»	»	»	74.540	2.486.540	34	2.7
1865	120	400	250	25	200	50	»	»	»	»	30	20	»	»	»	»	»	»	»	»	»	73.540	3.361.000	34	1.7
1866	200	500	425	25	225	50	»	225	»	»	100	40	»	»	»	»	»	»	»	»	»	67.210	4.830.000	50	5.7
1867	250	600	350	25	250	60	»	299	415	50	80	80	»	»	»	»	»	»	»	»	»	67.120	5.004.150	75	5.0
1868	200	400	350	25	250	70	»	352	415	50	»	40	»	»	»	»	»	»	»	»	»	66.501	4.390.930	67	1.9
1869	200	400	330	25	250	80	978	330	45	»	40	»	»	»	»	»	»	»	»	»	»	66.501	1.365.195	64	5.4
1870	200	400	300	25	150	85	294	205	25	»	70	»	»	»	»	»	»	»	»	»	»	67.904	3.811.725	57	3.0
1861-1870	147	365	284	23	212	54	103	198	15	»	»	»	»	35	15	»	»	»	»	»	»	69.840	3.155.717	49	3.5
1871	240	400	500	30	250	140	300	305	»	»	25	»	»	25	25	»	»	»	»	»	25	69.151	5.210.530	77	1.1
1872	250	1.300	800	32	350	200	500	785	»	»	50	»	52	»	»	»	»	»	»	»	20	67.336	9.763.680	1 33	8.20
1873	505	1.600	1.000	75	600	350	1.360	1.730	»	»	195	»	120	»	100	»	»	»	»	»	30	71.090	15.487.470	203	3.00
1874	500	1.750	1.000	100	1.000	350	1.004	1 150	»	»	75	»	120	»	125	»	»	»	»	»	20	70.814	16.540.870	250	4.14
1875	500	1 600	1.000	75	1.000	350	706	900	»	»	75	»	»	»	125	»	»	»	»	»	»	73.741	13.281.010	207	4.50
1876	120	500	700	45	800	200	1.400	750	»	»	»	»	30	»	125	»	»	»	»	»	»	73.809	10.107.550	148	4.60
1877	125	500	500	»	650	200	1.085	500	»	»	»	»	15	»	»	»	»	»	»	»	»	75.014	6.018.195	84	2.90
1878	125	600	625	45	600	210	1.350	775	»	»	»	»	15	»	»	»	»	»	»	»	»	75.748	8.367.195	109	2.90
1879	175	700	850	40	600	210	712	820	»	»	»	»	35	»	100	»	»	»	»	»	»	76.148	9.791.125	128	3.30
1880	200	865	800	52	700	250	602	660	»	»	»	»	35	»	195	»	»	»	»	»	»	76.218	10.765.889	140	3.40
1871-1880	212	1.027	773	47	680	260	804	815	»	»	»	»	38	54	»	76	»	»	»	»	15	74.748	10.771.722	119	3.90
1881	250	990	800	65	700	250	748	800	»	»	»	»	80	»	150	»	»	»	»	»	»	74.718	11.310.440	151	3.2
1882	160	1.000	900	60	700	300	616	1.010	»	»	»	»	55	»	175	»	»	»	»	»	»	73.418	11.884.875	161	3.6
1883	190	1.300	»	»	»	»	330	1.200	»	»	25	»	50	»	»	»	»	»	»	»	»	»	»	»	»

TABLE DES MATIÈRES

DU TOME III.

TEXTE.

XXXVI. Suite du XXXV. — 1830-1840.

FIÈVRE DE RECHERCHES.

Boulonnais.

Département du Nord.

XXXVII. — 1840-1850.

Découverte de la houille dans le Bassin du Pas-de-Calais.

ANNEXES.

LÉGENDE DES PLANCHES

DU TOME III.

Lille imp L.Danel.

www.ingramcontent.com/pod-product-compliance
Lightning Source LLC
Chambersburg PA
CBHW061115220326
41599CB00024B/4045